2024

Training

mit Original-Prüfungen

Realschule Niedersachsen

Mathematik 10. Klasse

W0295225

STARK

Bildnachweis

S. VI: Foto: Wolfgang Matschke, Marc Möllers
S. 1: © JoeGough / Dreamstime.com
S. 10: © Ensuper / Shutterstock
S. 18: © Pedro Tavares / Dreamstime.com
S. 20: © Kwadrat / Shutterstock
S. 21: © Mike Ludkowski / Dreamstime.com
S. 29: © Stanislav Ponomarenko / 123rf.com
S. 33: © Meoita / Shutterstock
S. 38: © Julian Rovagnati / Fotolia.de
S. 44: © Galexia/Shutterstock.com
S. 57: © Ruslan Semichev / Shutterstock
S. 58: Karte: d-maps, https://d-maps.com/carte.php?num_car=6331&lang=de; Reisegruppe: © sirtavelalot / Shutterstock
S. 59: © Rocky Mountain Laboratories, NIAID, NIH
S. 63: © Cyrille Lips / Dreamstime.com
S. 72: Turm: © Cyrille Lips / Dreamstime.com; Leiter: Simon Krzic / Dreamstime.com
S. 79: © Malota / Shutterstock
S. 80: © donatas1205 / Shutterstock
S. 95: © Iryna Kurhan / Fotolia.com
S. 96: © Michael Heinrichs
S. 109: © Florea Marius Catalin / Fotolia.com
S. 117: © tuastockphoto.123r
S. 121: © NASA / Visipix.com

19. ergänzte Auflage
www.stark-verlag.de

Inhalt

Inhalt

Sobald die Original-Prüfungsaufgaben 2023 freigegeben sind, können sie als PDF auf der Plattform MyStark heruntergeladen werden (Zugangscode vgl. Umschlaginnenseite).

Autor des Trainingsteils: Michael Heinrichs
Lösungen der Abschlussprüfungen: Jan-Hinnerk Ahlers

Du kannst mit dem **Interaktiven Training** online mit vielen zusätzlichen interaktiven Aufgaben zu allen prüfungsrelevanten Kompetenzbereichen trainieren.
Deinen Zugangscode findest du auf der Umschlaginnenseite.

Dieses Buch enthält eine Auswahl an **Lernvideos** zu prüfungsrelevanten Themen mit einer Länge von ca. 3 bis 6 Minuten.
Mit dem **QR-Code** links, der mit einem Smartphone oder Tablet gescannt werden kann, rufst du eine Übersichtsseite mit allen Lernvideos auf. Zusätzlich findest du auch an den entsprechenden Stellen im Training Grundwissen einen QR-Code zum passenden Video.
Zu den meisten Videos gibt es zusätzlich eine interaktive **GeoGebra-Datei**, mit der du das dargestellte Thema selbst erkunden kannst.
Um dein Datenvolumen nicht unnötig zu verbrauchen, empfehlen wir dir, beim Ansehen der Videos eine WLAN-Verbindung zu nutzen. Falls du keine Möglichkeit zum Scannen des QR-Codes hast, kannst du die Videos und GeoGebra-Dateien auch mit dem PC unter folgender URL aufrufen:
https://www.stark-verlag.de/qrcode/lernvideos_03100
Alle Videos können außerdem über die Plattform MyStark heruntergeladen werden.

Vorwort

Liebe Schülerin, lieber Schüler,

mit dem vorliegenden Buch kannst du dich besonders nachhaltig auf die zentrale Prüfung zum **Realschulabschluss** in Mathematik vorbereiten. Das Buch ist so konzipiert, dass es bereits **zu Beginn der 9. Klasse** zur Vorbereitung auf Klassenarbeiten und zur langfristigen Vorbereitung auf die Abschlussprüfung verwendet werden kann.
Gerade bei einer zentral gestellten Prüfung ist das **Grundlagenwissen** besonders wichtig. Denn in der Prüfung geht es nicht um irgendwelche Spezialkenntnisse, die du vielleicht gut beherrschst, sondern die Aufgaben werden auf einem möglichst breiten Grundlagenwissen aufbauen. Es geht vor der Prüfung also um eine **Gesamtwiederholung**.

- Daher beginnen wir in diesem Buch mit einem ausführlichen **Trainingsteil**. Im ersten Kapitel werden die wichtigsten Themen der 5. bis 9. Klasse so kurz wie möglich wiederholt, die Kapitel 2 bis 10 behandeln intensiv sämtliche prüfungsrelevante Bereiche der 9. und 10. Klasse. In allen zehn Kapiteln findest du über 260 Aufgaben, anhand derer du überprüfen kannst, ob du den Stoff sicher beherrschst.
  Themen und Aufgaben, die wegen der coronabedingten Priorisierung des Kerncurriculums momentan **nicht prüfungsrelevant** sind, sind mit ⊕ gekennzeichnet. Du kannst sie für die Vorbereitung auf die Abschlussprüfung also überspringen.
- Vor dem Trainingsteil findest du einen übersichtlichen **Lernplaner** (eine **Checkliste**). Damit behältst du den Überblick über den Prüfungsstoff, deine Fortschritte und deine Zeitplanung.
- Wenn die einzelnen Themen „sitzen“, du die Aufgaben also gut lösen kannst, geht es weiter mit der **Aufgabe im Stil der Abschlussprüfung**. Deren Aufgaben sind nicht mehr nach Themengebieten unterteilt, sondern – wie in der Prüfung – aus den verschiedensten Bereichen zusammengestellt. Es kommt also darauf an zu erkennen, *wie* die Aufgabe gelöst werden könnte und welchem Themengebiet sie zuzuordnen ist. Der Rest sollte mit deinem Vorwissen aus dem Trainingsteil ganz einfach gehen.
  Wenn du merkst, dass du immer wieder über dasselbe Problem stolperst, solltest du das entsprechende Trainingskapitel wiederholen.
- Jetzt kannst du dich an die **Original-Abschlussprüfungen ab 2019** wagen.
  Diese sind vor allem für die **Vorbereitungsphase unmittelbar vor** der Abschlussprüfung gedacht und helfen dir dabei, Sicherheit im Umgang mit Prüfungsaufgaben zu gewinnen. Schaffst du es, sie in der vorgegebenen Zeitspanne und nur mit den zulässigen Hilfsmitteln zu bearbeiten, bist du optimal vorbereitet.

Zu allen Aufgaben gibt es in einem separaten Buch (Bestell-Nr. D03100L) **ausführliche Lösungen**, die von unseren Autoren ausgearbeitet wurden und in denen jeder Rechenschritt genau erklärt ist.
Beachte: Du solltest immer versuchen, die Lösung selbst zu finden, und erst dann mit dem Lösungsbuch vergleichen. Nur wenn man sich selbst anstrengt, bleibt der Stoff auch im Gedächtnis und man lernt dazu.

Die Autoren und der Stark Verlag wünschen dir für die Prüfung viel Erfolg!

Hinweise zur Prüfung

Die Prüfung besteht aus einem hilfsmittelfreien Hauptteil I und dem Hauptteil II mit 4 Wahlaufgaben. Die Bearbeitungszeit beträgt insgesamt **150 Minuten**.

- Der Hauptteil I (ohne Hilfsmittel) und der Hauptteil II ohne Wahlaufgaben sind für alle Schüler*innen gleich und werden von allen bearbeitet.
- Von den 4 Wahlaufgaben musst du 2 Wahlaufgaben auswählen und bearbeiten.

Zugelassene Arbeitsmittel sind in allen Teilen:

- Geodreieck
- Parabelschablone
- Zirkel

Weitere Hilfsmittel (Taschenrechner und Formelsammlung) dürfen nur im Hauptteil II verwendet werden. Der zugelassene Taschenrechner ist weder grafikfähig noch programmierbar.

Zu Beginn der Prüfung erhältst du den **Hauptteil I**, für den du **maximal 50 Minuten** Bearbeitungszeit hast. Bei der Bearbeitung des Hauptteils I ist die Nutzung von Taschenrechner und Formelsammlung **nicht** gestattet. Die Punktzahl beträgt ein Drittel der Gesamtpunktzahl.

Erst nach der (eventuell auch vorzeitigen) Abgabe des Hauptteils I werden die zugelassene Formelsammlung und der Taschenrechner ausgeteilt. Du erhältst außerdem den Hauptteil II mit den 4 Wahlaufgaben, von denen du 2 Wahlaufgaben auswählen musst. Für die Auswahl hast du maximal 15 Minuten Zeit. Du musst die Wahlaufgaben, die du bearbeiten willst, auf dem Titelblatt ankreuzen und die anderen Wahlaufgaben durchstreichen.

Falls du den Hauptteil I nach 50 Minuten abgibst, bleiben dir für den **Hauptteil II** mit den **2 gewählten Wahlaufgaben** noch **100 Minuten**. Gibst du den Hauptteil I vorzeitig ab, verlängert sich die Bearbeitungszeit des Hauptteils II um diesen Betrag (z. B. Abgabe des Hauptteils I nach 40 Minuten erlaubt 110 Minuten für den Hauptteil II). In jedem Fall hast du aber für beide Teile **zusammen** nicht mehr als **150 Minuten** Zeit.

Sollten nach Erscheinen dieses Bandes noch wichtige Änderungen in der Abschlussprüfung vom Kultusministerium bekannt gegeben werden, findest du aktuelle Informationen dazu auf der **Plattform MyStark** (Zugangscode vgl. Umschlaginnenseite).

Hinweise und Tipps

1 Wie man für die Prüfung lernen kann

Mit Tricks und Kniffen mag man vielleicht einmal einen Test oder gar eine Klassenarbeit hinbekommen, bei Abschlussprüfungen dürfte dieses „Verfahren“ aber wohl versagen. Gut: Ganz ohne Arbeit wird die Vorbereitung auf die Prüfung wohl keinem gelingen. Beherzigt man aber einige Grundregeln, dann fällt das Lernen leichter und es stellen sich rasch Erfolge ein – und Erfolg bringt meistens auch Spaß bei der Sache.

Vorbereitung auf die Abschlussprüfung

Wichtig ist die innere Einstellung: Betrachte die Mathematik nicht als deine Gegnerin. Wer sich selbst etwas zutraut und mit gesundem Selbstvertrauen an eine Sache herangeht, wer sich positiv einer Aufgabe nähert, wer bereit ist zu lernen und sich anzustrengen, lernt leichter und erfolgreicher.
Wer immer an sich selbst zweifelt, lernt verunsichert, tut sich schwer und hat meistens weniger Erfolg.
Allerdings: Ein Überschätzen der Fähigkeiten – typische Aussage: „Alles kein Problem“ – und die späte Erkenntnis, dass doch nicht alles sitzt, führen zu dem Ergebnis, dass die Prüfungsvorbereitung zu spät beginnt.

Ein realistischer Blick auf das, was zu leisten ist, sowie langfristiges, systematisches Lernen und Arbeiten, gepaart mit einer positiven inneren Einstellung – „Ich werde das schaffen“ – führen am sichersten zum Erfolg.

Regeln zur Vorbereitung auf die Abschlussprüfung

- Rechtzeitig mit den Prüfungsvorbereitungen beginnen (ca. zwölf Wochen vor dem Prüfungstermin)
  - Sichtung der Themengebiete
  - Persönliche Schwierigkeiten mit bestimmten Themengebieten selbstkritisch erkennen
  - Persönliches Zeitraster entwickeln – wann lerne ich was?

Strategien beim Lösen von Aufgaben – Vorbereitung auf die Prüfung

- Lerne nach dem „ICH-DU-WIR“-Prinzip
  - ICH: Beim Lösen von Aufgaben musst du dich immer zuerst selbst auf den Weg machen. Es gehört zu einer sicheren Prüfungsvorbereitung, Aufgaben und Problemstellungen alleine zu lösen. Versuche also immer, zuerst selbst ohne Hilfen das Problem bzw. die Aufgabe zu lösen, das stärkt mit der Zeit dein Selbstvertrauen. Hilfen – in diesem Buch sind es die Lösungen und die Lösungswege – sind sparsam einzusetzen. Also: Nur dann in der Lösung nachschauen, wenn du nicht mehr weiterkommst.

  - DU: Um Fortschritte in den Themengebieten zu machen, ist es oft auch sinnvoll, mit einer Partnerin oder einem Partner zu arbeiten. Ihr lernt dabei, über Aufgaben und Lösungswege zu diskutieren. Du kannst deine Lösungsideen mit den Ideen anderer vergleichen und merkst dabei, was man anders machen könnte.
  - WIR: Erst wenn du ein Themengebiet richtig erkundet und deine persönlichen Lern- und Lösungswege gefunden hast, ist es sinnvoll, in Gruppen – nicht mehr als vier oder fünf Personen – noch einmal spezielle Fragen zu besprechen.

- Lege dir einen eigenen Ordner für die Prüfungsvorbereitung an.
- Ständiges Wiederholen ist notwendig.
  - Beim Üben und Vertiefen von Themengebieten musst du die bereits gelernten Themengebiete zwischendurch immer wiederholen. Hier helfen dir die fachspezifischen Übungsaufgaben zum Training Grundwissen.
  - Sinnvoll ist auch immer wieder das Üben über einzelne Themengebiete hinaus – vernetztes Üben. Hier helfen dir die Aufgaben im Stil einer Abschlussprüfung.
- Auswendig lernen?
  - Wichtige Definitionen, Regeln und Formeln zu den einzelnen Themengebieten solltest du auswendig lernen – auch hier gilt: in kleinen „Portionen“ speichern und immer wieder wiederholen.

2 Das Lösen einer mathematischen Aufgabe

Das Lösen einer mathematischen Aufgabe lässt sich in der Regel in vier Phasen unterteilen:

1. Phase

Lesen und Verstehen der Aufgabe

Habe ich alle Wörter verstanden?

- Ist die Aufgabe klar und deutlich?
- Finde ich in der Aufgabe eine Fragestellung?
- Was ist gegeben?
- Was ist gesucht?
- Sind bestimmte Informationen unwichtig?

2. Phase

Suchen eines Lösungsweges und Entwerfen eines Lösungsplanes

Für das Lösen von Aufgaben gibt es zwei Strategien, die auch miteinander kombiniert werden können:

- **Das Vorwärtslösen:** Der Lösungsweg geht davon aus, was **gegeben** ist.
- **Das Rückwärtslösen:** Der Lösungsweg geht davon aus, was **gesucht** ist.

Zwei Fragen können dir behilflich sein:

1. Welches **Themengebiet** wird angesprochen?
   (Welche Regeln, Sätze, Formeln kannst du bei der Lösung der Aufgabe verwenden?)
2. Wie kommst du vom Gegebenen zum Gesuchten?
   - Arbeite mit Skizzen, Figuren etc.
   - Markiere Größen/Stücke, die du berechnen willst, farbig.
   - Entwickle einen **Lösungsplan** und halte die einzelnen Schritte zur Lösung in der zu bearbeitenden Reihenfolge fest.

3. Phase

Das Lösen der Aufgabe

1. Bearbeite die Aufgabe nach deinem Lösungsplan.
2. Löse die Aufgabe sauber und klar strukturiert – lieber einen Zwischenschritt mehr machen.

4. Phase

Kontrolle – Überprüfung der gefundenen Lösung

Überprüfe, ob deine Lösung mit der Aufgabenstellung übereinstimmen kann. Führe, falls möglich, eine Probe durch. Schreibe zu Fehlern, die du gemacht hast, eine Korrektur und markiere sie deutlich.

Der Umgang mit Formeln

Alle vier Phasen zum Lösen einer Aufgabe sind ganz wichtig. Die meisten Schwierigkeiten und Probleme hast du vermutlich mit der 2. Phase (Suchen eines Lösungsweges und Entwerfen eines Lösungsplanes) und der 3. Phase (Lösen der Aufgabe), in der du häufig mit Formeln umgehen musst.

Damit du gezielt üben kannst, wollen wir an einem Beispiel zeigen, wie du mit **wenigen Schritten** zum Erfolg kommen kannst.

Schritt 1

Welcher Themenbereich?

Überlege zunächst, zu welchem Themenbereich diese Aufgabe gehört. Nimm dir dann deine Formelsammlung vor (sie sollte Formeln und Beziehungen zwischen einzelnen Größen aller im Unterricht behandelten Themenbereiche umfassen) und suche die Formeln heraus, die zu diesem Themenbereich passen könnten. Als Hilfestellung bieten wir dir auf den Seiten IX und X eine Auswahl von wichtigen und nützlichen Formeln an.

Schritt 2

Welche Formel passt?

Du musst aus der Formelsammlung eine geeignete Formel heraussuchen, die einen Zusammenhang zwischen den gegebenen und gesuchten Größen beschreibt.

Schritt 3

Muss ich die Formel anpassen?

Häufig stimmen die Bezeichnungen in der Aufgabe und in der Formel nicht überein. Das liegt meistens daran, dass denselben Angaben unterschiedliche Namen gegeben werden können. Die eine sagt „Pyramidenhöhe", ein anderer spricht von „Höhe h des Körpers"; beide meinen das Gleiche.
Dann müssen die Bezeichnungen oder die Formel angepasst werden. Tipp: Benutze die Bezeichnungen, die du im Unterricht kennen gelernt hast. Manchmal muss die Formel zusätzlich nach einer anderen Variablen umgestellt werden.

Diese drei Schritte sollen an einer Beispielaufgabe verdeutlicht werden.

Beispiel

Berechne die Körperhöhe einer quadratischen Pyramide, deren Grundseiten je 6,0 cm und deren Seitenhöhen je 5,0 cm lang sind.

Schritt 1

Welcher Themenbereich?

Klar, diese Aufgabe kommt aus dem Themenbereich Körperberechnung → Pyramiden → quadratische Pyramiden. Die Formelsammlung bietet uns allerdings keinen Zusammenhang zwischen a, h_a und h_K.
Beim farbigen Markieren der gegebenen und gesuchten Stücke stellst du fest, dass h_a, h_K und ein Teil von a ein rechtwinkliges Dreieck bilden. Jetzt sind wir im Themenbereich Flächen → Dreieck → rechtwinkliges Dreieck.

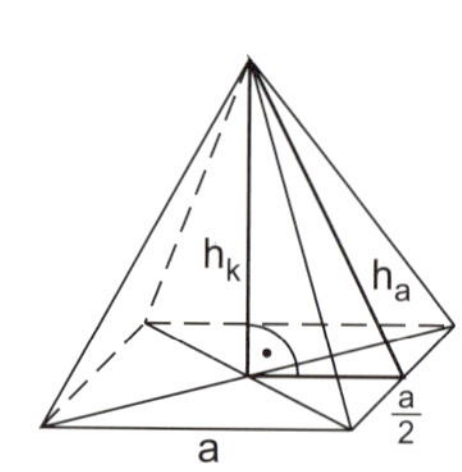

gegeben: $a = 6{,}0$ cm
$h_a = 5{,}0$ cm
gesucht: $h_k = ?$

Schritt 2

Welche Formel passt?
In rechtwinkligen Dreiecken besteht zwischen den drei Seitenlängen ein besonderer Zusammenhang. Du kennst ihn unter dem Begriff „Satz des Pythagoras“:
$a^2 + b^2 = c^2$

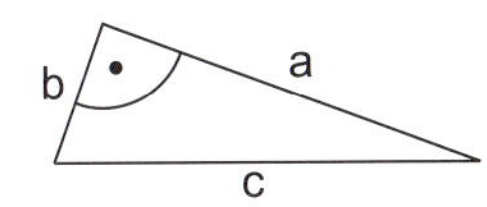

Schritt 3

Muss ich die Formel anpassen?
Die Bezeichnungen in der Formel stimmen nicht mit denen in der Aufgabe überein. Du musst die Formel also anpassen. Die Hypotenuse ist in diesem Fall nicht c, sondern h_a, die Katheten heißen in dieser Aufgabe dann h_k und $\frac{a}{2}$.

Deine Formel lautet also:

$$h_k^2 + \left(\frac{a}{2}\right)^2 = h_a^2$$

Jetzt musst du noch die gegebenen Werte in die Formel einsetzen und nach h_k umstellen.

$$h_k^2 + \left(\frac{a}{2}\right)^2 = h_a^2 \qquad | \text{ gegebene Werte einsetzen}$$

$$h_k^2 + \left(\frac{6\text{ cm}}{2}\right)^2 = (5\text{ cm})^2$$

$$h_k^2 + 9\text{ cm}^2 = 25\text{ cm}^2 \qquad | -9\text{ cm}^2$$

$$h_k^2 = 16\text{ cm}^2 \qquad | \sqrt{}$$

$$h_k = 4\text{ cm}$$

Die Pyramide hat eine Körperhöhe von 4,0 cm.

Der wichtigste – aber auch schwierigste – Teil der Lösung war die **Einordnung in den richtigen Themenbereich**, also der 1. Schritt.
Je mehr Aufgaben du bearbeitest, umso leichter wird dir die vollständige Lösung fallen.

Bei der Prüfung wirst du die Aufgaben jedoch in der Regel in Themengebieten gestellt bekommen, sodass du innerhalb einer Aufgabe die Einordnung in den richtigen Themenbereich gleich mehrfach vornehmen musst.

Bei der folgenden Aufgabe, die wie ein Aufgabenblock in der Abschlussprüfung aussieht, sollst du dich ganz besonders mit diesen drei Lösungsschritten befassen. Löse die Teilaufgaben und beschreibe jeden Schritt wie in der obigen Beispielaufgabe.

Getreidemühle

Die beiden Bilder zeigen eine Getreidemühle. Der Trichter hat die Form einer auf dem Kopf stehenden quadratischen Pyramide mit einer 15 cm langen Grundseite und einer Körperhöhe von 15 cm.

a) Zeichne ein maßstabsgetreues Schrägbild des Trichters.

b) Die Mühle mahlt das Getreide gleichmäßig. Zeichne einen Graphen, der den Zusammenhang von Füllhöhe des Trichters und Zeit während des Mahlvorgangs beschreibt.

c) Die Seitenteile des Trichters werden aus Rechteckplatten mit dem Maß 16 cm × 18 cm hergestellt.
Begründe, warum eine quadratische Platte von 15 cm × 15 cm dafür zu klein wäre.

Bedenke: Erst selbst lösen, dann mit der Musterlösung vergleichen.

Lösung:

a) Du solltest das Schrägbild einer auf den Kopf gestellten Pyramide zeichnen – beachte dabei, dass das Erscheinungsbild deiner Pyramide vom gewählten Maßstab abhängt. Hier ein Beispiel im Maßstab 1:3.

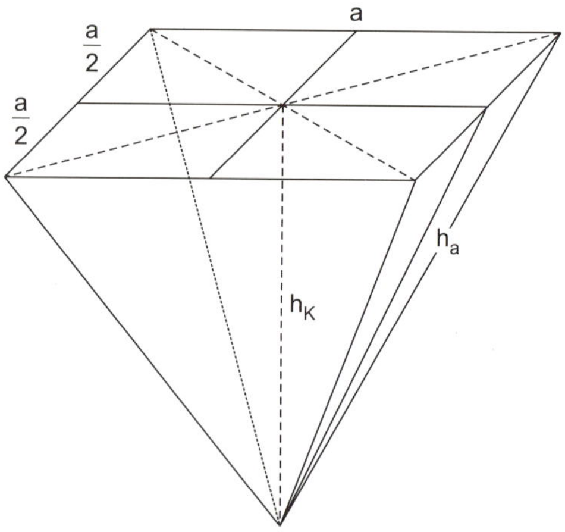

b) Diese Teilaufgabe kommt aus dem Themenbereich Zuordnung. Du solltest beachten: Der Trichter leert sich für das Auge zunächst sehr langsam, dann immer schneller (wobei man annimmt, dass in gleichen Zeitintervallen immer die gleiche Kornmenge gemahlen wird). Deshalb könnte der Graph wie nebenstehend aussehen.

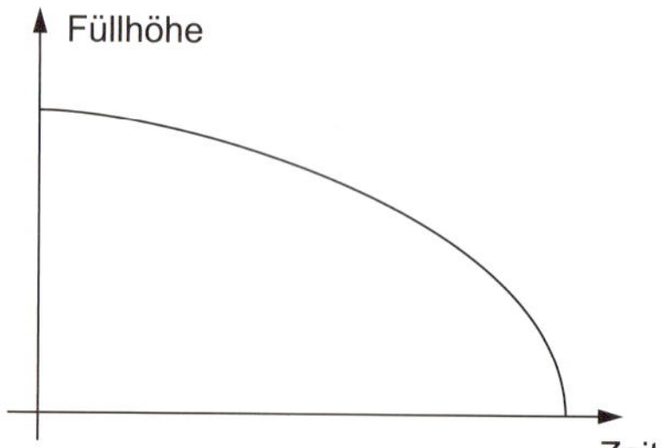

c) Gehe zur Lösung schrittweise vor:

Schritt 1

Welcher Themenbereich?
Diese Teilaufgabe gehört in den Themenbereich des Satz des Pythagoras. Du kannst die Aufgabe aber auch durch eine schlüssige und nachvollziehbar Argumentation lösen: → Argumentieren/Begründen
Da die Innengrundseite $a = 15$ cm beträgt und die Innenhöhe $h_K = 15$ cm beträgt, lässt sich ein Teildreieck der Mantelfläche nicht aus einem Quadrat der Seitenlänge 15 cm schneiden, da die Flächenhöhe h_a des Dreiecks größer als 15 cm sein muss und das Außenmaß der Holzplatte (Brettstärke) ebenfalls größer als 15 cm sein muss.
Wenn du Schwierigkeiten beim Argumentieren/Begründen hast, kannst du auch eine rechnerische Lösung erstellen:

Schritt 2

Welche Formel passt?
Anwendung findet hier der Satz des Pythagoras: $a^2 + b^2 = c^2$

Schritt 3

Muss ich die Formel anpassen?
Die Hypotenuse ist in diesem Fall nicht c, sondern h_a, die Katheten heißen h_K und $\frac{a}{2}$.

$$h_K^2 + \left(\frac{a}{2}\right)^2 = h_a^2$$

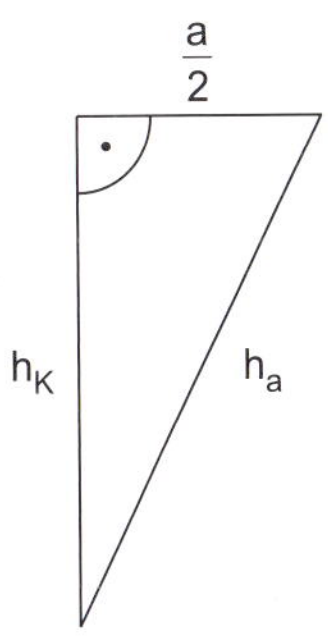

Jetzt kannst du die Zahlen einsetzen:

$$h_a^2 = (15\text{ cm})^2 + (7{,}5\text{ cm})^2$$
$$h_a = 225\text{ cm}^2 + 56{,}25\text{ cm}^2$$
$$h_a = 281{,}25\text{ cm}^2 \quad |\sqrt{\ }$$
$$h_a \approx 16{,}77\text{ cm}$$

Man muss eine Rechteckplatte von 16 cm × 18 cm nehmen, da aus einer quadratischen Grundfläche von 15 cm x 15 cm nach obiger Berechnung keine genügend große Platte geschnitten werden kann. Außerdem sind die 15 cm nur das Innenmaß des Trichters, es kommt noch die Wandstärke des Holzes dazu.
Alternative Formulierung: Aus einer quadratischen Platte von 15 cm × 15 cm lässt sich kein Seitenteil schneiden, da die Dreieckshöhe h_a bereits ca. 16,8 cm lang ist.

3 Formelsammlung

Flächenberechnung

(A: Flächeninhalt; u: Umfang; b: Bogenlänge)

Quadrat

$A = a^2$

$u = 4a$

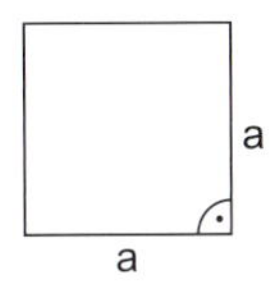

Rechteck

$A = a \cdot b$

$u = 2a + 2b$

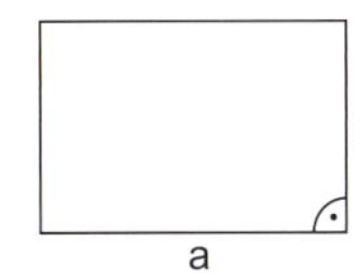

Parallelogramm

$A = a \cdot h_a = b \cdot h_b$

$u = 2a + 2b$

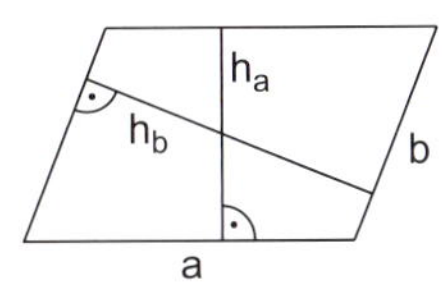

Raute

$A = \frac{e \cdot f}{2}$

$u = 4a$

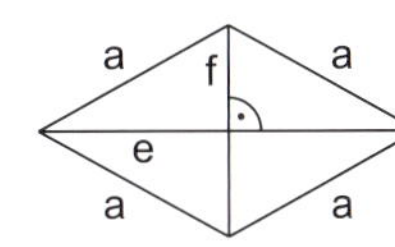

Drachen

$A = \frac{e \cdot f}{2}$

$u = 2a + 2b$

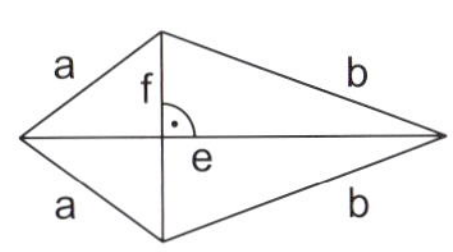

Trapez

$A = \frac{(a + c)}{2} \cdot h_a$

$u = a + b + c + d$

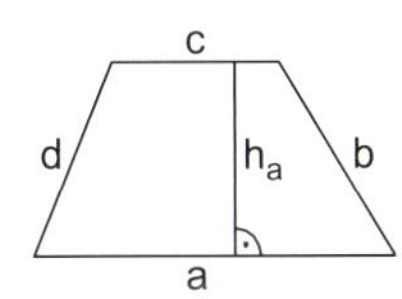

Kreis

$A = \pi \cdot r^2$

$A = \frac{\pi}{4} \cdot d^2$

$u = 2\pi \cdot r = d \cdot \pi$

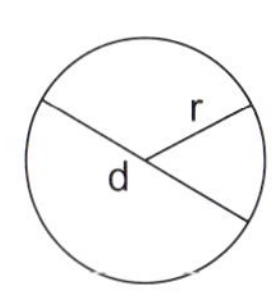

Kreisausschnitt

$A = \pi \cdot r^2 \cdot \frac{\alpha}{360°}$

$b = 2\pi \cdot r \cdot \frac{\alpha}{360°}$

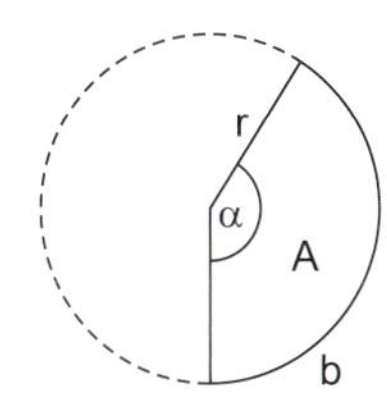

Dreieck

$A = \frac{c \cdot h_c}{2}$

$u = a + b + c$

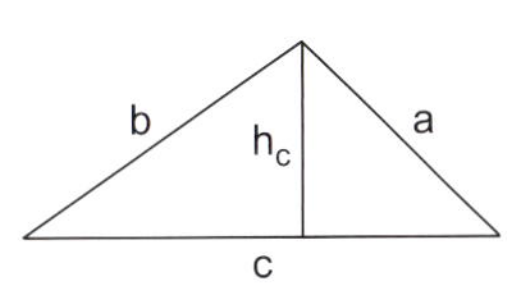

Rechtwinkliges Dreieck

$A = \frac{a \cdot b}{2}$

$u = a + b + c$

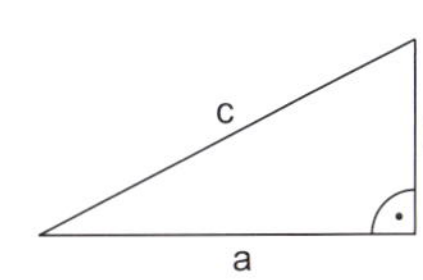

Satz des Pythagoras

$a^2 + b^2 = c^2$

Körperberechnung

(V: Volumen; O: Oberflächeninhalt; G: Grundflächeninhalt; M: Mantelfläche)

Würfel

$V = a^3$

$O = 6a^2$

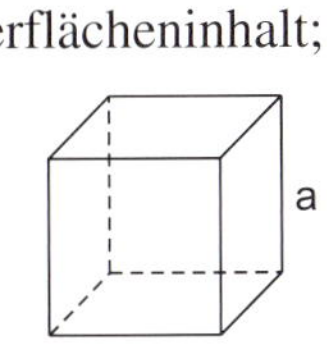

Quader

$V = a \cdot b \cdot c$

$O = 2ab + 2ac + 2bc$

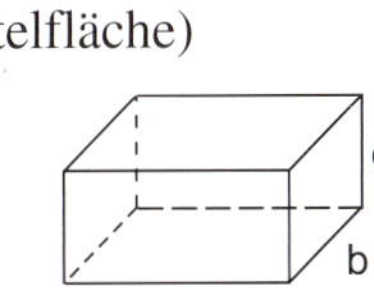

Prisma

$V = G \cdot h_k$

$M = u_G \cdot h_k$

$O = 2 \cdot G + M$

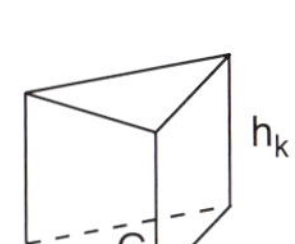

Zylinder

$V = \pi \cdot r^2 \cdot h_k$

$M = 2\pi \cdot r \cdot h_k$

$O = 2 \cdot \pi \cdot r^2 + 2\pi \cdot r \cdot h_k$

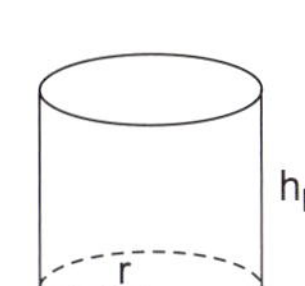

Quadratische Pyramide

$V = \frac{1}{3} a^2 \cdot h_k$

$M = 2a \cdot h_a$

$O = a^2 + 2a \cdot h_a$

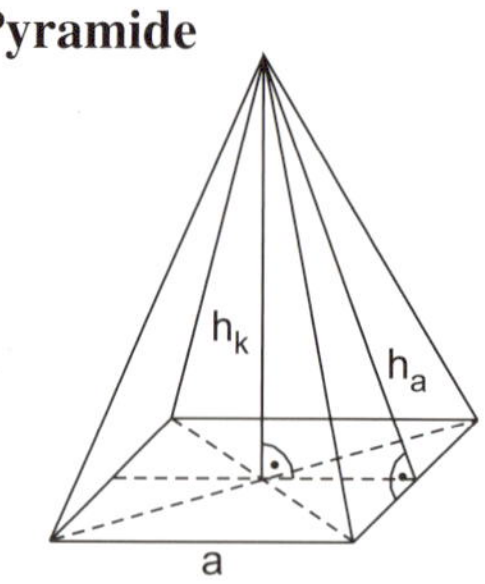

Kegel

$V = \frac{1}{3} \pi \cdot r^2 \cdot h_k$

$M = \pi \cdot r \cdot s$

$O = \pi \cdot r^2 + \pi \cdot r \cdot s$

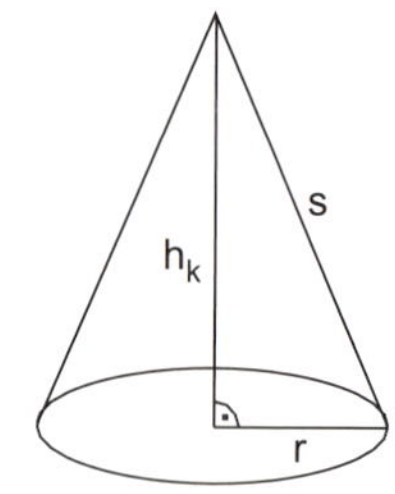

Kugel

$V = \frac{4}{3} \pi \cdot r^3$

$O = 4\pi \cdot r^2$

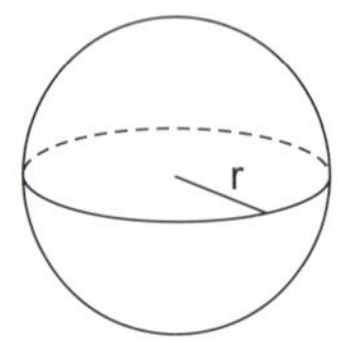

Trigonometrie

Im rechtwinkligen Dreieck gilt:

$$\sin(\text{Winkel}) = \frac{\text{Gegenkathete}}{\text{Hypotenuse}}$$

$$\cos(\text{Winkel}) = \frac{\text{Ankathete}}{\text{Hypotenuse}}$$

$$\tan(\text{Winkel}) = \frac{\text{Gegenkathete}}{\text{Ankathete}}$$

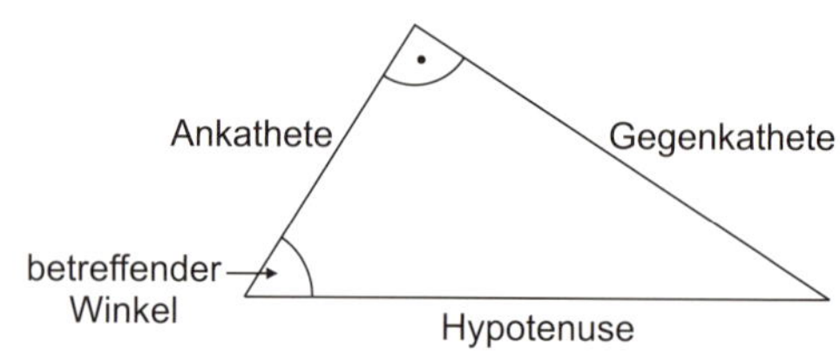

Im allgemeinen Dreieck gilt:

Sinussatz: $\frac{a}{\sin\alpha} = \frac{b}{\sin\beta} = \frac{c}{\sin\gamma}$

Kosinussatz:

$a^2 = b^2 + c^2 - 2bc \cdot \cos\alpha$

$b^2 = a^2 + c^2 - 2ac \cdot \cos\beta$

$c^2 = a^2 + b^2 - 2ab \cdot \cos\gamma$

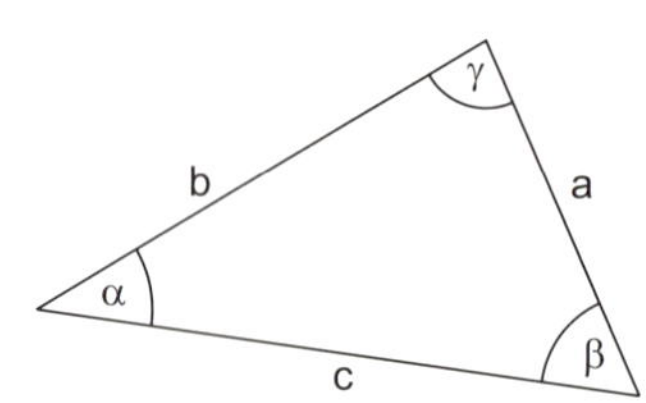

Ähnlichkeitsbeziehungen

Wenn zwei Dreiecke in ihren Winkeln ($\alpha = \alpha'$, $\beta = \beta'$, $\gamma = \gamma'$) übereinstimmen, dann sind sie zueinander ähnlich. Für Längenverhältnisse gilt:

$\frac{a}{b} = \frac{a'}{b'}$ $\quad \frac{a}{c} = \frac{a'}{c'}$ $\quad \frac{b}{c} = \frac{b'}{c'}$

Prozentrechnung

(G: Grundwert; W: Prozentwert; p: Prozentsatz)

$W = G \cdot \frac{p}{100}$

Zinsrechnung

(K: Kapital; Z: Zinsen; p: Zinssatz; t: Tage)

$Z = K \cdot \frac{p}{100}$

$Z = K \cdot \frac{p}{100} \cdot \frac{t}{360}$

Lineare Funktionen

(m: Steigung; b: y-Achsenabschnitt)

$f(x) = y = mx + b$

Quadratische Funktionen

Normalform

$f(x) = y = x^2 + px + q$

p-q-Formel (Berechnung der Nullstellen)

$x_{1/2} = -\frac{p}{2} \pm \sqrt{\left(\frac{p}{2}\right)^2 - q}$

Scheitelpunktform

$f(x) = y = a(x-d)^2 + e \quad \Rightarrow \quad S(d \mid e)$

Mit $a = 1$ ist es eine (verschobene) Normalparabel.

Allgemeine Form

$f(x) = y = ax^2 + bx + c$

Exponentialfunktionen

$f(x) = y = c \cdot q^x$

Exponentielle Zusammenhänge

Wachstum und Zerfall

$q = 1 \pm \frac{p}{100}$

$G_n = G_0 \cdot q^n$

Zinseszins

$K_n = K_0 \cdot \left(1 + \frac{p}{100}\right)^n$

$K_n = K_0 \cdot q^n$

Wahrscheinlichkeitsrechnung

Ergebnis und Ereignis

Der Ausgang eines Zufallsversuchs heißt Ergebnis. Alle günstigen Ergebnisse heißen Ereignis.

Laplace-Wahrscheinlichkeit

Sind alle Ergebnisse eines Zufallsexperimentes gleich wahrscheinlich, gilt für das Eintreten eines Ereignisses E:

$$P(E) = \frac{\text{Anzahl der für E günstigen Ergebnisse}}{\text{Anzahl aller möglichen Ergebnisse}}$$

1. Pfadregel (Produktregel):

Die Wahrscheinlichkeit eines Ereignisses ist gleich dem Produkt der Wahrscheinlichkeiten entlang des jeweiligen Pfades im Baumdiagramm.

2. Pfadregel (Summenregel):

Die Wahrscheinlichkeit eines Ereignisses ist gleich der Summe der Wahrscheinlichkeiten aller der Pfade, bei denen das Ereignis eintritt.

Zusammenhang zwischen Dichte, Masse und Volumen

(ρ: Dichte; m: Masse; V: Volumen)

$\rho = \frac{m}{V}$ in $\frac{g}{cm^3}$

Maßeinheiten

Länge

1 km = 1 000 m

1 m = 10 dm = 100 cm = 1 000 mm

1 dm = 10 cm = 100 mm

1 cm = 10 mm

Fläche

1 ha = 10 000 m^2 1 a = 100 m^2

1 m^2 = 100 dm^2

1 dm^2 = 100 cm^2

1 cm^2 = 100 mm

Volumen und Hohlmaße

1 m^3 = 1 000 dm^3

1 dm^3 = 1 000 cm^3

1 cm^3 = 1 000 mm^3

Liter: 1 ℓ = 1 000 $m\ell$ = 1 dm^3

Milliliter: 1 $m\ell$ = 1 cm^3

Masse

1 t = 1 000 kg

1 kg = 1 000 g

1 g = 1 000 mg

4 Lernplaner (Checkliste)

Diese Themen muss ich für den **Hauptteil I** (hilfsmittelfrei) können:

Thema	Kapitel	Seite	Datum	☺	😐	☹	Bemerkungen
Schriftliche Rechenverfahren (+, −, ·, :)	1.1	3					
Rechen- und Klammerregeln	1.1	4					
Überschlagen und Runden	1.1	5					
Bruchrechnung	1.2	6 – 10					
Potenzen und Wurzeln	1.3	11 – 12					
Terme und binomische Formeln	1.4	13 – 14					
Lineare Gleichungen	1.4	14 – 16					
Größen und Einheiten	1.5	16 – 18					
Zuordnungen (proportional, antiproportional)	1.6	19 – 21					
Prozentrechnung	1.7	22 – 23					
Zinsrechnung⊕	1.7	24					
Winkel an Geraden	1.8	25					
Winkelsummen (im Dreieck und Viereck)	1.8	26					
Maßstab	5.1	58 – 59					

Diese Themen muss ich für den **Hauptteil II** und die Wahlaufgaben können:

Thema	Kapitel	Seite	Datum	☺	😐	☹	Bemerkungen
Lineare Funktion	2.1	27 – 30					
Lineare Gleichungssysteme	2.2	30 – 33					
Quadratische Funktion: Lage und Form	3.1	34 – 38					
Scheitelpunktform und Normalform	3.1	38 – 42					
Schnittstellen / Nullstellen quadratischer Funktionen	3.1	43 – 44					
Quadratische Gleichungen	3.2	45 – 47					
Lineares und exponentielles Wachstum	4.1	48 – 49					

Thema	Kapitel	Seite	Datum	☺	😐	☹	Bemerkungen
Zinseszins⊕	4.2	50 – 52					
Exponentielles Wachstum/Abnahme	4.3	52 – 55					
Exponentialfunktion⊕	4.4	55 – 57					
Zentrische Streckung⊕	5.1	59 – 60					
Strahlensätze⊕	5.2	61 – 63					
Satz des Pythagoras	6	64 – 68					
Sinus, Kosinus, Tangens	7.1	69 – 72					
Sinus-/Kosinussatz⊕	7.2	73					
Flächen (Vierecke, Dreiecke, Kreise)	8	74					
Zusammengesetzte Flächen	8.1	75 – 77					
Kreisausschnitte	8.2	77 – 80					
Körpernetze	9.1	81 – 82					
Schrägbilder	9.1	83 – 84					
Prisma	9.2	85 – 86					
Zylinder	9.3	87 – 88					
Pyramide und Kegel	9.4	89 – 91					
Kugel	9.5	92					
Zusammengesetzte Körper	9.6	93 – 94					
Modellieren mit Körpern⊕	9.7	95 – 96					
Statistische Grundbegriffe	10.1	97 – 98					
Mittelwert	10.1	97 – 98					
Absolute und relative Häufigkeit	10.1	97 – 98					
Diagramme	10.2	99 – 101					
Einstufiges Zufallsexperiment	10.3	102 –103					
Zweistufiges Zufallsexperiment	10.4	104 – 106					
Kombinatorik	10.5	107 – 108					

Training Grundwissen

1 Wiederholung Grundlagen

1.1 Grundbegriffe und Rechenregeln

Merke

Grundrechenarten

- **Addition:** 1. Summand + 2. Summand = Summe
  16 + 8 = 24
- **Subtraktion:** Minuend − Subtrahend = Differenz
  16 − 8 = 8
- **Multiplikation:** 1. Faktor · 2. Faktor = Produkt
  16 · 8 = 128
- **Division:** Dividend : Divisor = Quotient
  16 : 8 = 2

Beispiele

1. $0{,}004 \cdot 10 = 0{,}04$

Beim **Multiplizieren** mit 10, 100, 1 000, … musst du das Komma für jede Null um eine Stelle **nach rechts** verschieben.

$576 : 1\,000 = 0{,}576$

Beim **Dividieren** durch 10, 100, 1 000, … musst du das Komma für jede Null um eine Stelle **nach links** verschieben.

2. Schriftliche Rechenverfahren:

```
  384,25
−  26,38
  357,87
```

Addition/Subtraktion
Achte darauf, Komma unter Komma zu schreiben.

```
 27,6 · 3,5
      8 2 8
+    1 3 8 0
       1
     9 6,6 0
```

Multiplikation
Das Produkt hat genauso viele Nachkommastellen wie beide Faktoren zusammen.

```
 406 : 7 = 58
− 35
   56
   56
    0
```

Division

Aufgaben

1 Berechne die Summe aus …

a) … 145 und 236.
b) … 23,05 und 200 und 8,1.
c) … 15 und −22.
d) … −17 und 25,5.

2 Berechne.

a) $786 - 389$
b) $356{,}7 - 12{,}5$
c) $17{,}05 - 0{,}5 - 8$
d) $-8 - 3$

3 Berechne das Produkt aus …

a) … 89 und 37.
b) … 23,5 und 57.
c) … 2,5 und –8.
d) … –0,3 und –12.

4 Berechne den Quotienten aus …

a) … 623 und 7.
b) … 4 104 und 9.
c) … 50 und –2,5.
d) … –14 und 3,5.

Tipp: Verschiebe bei der Multiplikation bzw. Division mit Stufenzahlen das Komma um die Anzahl der Nullen nach links bzw. rechts.

5 Multipliziere.

a) $41{,}6 \cdot 10$
b) $100 \cdot 7{,}210$
c) $1{,}49 \cdot 1\,000$
d) $0{,}1 \cdot 0{,}1$

6 Dividiere.

a) $3{,}9 : 1\,000$
b) $0{,}45 : 100$
c) $396{,}9972 : 10$
d) $62{,}5 : 0{,}5$

7 Ergänze jeweils die fehlende Zahl.

a) $3{,}26 \cdot \square = 3\,260$
b) $\square \cdot 68{,}329 = 6{,}8329$
c) $48{,}72 : \square = 0{,}4872$
d) $\square : 1\,000 = 500$
e) $-14 : \square = 7$
f) $\square \cdot (-3) = -12$

8 Erstelle selbst jeweils drei unterschiedliche Aufgaben mit positiven und negativen Zahlen, bei denen folgende Ergebnisse herauskommen.

a) 5
b) –3
c) 11
d) –18

Merke

Rechenregeln

- Was in der **Klammer** steht, wird zuerst berechnet!
- **Punkt vor Strich:** Mal und geteilt vor plus und minus!

Beispiele

1. $15 - (5 + 8) + 9 =$
   $15 - \;13\; + 9 = 11$

   Berechne zuerst, was in der Klammer steht.

2. $10 : 5 + 6 \cdot 4 - 8 =$
   $2 \;+\; 24 \;-\; 8 = 18$

   Beachte die Regel „Punkt vor Strich“.

Aufgabe

9 Berechne im Kopf. Achte auf die Rechenregeln.

a) $(2{,}5 - 0{,}5) \cdot 14$
b) $180 : (29 - 23)$
c) $254 \cdot (29 + 51)$
d) $208 + 3 \cdot 14 + 81 + 22 \cdot 52$

Merke

Überschlagsrechnen und Runden

Mache möglichst bei jeder Aufgabe eine Überschlagsrechnung. Schätze dazu gezielt, wie groß das Ergebnis sein muss:

- **Runde** die Zahlen: Bei **0, 1, 2, 3, 4** wird **ab-**, bei **5, 6, 7, 8, 9** wird **aufgerundet**.
- Bestimme das gerundete Ergebnis.
- Berechne das genaue Ergebnis.
- **Vergleiche die Ergebnisse.** Ist der Unterschied zwischen dem gerundeten Ergebnis und dem genauen Ergebnis sehr groß, hast du dich wahrscheinlich verrechnet. Überprüfe deine Rechnungen.

Beispiele

1. Runde auf zwei Stellen nach dem Komma.

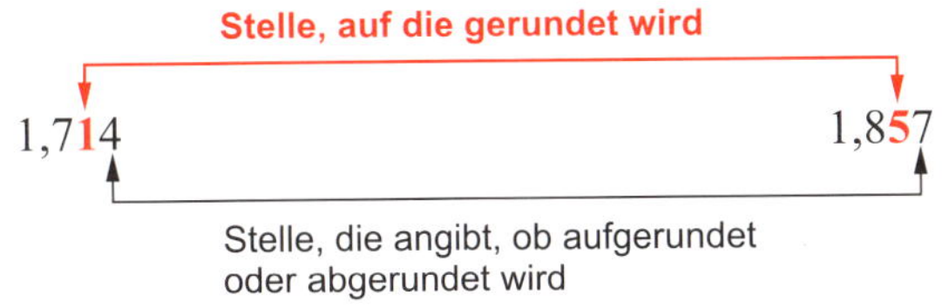

Lösung:

1,7**14** ≈ 1,7**1** — Die 3. Dezimalstelle ist eine 4. Es wird abgerundet.

1,8**57** ≈ 1,8**6** — Die 3. Dezimalstelle ist eine 7. Es wird aufgerundet.

2. Überschlage zunächst und berechne dann genau.
   $118 + 94 =$

   Lösung:
   Überschlag:
   $118 + 94 \approx 120 + 90 = 210$
   Genaues Ergebnis:
   $118 + 94 = 212$

Aufgaben

10 Überschlage zunächst das Ergebnis und berechne dann genau.

a) $785 + 698$ b) $569{,}55 - 178{,}65$

c) $67 \cdot 23$ d) $8{,}362 : 1{,}85$

11 Addiere die kleinste natürliche Zahl, die auf Hunderter gerundet 800 ergibt, mit der größten natürlichen Zahl, die auf Tausender gerundet 6 000 ergibt.
Überschlage zunächst.

12 Tim geht für seine Mutter zum Einkaufen. Er besorgt ein Kilo Äpfel für 2,10 €, zwei Liter Milch à 1,19 €, fünf Kürbiskernbrötchen für je 85 Cent und drei Packungen Bio-Müsli für je 2,49 €. Seine Mutter gibt ihm einen 20-€-Schein mit.
Reicht das Geld noch für ein Eis? Überschlage.

1.2 Bruchrechnen

Merke

Bruchbegriff

Für Brüche gibt es unterschiedliche Schreibweisen. Es gilt:

$\frac{1}{100} = 0{,}01 = 1\,\%$

Beispiel

Zu ihrem 15. Geburtstag bekommt Mona 100 € geschenkt. Sie gibt 10 € für ihr Handyguthaben, 15 € für Bücher, 25 € für CDs und 50 € für Schuhe aus.

	Handyguthaben	Bücher	CDs	Schuhe
Ausgaben	10 € von 100 €	15 € von 100 €	25 € von 100 €	50 € von 100 €
Hundertstelbruch	$\frac{10}{100}$	$\frac{15}{100}$	$\frac{25}{100}$	$\frac{50}{100}$
gekürzter Bruch	$\frac{1}{10}$	$\frac{3}{20}$	$\frac{1}{4}$	$\frac{1}{2}$
Dezimalbruch	0,1	0,15	0,25	0,5
Prozentsatz	10 %	15 %	25 %	50 %
Diagramm (Hundertertafel)	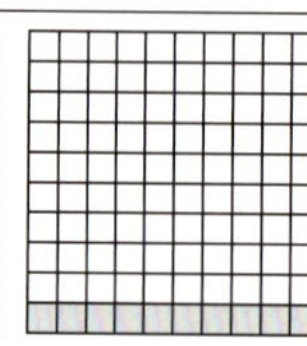	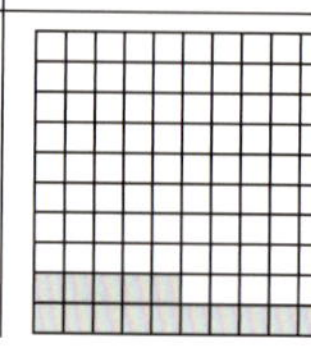	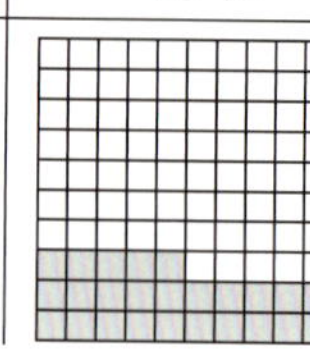	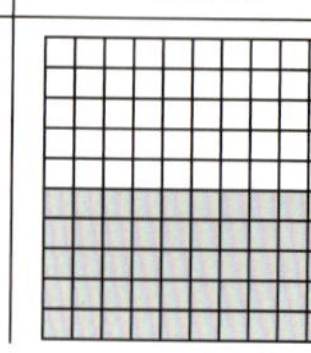

Aufgaben

13 Vervollständige folgende Tabelle.

	a)	b)	c)	d)	e)	f)
Bruch	$\frac{3}{4}$				$\frac{1}{3}$	
Dezimalbruch			0,2			
Hundertstelbruch		$\frac{10}{100}$				$\frac{5}{100}$
Prozentsatz				30 %		

14 Welcher Bruchteil ist jeweils grau markiert?

a)

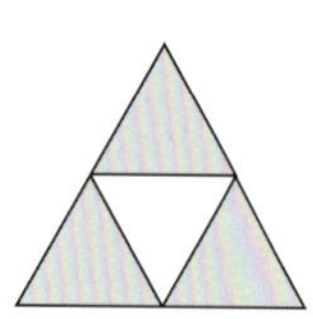

b)

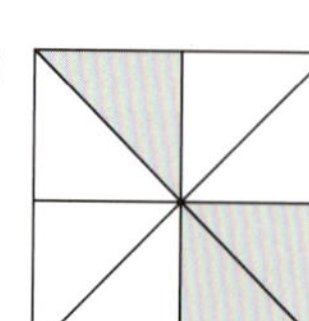

c)

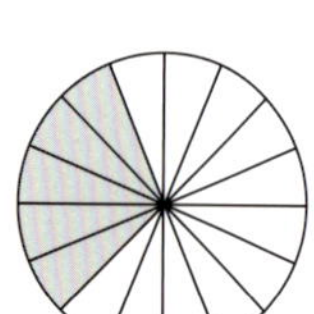

d)

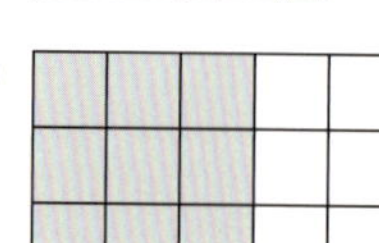

Merke

Brüche erweitern und kürzen

- Ein Bruch wird erweitert, indem Zähler und Nenner **mit der gleichen Zahl** (Erweiterungszahl) **multipliziert** werden. Der Wert des Bruchs bleibt dabei unverändert.
- Ein Bruch wird gekürzt, indem Zähler und Nenner durch **die gleiche Zahl** (Kürzungszahl) **dividiert** werden. Der Wert des Bruchs bleibt dabei unverändert.

Beispiele

1. Erweitere den Bruch $\frac{2}{3}$ mit 4.
   Lösung:
   $\frac{2}{3} = \frac{2 \cdot 4}{3 \cdot 4} = \frac{8}{12}$
   Die Erweiterungszahl ist 4. Zähler und Nenner werden mit 4 multipliziert.
2. Kürze den Bruch $\frac{6}{9}$.
   Lösung:
   $\frac{6}{9} = \frac{6 : 3}{9 : 3} = \frac{2}{3}$
   Die Kürzungszahl ist 3. Zähler und Nenner werden durch 3 dividiert.

Aufgaben

15

a) Erweitere $\frac{4}{7}$ jeweils mit 3 (4; 6; 8).
b) Erweitere $\frac{3}{5}$ jeweils mit 2 (7; 8; 10).
c) Erweitere $\frac{5}{8}$ jeweils mit 2 (3; 5; 6).
d) Erweitere $\frac{3}{4}$ jeweils mit 6 (9; 12; 15).

16

Erweitere auf den Nenner 20.

a) $\frac{3}{4}$ b) $\frac{2}{5}$ c) $\frac{1}{2}$ d) $\frac{7}{10}$

17

Bestimme die Erweiterungszahl und berechne den fehlenden Nenner oder Zähler.

a) $\frac{3}{10} = \frac{\square}{50}$ b) $\frac{3}{8} = \frac{\square}{48}$ c) $\frac{3}{4} = \frac{9}{\square}$ d) $\frac{5}{6} = \frac{25}{\square}$

18

Kürze die folgenden Brüche.

a) $\frac{2}{4}$ b) $\frac{3}{9}$ c) $\frac{6}{8}$ d) $\frac{4}{10}$

Merke

Hauptnenner

Um zwei oder mehrere Brüche miteinander zu vergleichen, braucht man einen **gleichen gemeinsamen Nenner** (Hauptnenner).

Beispiel

Welcher Bruch ist kleiner, $\frac{3}{4}$ oder $\frac{5}{6}$?

Lösung:

$\frac{3}{4} = \frac{3 \cdot 3}{4 \cdot 3} = \frac{9}{12}$

Der Hauptnenner ist 12.
Die Erweiterungszahl des ersten Bruchs ist 3.
Multipliziere Zähler und Nenner mit 3.

$\frac{5}{6} = \frac{5 \cdot 2}{6 \cdot 2} = \frac{10}{12}$

Der zweite Bruch wird mit 2 erweitert.
Multipliziere Zähler und Nenner mit 2.

$\frac{9}{12} < \frac{10}{12} \Rightarrow \frac{3}{4} < \frac{5}{6}$

Aufgaben

19 Welcher Bruch ist kleiner?

a) $\frac{2}{5}$ oder $\frac{5}{10}$

b) $\frac{1}{2}$ oder $\frac{3}{8}$

c) $\frac{5}{6}$ oder $\frac{7}{8}$

d) $\frac{3}{4}$ oder $\frac{9}{10}$

20 Gib einen Bruch an, der zwischen den folgenden Brüchen liegt.

a) $\frac{4}{6}$ und $\frac{5}{9}$

b) $\frac{2}{3}$ und $\frac{2}{5}$

c) $\frac{2}{5}$ und $\frac{3}{5}$

d) $\frac{1}{2}$ und $\frac{1}{3}$

21 Ordne die folgenden Brüche der Größe nach.

a) $\frac{3}{8}; \frac{2}{5}; \frac{3}{10}$

b) $\frac{4}{5}; \frac{1}{3}; \frac{3}{10}$

22 Bei einem Fernsehquiz wird der erste Gewinner gefragt, ob er lieber sieben Achtel, vier Sechstel, 75 % oder die Hälfte der Gewinnsumme hätte.
Wie würdest du dich entscheiden?

Merke

Addition und Subtraktion von Brüchen

- Brüche können nur dann addiert oder subtrahiert werden, wenn sie **gleichnamig** sind (einen **gemeinsamen Nenner** besitzen).
- Sind die Brüche gleichnamig, werden die **Zähler addiert oder subtrahiert**. Der **Nenner** bleibt **unverändert**.
- Sind die Brüche **ungleichnamig**, musst du zuerst den **Hauptnenner suchen** und sie gleichnamig machen.
- Gemischte Zahlen werden vor dem Addieren oder Subtrahieren in **unechte Brüche** umgewandelt.

Beispiele

1. Subtrahiere die ungleichnamigen Brüche $\frac{8}{10}$ und $\frac{1}{3}$.

Lösung:

$\frac{8}{10} - \frac{1}{3} = \frac{8 \cdot 3}{10 \cdot 3} - \frac{1 \cdot 10}{3 \cdot 10} =$ Erweitere auf den Hauptnenner.

$\frac{24}{30} - \frac{10}{30} =$ Fasse zusammen.

$\frac{24 - 10}{30} =$ Subtrahiere die Zähler.

$\frac{14}{30} = \frac{7}{15}$ Kürze, wenn möglich.

2. Addiere $3\frac{1}{4}$ und $2\frac{5}{6}$.

Lösung:

$3\frac{1}{4}+2\frac{5}{6}=\frac{13}{4}+\frac{17}{6}=$ — Wandle in unechte Brüchen um.

$\frac{13\cdot 3}{4\cdot 3}+\frac{17\cdot 2}{6\cdot 2}=\frac{39+34}{12}=$ — Addiere die unechten Brüche. Erweitere dazu auf den Hauptnenner.

$\frac{73}{12}=6\frac{1}{12}$ — Wandle den unechten Bruch in eine gemischte Zahl um.

Aufgaben

23 Bestimme den Hauptnenner und addiere bzw. subtrahiere die Brüche. Kürze das Ergebnis, falls möglich.

a) $\frac{3}{4}+\frac{9}{12}$

b) $\frac{3}{4}+\frac{5}{8}+\frac{11}{16}$

c) $\frac{5}{8}-\frac{1}{3}$

d) $\frac{11}{12}-\frac{1}{6}-\frac{3}{4}$

24 Berechne.

a) $5\frac{2}{5}+7\frac{1}{2}$

b) $6\frac{2}{3}+2\frac{4}{5}$

c) $6\frac{4}{5}-5\frac{7}{12}$

d) $3\frac{4}{7}-1\frac{5}{6}$

Merke

Multiplikation und Division von Brüchen

- Beim **Multiplizieren** von Brüchen werden **jeweils die Zähler und die Nenner** der einzelnen Brüche miteinander **multipliziert**.
- Beim **Dividieren** von Brüchen wird zunächst der **Kehrwert des zweiten Bruchs** gebildet. Anschließend wird der erste Bruch mit dem Kehrwert des zweiten Bruchs **multipliziert**.
- **Kürze**, falls möglich, vor dem Ausmultiplizieren.
- **Gemischte Zahlen** musst du vor dem Rechnen in **unechte Brüche** umwandeln.

Beispiele

1. Multipliziere $\frac{5}{9}$ und $\frac{3}{10}$.

Lösung:

$\frac{5}{9}\cdot\frac{3}{10}=\frac{5\cdot 3}{9\cdot 10}=$ — $\frac{\text{Zähler}\cdot\text{Zähler}}{\text{Nenner}\cdot\text{Nenner}}$

$\frac{\not{5}\cdot\not{3}}{3\cdot\not{3}\cdot 2\cdot\not{5}}=\frac{1}{2\cdot 3}=\frac{1}{6}$ — Kürze vor dem Ausmultiplizieren.

2. Dividiere $\frac{4}{15}$ durch $\frac{8}{3}$.

Lösung:

$\frac{4}{15}:\frac{8}{3}=\frac{4}{15}\cdot\frac{3}{8}=\frac{4\cdot 3}{15\cdot 8}=$ — Multipliziere mit dem Kehrwert. Der Kehrwert von $\frac{8}{3}$ ist $\frac{3}{8}$.

$\frac{\not{2}\cdot\not{2}\cdot\not{3}}{\not{3}\cdot 5\cdot\not{2}\cdot\not{2}\cdot 2}=\frac{1}{5\cdot 2}=\frac{1}{10}$ — Kürze vor dem Ausmultiplizieren.

Aufgaben

25 Multipliziere die Brüche.

a) $\frac{7}{8} \cdot \frac{3}{7}$
b) $\frac{5}{6} \cdot \frac{3}{5}$
c) $\frac{5}{9} \cdot 3$
d) $\frac{1}{8} \cdot \frac{4}{5}$

26 Kürze vor dem Ausmultiplizieren.

a) $\frac{7}{8} \cdot \frac{3}{7} \cdot \frac{2}{3}$
b) $\frac{5}{6} \cdot \frac{3}{5} \cdot \frac{10}{3}$
c) $\frac{3}{4} \cdot \frac{2}{5} \cdot \frac{1}{6}$
d) $\frac{8}{9} \cdot \frac{3}{4} \cdot \frac{5}{6}$

27 Gib das Ergebnis in gekürzter Form an.

a) $\frac{7}{8} : \frac{3}{7}$
b) $\frac{5}{6} : \frac{3}{5}$
c) $\frac{3}{5} : \frac{11}{15}$
d) $\frac{3}{4} : \frac{5}{6}$

28 Dividiere.

a) $\frac{7}{12} : 2$
b) $\frac{9}{8} : 3$
c) $\frac{5}{6} : \frac{1}{4}$
d) $6 : \frac{3}{2}$

29 Eine Runde um den Sportplatz ist 400 m lang.
Welche Strecke musst du zurücklegen, wenn du folgende Runden läufst?

a) $\frac{1}{8}$ Runde
b) $2\frac{1}{4}$ Runden

30 Der Tank eines Autos fasst genau 60 Liter. Der durchschnittliche Verbrauch liegt bei acht Liter auf 100 km.
Wie viele Liter Benzin sind noch im Auto und wie viele Kilometer kann man noch fahren, wenn …

a) … der Tank noch halb voll ist?
b) … man bereits zwei Drittel des Tanks verbraucht hat?
c) … die Tanknadel anzeigt, dass der Tank nur noch zu einem Viertel voll ist?

1.3 Potenzen und Wurzeln

Merke

Potenzen

Produkte, bei denen der gleiche Faktor mehrmals auftritt, schreibt man kürzer als **Potenz**. Der **Exponent** (Hochzahl) gibt an, wie oft die **Basis** (Faktor) mit sich selbst multipliziert wird.

Beispiele

1. $4 \cdot 4 \cdot 4 = 4^3$ — **Exponent** (Hochzahl): 3; **Basis** (Grundzahl): 4

   Der Exponent gibt an, wie oft die Basis mit sich selbst multipliziert wird.

2. $4^2 = 4 \cdot 4 = 16$

   Ein Spezialfall des Potenzierens ist das **Quadrieren**. Der Exponent ist dabei 2.

3. $4^1 = 4$

4. $4^0 = 1$

   Potenziert man eine Zahl mit 0, ist das Ergebnis immer 1.

Merke

Wurzeln

Die Umkehroperation des Quadrierens ist das **Wurzelziehen**. Man sucht dabei eine Zahl, die mit sich selber multipliziert die Zahl unter der Wurzel ergibt.

Beispiele

1. $\sqrt{121} = 11$

   $11 \cdot 11 = 121$

2. ~~$\sqrt{-121}$~~

   Aus einer negativen Zahl kann man keine Wurzel ziehen.

Aufgaben

31 Berechne im Kopf.

a) 7^2 b) 5^3 c) 9^0 d) 8^2
e) $\sqrt{4}$ f) $\sqrt{64}$ g) $\sqrt{36}$ h) $\sqrt{100}$

32 Ergänze den fehlenden Exponenten oder die fehlende Basis.

a) $5^y = 125$ b) $x^3 = 27$ c) $6^y = 216$ d) $x^5 = 32$

33 Schreibe als Potenz.

a) 16 b) 36 c) 0,16 d) 0,0256

34 Bestimme die Seitenlängen der Quadrate mit folgendem Flächeninhalt.

a) $A = 9\ cm^2$ b) $A = 81\ cm^2$ c) $A = 144\ cm^2$ d) $A = 400\ cm^2$

35 Eine Urgroßmutter hat fünf eigene Kinder. Jedes dieser fünf Kinder hat wiederum fünf Kinder. Auch diese Kinder haben wieder alle fünf Kinder.
Wie viele Enkel*innen und Urenkel*innen hat die Urgroßmutter?

36 Mark hat eine „Ketten-E-Mail" in seinem Postfach. Er soll die Mail an sieben Freundinnen und Freunde weiterschicken. Mark überlegt, wie viele „Durchgänge" nötig sind, damit durch sein Weiterleiten der Mail nach ihm noch weitere 100 000 Menschen die Mail bekommen. Er setzt dabei voraus, dass sich alle anderen auch an die Regeln halten.

Merke

Zehnerpotenzen

Mithilfe von Zehnerpotenzen lassen sich sehr große und Zahlen nahe bei null kürzer darstellen.

Zahl	Zehnerpotenz	Bezeichnung	
0,001	10^{-3}	$\frac{1}{1000}$	ein Tausendstel
0,01	10^{-2}	$\frac{1}{100}$	ein Hundertstel
0,1	10^{-1}	$\frac{1}{10}$	ein Zehntel
1	10^{0}	1	Eins
10	10^{1}	10	Zehn
100	10^{2}		Hundert
1 000	10^{3}		Tausend
10 000	10^{4}		Zehntausend
100 000	10^{5}		Hunderttausend
1 000 000	10^{6}		Million
1 000 000 000	10^{9}		Milliarde

Beispiele

1. $9{,}6 \cdot 10^{8} = 960\,000\,000$

Ein **positiver** Exponent gibt an, wie weit du das Komma **nach rechts** verschieben musst.

2. $5{,}4 \cdot 10^{-3} = 0{,}0054$
   $4 \cdot 10^{-7} = 0{,}0000004$

Der **negative Exponent** gibt an, um wie viele Stellen das Komma **nach links** verschoben wird.

Aufgaben

37 Schreibe die Zahlen mit Zehnerpotenzen.

a) 800 000
b) 300 000 000
c) 53 000 000
d) 145 000 000
e) 0,0004
f) 0,000035

38 Schreibe ohne Zehnerpotenzen.

a) $6 \cdot 10^{5}$
b) $8 \cdot 10^{8}$
c) $3{,}8 \cdot 10^{9}$
d) $7{,}85 \cdot 10^{12}$
e) $2 \cdot 10^{-3}$
f) $9{,}1 \cdot 10^{-2}$

39 Ordne die Zahlen der Größe nach. Beginne mit der kleinsten.

$3{,}7 \cdot 10^{6}$; $40 \cdot 10^{5}$; $5{,}1 \cdot 10^{4}$; $0{,}36 \cdot 10^{7}$; $210 \cdot 10^{3}$

1.4 Terme und Gleichungen

Merke

Klammergesetze

- Steht ein **Plus vor der Klammer**, kann man die Klammer einfach weglassen.
- Steht ein **Minus vor der Klammer**, werden alle Vorzeichen **in** der Klammer umgedreht.
- Wird ein **Term vor der Klammer** mit der Klammer **multipliziert**, werden alle Glieder in der Klammer mit diesem Faktor multipliziert.
  $a \cdot (b+c) = a \cdot b + a \cdot c$
- Bei dem **Produkt von Summen** wird jeder Summand aus der 1. Klammer mit jedem Summanden aus der 2. Klammer multipliziert.⊕
  $(a+b) \cdot (c+d) = a \cdot c + a \cdot d + b \cdot c + b \cdot d$
- **Binomische Formeln:**⊕
  1. binomische Formel: $\mathbf{(a+b)^2 = a^2 + 2ab + b^2}$
  2. binomische Formel: $\mathbf{(a-b)^2 = a^2 - 2ab + b^2}$
  3. binomische Formel: $\mathbf{(a+b) \cdot (a-b) = a^2 - b^2}$

Beispiele

1. $5 + (12a - 15) = 5 + 12a - 15 = -10 + 12a$ — Die Klammern können einfach wegfallen.
2. $5 - (12a - 15) = 5 - 12a + 15 = 20 - 12a$ — Die Vorzeichen in der Klammer werden umgedreht.
3. $5 \cdot (12a - 15) = 5 \cdot 12a - 5 \cdot 15 = 60a - 75$ — Alle Zahlen in der Klammer werden mit dem Faktor davor multipliziert.
4. $21x + 7y - 35 = 7 \cdot (3x + y - 5)$ — Die Umkehrung des Ausmultiplizierens ist das **Ausklammern**.
5. $(5a+3) \cdot (4-2b) = 5a \cdot 4 + 5a \cdot (-2b) + 3 \cdot 4 + 3 \cdot (-2b)$
   $= 20a - 10ab + 12 - 6b$
6. $(3a-4)^2 = (3a-4) \cdot (3a-4)$
   $= 9a^2 - 12a - 12a + 16$
   $= 9a^2 - 24a + 16$
   — Mit der binomischen Formel kannst du die Zwischenschritte weglassen und das Ergebnis direkt aufschreiben.

Aufgaben

40 Löse die Klammern auf und fasse zusammen.

a) $4 \cdot (3x + 5)$
b) $12x + (8x - 5)$
c) $7 \cdot (3x + 4)$
d) $12 - (4 + 3x)$
e) $(5x - 6) \cdot 3$
f) $8 - (-5 - 3x) + 7$

⊕41 Klammere den gemeinsamen Faktor aus.

a) $15x + 10$
b) $16x - 12$
c) $9 + 3y$
d) $22 - 11y$

⊕42 Löse die binomischen Formeln.

a) $(3x + 4)^2$
b) $(2x - 4)^2$
c) $(5x + 4) \cdot (5x - 4)$
d) $(-5x + 3)^2$
e) $(-4x - 5)^2$
f) $(-2x + 4)(-2x - 4)$

⊕43 Schreibe als binomische Formel.

a) $x^2 + 6x + 9$

b) $4x^2 - 16x + 16$

c) $x^2 + 14x + 49$

d) $x^2 - 16$

⊕44 Ergänze die Lücken.

a) $5 \cdot (\square + \square) = 10x + 25$

b) $\square \cdot (3x - 5) = 15x^2 - \square$

c) $(4x + 7) \cdot (\square - 5) = 16x^2 \square + 28x - 35$

d) $(-5x + \square) \cdot (\square - 2x) = -15x + 10x^2 + 9 - 6x$

e) $(\square + 5x)^2 = 4 + \square + \square$

f) $(3x - \square)^2 = \square - \square + 4$

Merke

Lineare Gleichungen lösen

Um eine lineare Gleichung zu lösen, musst du sie **umstellen**, bis die Variable alleine auf einer Seite steht.
Die Gleichung ist wie eine Waage, sie muss immer im Gleichgewicht sein. Also musst du auf beiden Seiten immer **dieselbe Rechenoperation** durchführen.

Beispiele

1. **Einfache Gleichungen:**

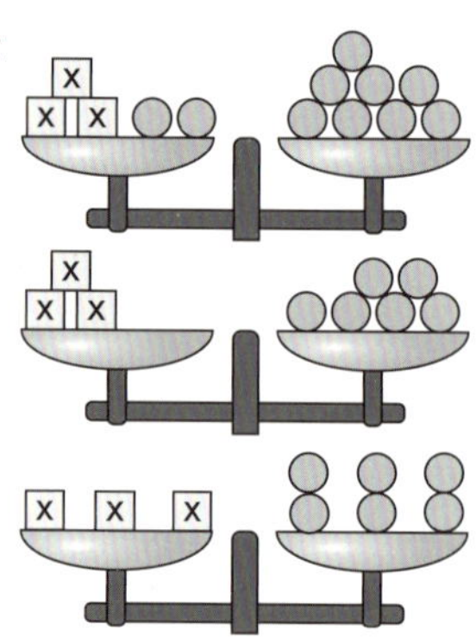

$3x + 2 = 8 \quad | -2$

Auf beiden Seiten werden zwei Kugeln weggenommen.

$3x = 6 \quad | :3$

Die Kugeln auf der rechten Seite werden auf die drei Quadrate auf der linken Seite aufgeteilt.

$x = 2$

Ein Quadrat entspricht also zwei Kugeln.

Probe:

$3 \cdot 2 + 2 \stackrel{?}{=} 8$

$6 + 2 \stackrel{?}{=} 8$

$8 \stackrel{!}{=} 8$

Das Ergebnis kannst du mit einer Probe überprüfen, indem du $x = 2$ in die Gleichung einsetzt.

2. **Komplexe Gleichungen:**

$$3\cdot(2x+5)+11=12-(3x+4)$$
$$6x+15+11=12-3x-4$$

Löse die Klammern auf.
Fasse auf beiden Seiten zusammen.

$$6x+26=8-3x \quad |+3x$$
$$9x+26=8 \quad |-26$$
$$9x=-18 \quad |:9$$
$$x=-2$$

Bringe x auf eine Seite.

Probe:

$$3\cdot(2\cdot(-2)+5)+11\overset{?}{=}12-(3\cdot(-2)+4)$$
$$3\cdot(-4+5)+11\overset{?}{=}12-(-6+4)$$
$$3\cdot1+11\overset{?}{=}12-(-2)$$
$$3+11\overset{?}{=}12+2$$
$$14\overset{!}{=}14$$

Das Ergebnis kannst du mit einer Probe überprüfen, indem du $x=-2$ in die Gleichung einsetzt.

Aufgaben

45 Löse die Gleichungen.

a) $2x+52=146$
b) $46+2x=104$
c) $108=45+3x$
d) $52=20+16x$
e) $6x-20=100$
f) $48-16x=16$
g) $30=57-3x$
h) $28=15x-92$

46 Fasse zusammen und löse die Gleichung.

a) $5x-4+4x=87-4x$
b) $x-29+7x=2x+61$
c) $4x+79-2x=5x+95-4x$
d) $120-3x-40=4x+104-9x$
e) $22x-56-2x=8x-14-2x$
f) $x+60-5x=10x-10-7x$

⊕47 Bestimme die Lösung.

a) $14x-3\cdot(2x-9)=4(4x-16)+11$
b) $7(2x+15)-28=35(1-x)-7$
c) $5x-(9-2x)\cdot6=5(5x+12)-4x$
d) $-9(1-x)+15x=8(2x+9)-65$
e) $-(11x-13)+45-x=3(6-9x)+17x+10$
f) $8x+31-2(6-5x)=18(4-5x)+27x+28$

48 Der Umfang u einer Figur ist die Summe ihrer Seitenlängen.
Stelle eine Gleichung für die Umfangsberechnung auf und berechne die Länge der Seiten.

a) $u=24$ cm
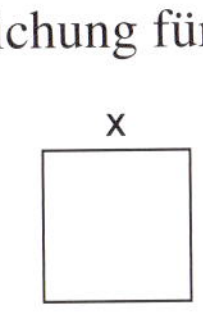

b) $u=36$ cm
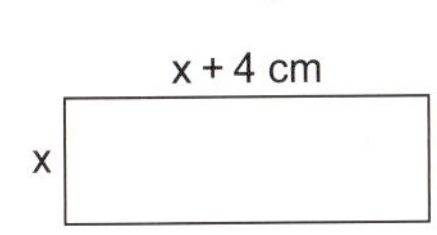

c) $u=26$ cm
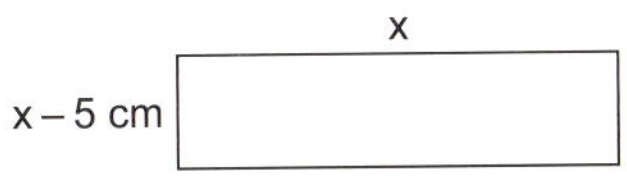

d) $u=23$ cm
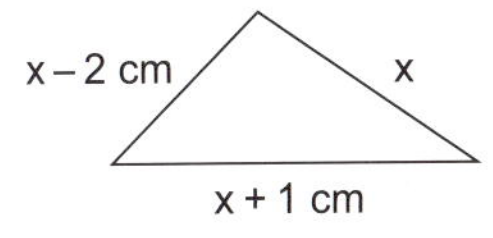

49 Löse die Rätsel jeweils mithilfe einer Gleichung.

a) Subtrahiert man vom Doppelten einer Zahl 6, so erhält man 14.

b) Addiere 3 zum Doppelten einer Zahl. Verdoppelt man das Ergebnis, so erhält man 22.

c) Vervierfacht man die Summe aus dem Dreifachen der gesuchten Zahl und 5, so erhält man 44.

d) Petra ist dreimal so alt wie Nina. Beide zusammen sind 60 Jahre alt.

e) Drei Freunde haben zusammen 69 € gespart. Thomas hat 3 € weniger als Jonas gespart und Lukas doppelt so viel wie Jonas.

1.5 Größen und Einheiten

Merke

Längenmaße

Umwandlungsfaktor 10, aber Umwandlungsfaktor 1 000 bei km → m

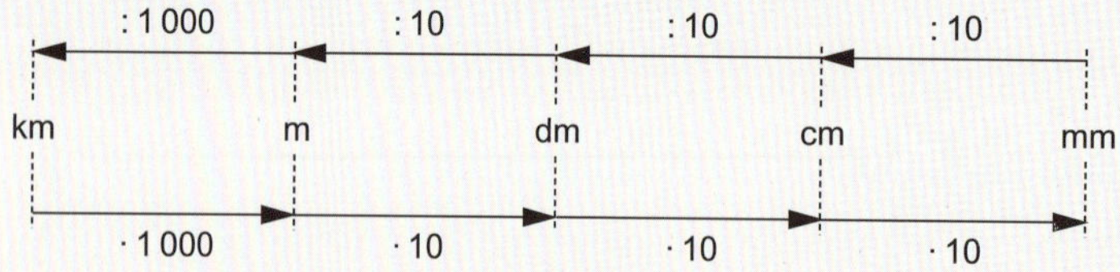

Beispiel

Wie viele Zentimeter sind 1,35 km?
Rechne schrittweise um.

Lösung:

1,35 km = 1 350 m — Umwandlungsfaktor **1 000**
1 350 m = 13 500 dm — Umwandlungsfaktor **10**
13 500 dm = 135 000 cm — Umwandlungsfaktor **10**

Merke

Flächenmaße

Umwandlungsfaktor 100

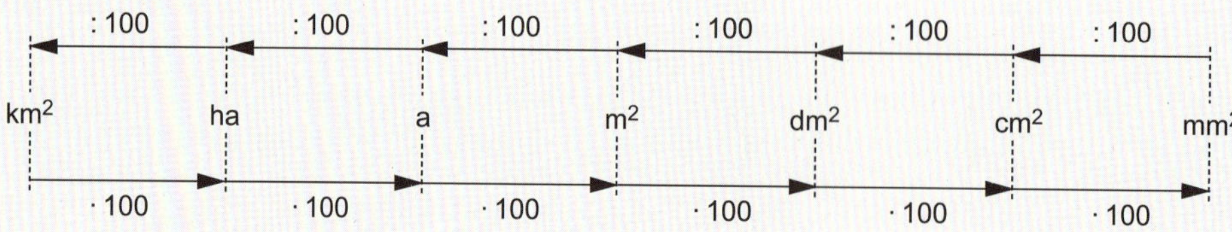

Beispiel

Wie viele Quadratzentimeter sind 2,5 a?

Lösung:

2,5 a = 250 m^2 — Umwandlungsfaktor **100**
250 m^2 = 25 000 dm^2 — Umwandlungsfaktor **100**
25 000 dm^2 = 2 500 000 cm^2 — Umwandlungsfaktor **100**

Merke

Raummaße

Umwandlungsfaktor 1 000

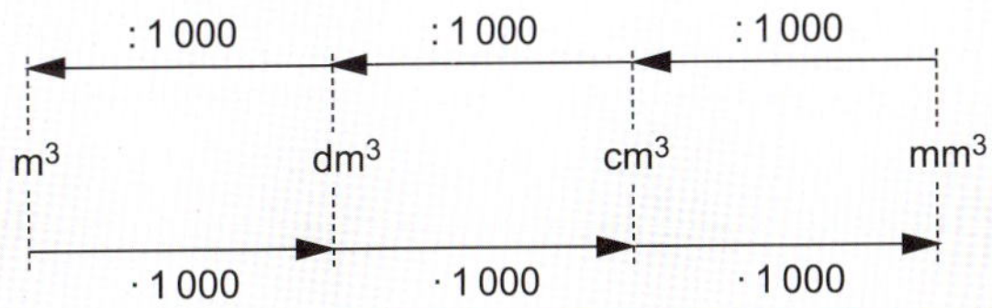

Beachte:

1 ℓ = 1 dm^3

1 mℓ = 1 cm^3

1 ℓ = 1 000 mℓ

1 hℓ = 100 ℓ

Beispiele

1. Wandle 95 000 mm^3 in die nächstgrößere Einheit um.
   Lösung:
   95 000 mm^3 = 95 cm^3 — Umwandlungsfaktor **1 000**

2. Wie viele Kubikzentimeter sind $2\frac{3}{4}$ ℓ?
   Lösung:
   2,75 ℓ = 2,75 dm^3
   2,75 dm^3 = 2 750 cm^3 — Umwandlungsfaktor **1 000**

Merke

Gewichte (Massen)

Umwandlungsfaktor 1 000

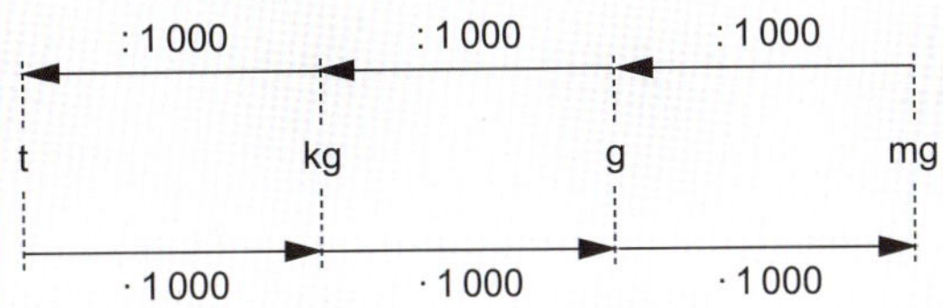

Beispiel

Wie viele Tonnen sind 22 100 g?

Lösung:

22 100 g = 22,1 kg — Umwandlungsfaktor **1 000**

22,1 kg = 0,0221 t — Umwandlungsfaktor **1 000**

Merke

Zeitmaße

Umwandlungsfaktor 60

Umwandlungsfaktor 24 (bei d → h)

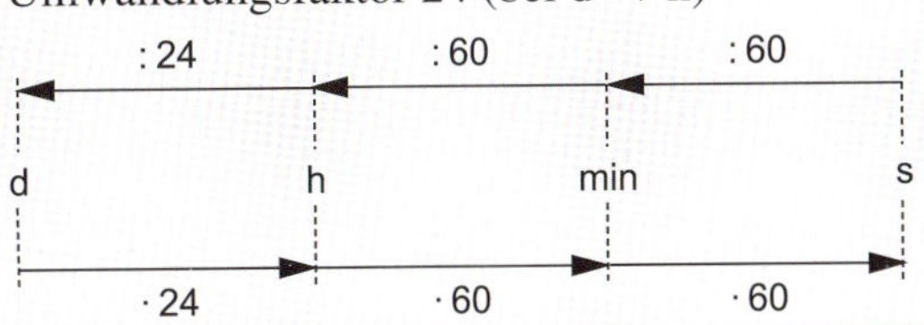

„d“ steht für Tag,
„h“ steht für Stunde,
„min“ steht für Minute,
„s“ steht für Sekunde.

Beispiele

1. Wie viele Minuten sind 4,45 h?
   Lösung:
   4,45 h = 267 min — Umwandlungsfaktor **60**

2. Wie viele Tage sind 126 h?
   Lösung:
   126 h = 5,25 d = 5 d 6 h — Umwandlungsfaktor **24**

Aufgaben

50 Wandle in die nächstkleinere Einheit um.

a) 9 cm b) $9\ cm^2$ c) 4,95 m d) $35\ dm^3$
e) 3,18 dm f) 5,125 km g) $23{,}28\ m^3$ h) $7{,}1\ m^2$

51 Wandle in die nächstgrößere Einheit um.

a) 370 dm b) $700\ cm^3$ c) $4\,500\ m^2$ d) 81 cm
e) 64 mm f) $300\ cm^2$ g) 6 ha h) 720 ℓ

52 Berechne. Wandle zuerst in gleiche Einheiten um.

a) 7 300 m + 2 km + 700 m = ________ km
b) 3,4 km + 250 m + 3 500 dm = ________ m
c) $2\,500\ km^2 + 250\ ha + 250\ a =$ ________ ha
d) $1\,700\ mm^2 - 7\ cm^2 + 70\ dm^2 =$ ________ cm^2
e) $3\,000\ cm^3 + 2\ \ell + 5{,}5\ m^3 =$ ________ ℓ
f) $4\,500\ mm^3 - 0{,}5\ cm^3 + 1\ dm^3 =$ ________ cm^3
g) 0,5 t + 4 500 g + 95,5 kg = ________ kg

53 Wie viele …

a) … Tonnen sind 8 300 kg?
b) … Kilogramm sind 4 080 g?
c) … Kilogramm sind 6,32 t?
d) … Gramm sind 89,9 kg?

54 Wie viele …

a) … Minuten sind 180 s?
b) … Minuten sind 10 h?
c) … Sekunden sind 9 min?
d) … Tage sind 144 h?

55 Fülle die Tabelle aus.

	Abfahrt	Ankunft	Fahrzeit
a)	13:45	21:15	
b)		8:45	8 h 35 min
c)	6:12	11:38	
d)	21:35	3:45	
e)		4:20	6 h 55 min
f)	19:10	2:55	
g)		9:09	12 h 7 min

1.6 Zuordnungen

Merke

Proportionale Zuordnungen

- Bei einer proportionalen Zuordnung gilt:
  Zum **Doppelten (Dreifachen, …)** einer Größe gehört das **Doppelte (Dreifache, …)** einer anderen Größe.
- Der **Graph** einer proportionalen Zuordnung im Koordinatensystem ist eine Gerade, die durch den Ursprung (0|0) verläuft.

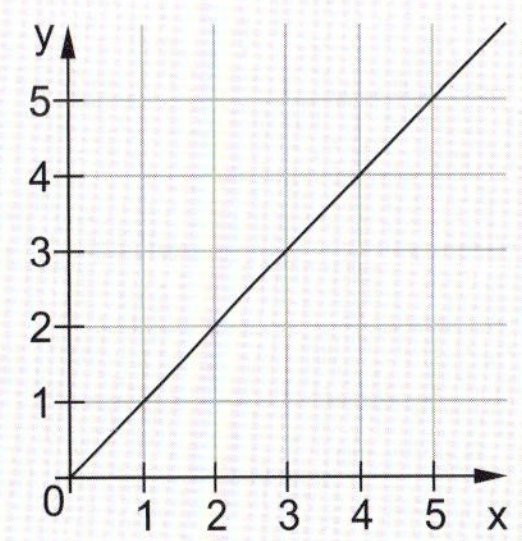

Beispiel

Aus einem Wasserhahn tropfen in fünf Stunden 7,5 Liter Wasser.
Wie viele Liter Wasser tropfen in sieben Stunden aus diesem Hahn?

Lösung:

	Zeit [h]	Wasser [ℓ]	
:5	5	7,5	:5
	1	1,5	
·7	7	10,5	·7

In sieben Stunden tropfen 10,5 Liter aus dem Hahn.

Dreisatz:
Berechne zuerst, wie viele Liter in einer Stunde aus dem Hahn tropfen, und dann, wie viele Liter es in sieben Stunden sind.

Aufgaben

56 5 kg Kartoffeln kosten 4,50 €.
Fülle die Tabelle aus.

kg	1	2	3	4	5	6	7	8	9	10
€					4,50					

57 Vervollständige die Tabellen der proportionalen Zuordnungen und zeichne den dazugehörigen Graphen jeweils im Koordinatensystem.

a)

Menge [kg]	Preis [€]
4	4,80
6	
8	
12	

b)

Liter [ℓ]	Preis [€]
50	70,00
30	
15	
60	

c)

Stück	Preis [€]
5	12,50
3	
8	
4	

Merke

Antiproportionale Zuordnungen

- Bei einer antiproportionalen Zuordnung gilt:
  Zum **Doppelten (Dreifachen, …)** einer Größe gehört die **Hälfte (ein Drittel, …)** einer anderen Größe.
- Der **Graph** einer antiproportionalen Zuordnung im Koordinatensystem ist eine Kurve, die sich den beiden Achsen annähert, sie aber nie berührt.

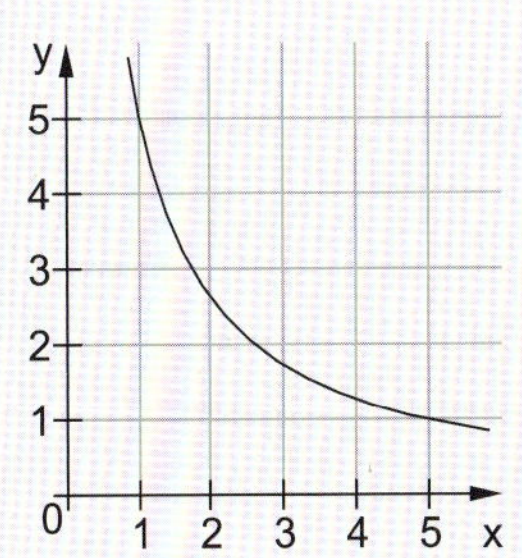

Beispiel

Nach einem Konzert benötigen 18 Helfer*innen vier Stunden, um die Halle sauber zu machen. Wie lange brauchen zwölf Helfer*innen?

Lösung:

	Helfer*innen	Zeit [h]	
:9	18	4	·9
·6	2	36	:6
	12	6	

Zwölf Helfer*innen benötigen sechs Stunden.

Dreisatz:
Bei antiproportionalen Zuordnungen wird auf der einen Seite dividiert, auf der anderen Seite multipliziert.
Rechne geschickt.

Aufgaben

58 Vervollständige die Tabellen der antiproportionalen Zuordnungen und zeichne jeweils den dazugehörigen Graphen im Koordinatensystem.

a)

Anzahl LKW	Fahrten pro LKW
6	15
9	
5	

b)

Gruppen-größe	Anzahl der Gruppen
5	6
	5
	10

c)

Arbeiter *innen	Anzahl der Tage
	9
9	3
6	

59 Welche der Zuordnungen ist proportional, welche antiproportional, welche keins von beiden? Kreuze an und begründe deine Entscheidung.

Zuordnung	proportional	anti-proportional	nicht proportional
Alter eines Menschen – Schnelligkeit	☐	☐	☐
Anzahl der Pumpen – Dauer Füllvorgang	☐	☐	☐
Liter – Preis	☐	☐	☐

Entscheide bei der Bearbeitung der folgenden Aufgaben vorher, ob eine proportionale oder antiproportionale Zuordnung vorliegt.

60 Sieben Schokoladenriegel kosten 3,15 €.
Berechne den Preis für fünf Schokoladenriegel der gleichen Sorte.

61 Für vier Rollen Papier bezahlt eine Druckerei 176 €. Zum Drucken eines Werbefaltblatts werden 15 Rollen benötigt.
Berechne die Kosten für das Papier.

62 Ein Futtervorrat für 24 Pferde reicht 25 Tage.

a) Bestimme, wie lange der Futtervorrat für 30 Pferde reicht.

b) Für wie viele Pferde reicht der Futtervorrat 40 Tage?

63 25 m Elektrokabel kosten 28 €.

a) Berechne den Preis für 40 m Elektrokabel.

b) Wie viele Meter Kabel bekommt man für 16,80 €?

64 Drei Bagger ziehen einen Graben in 60 Stunden.
In welcher Zeit verrichten fünf Bagger diese Arbeit?

65 Zur Umgestaltung einer Parkanlage brauchen drei Gärtner*innen acht Tage.

a) Berechne, wie lange zwei Gärtner*innen brauchen.

b) Die Arbeiten sollen nach sechs Tagen fertig sein. Wie viele Gärtnerinnen und Gärtner müssen eingesetzt werden?

66 Frau Dehn legt mit ihrem Auto eine 450 km lange Strecke in fünf Stunden zurück.

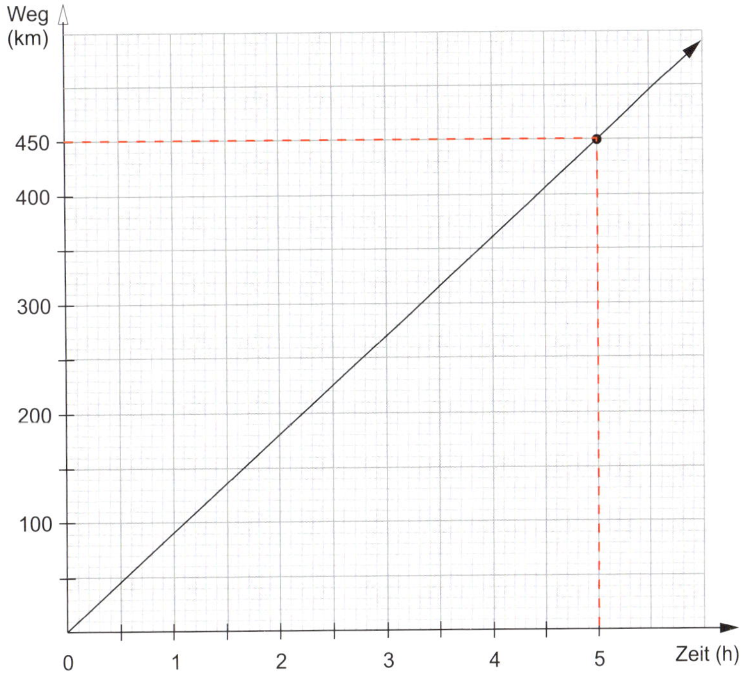

a) Bestimme die Durchschnittsgeschwindigkeit von Frau Dehn.

b) Lies aus dem Graphen ab, wie lange sie für 45 km (120 km; 225 km; 360 km; 405 km) braucht.

c) Lies aus dem Graphen ab, wie viele km sie nach 40 min (90 min; 2 h; 2 h 20 min; 3 h; 4 h 30 min) zurückgelegt hat.

67 Der Kilometerpreis bei der Deutschen Bahn AG beträgt ca. 30 Cent.

a) Ergänze zuerst die fehlenden Zahlen in der Tabelle.

Strecke (km)	5	12	15	24	30
Fahrpreis (€)					

b) Zeichne die Zuordnung in ein Koordinatensystem.

c) Kennzeichne den Fahrpreis für 20 km in der Zeichnung.

1.7 Prozent- und Zinsrechnung

Merke

Prozentrechnung

Beim Prozentrechnen benötigst du drei Begriffe:

- Der **Grundwert G** ist der Ausgangswert. Er entspricht immer 100 %.
- Der **Prozentwert W** ist ein Teil des Grundwerts.
- Der **Prozentsatz p %** bestimmt die Größe des Anteils.

Die Berechnung der einzelnen Werte erfolgt über den Dreisatz oder mithilfe folgender Formeln:

$G = \frac{W \cdot 100}{p}$ $\quad W = \frac{G \cdot p}{100}$ $\quad p\,\% = \frac{W \cdot 100}{G}\,\%$

Beispiele

1. **Prozentwert P berechnen**
   Ein Pkw kostet 21 500 €. Bei Barzahlung gibt der Händler 4 % Rabatt („Skonto“). Wie viele Euro kann die Kundin sparen?

   Lösung:

   Dreisatz

	Prozent	Preis	
: 100	100 %	21 500 €	: 100
· 4	1 %	215 €	· 4
	4 %	860 €	

   Formel

   $W = \frac{G \cdot p}{100} = \frac{21\,500\,€ \cdot 4}{100} = 860\,€$

   Die Kundin kann bei Barzahlung 860 € sparen.

2. **Grundwert G berechnen**
   Eine Auszubildende spart jeden Monat 42,00 €. Das sind 6 % ihres Lohns. Berechne den Monatslohn.

   Lösung:

   Dreisatz

	Prozent	Lohn	
: 6	6 %	42,00 €	: 6
· 100	1 %	7,00 €	· 100
	100 %	700,00 €	

   Formel

   $G = \frac{W \cdot 100}{p} = \frac{42{,}00\,€ \cdot 100}{6} = 700{,}00\,€$

   Sie hat einen Monatslohn von 700,00 €.

3. **Prozentsatz p % berechnen**
   Bei einer Fahrt ins Schullandheim können von 27 Schülerinnen und Schülern drei Schüler wegen Krankheit nicht teilnehmen.
   Wie viel Prozent sind das?

   Lösung:

   Dreisatz

	Schüler*innen	Prozent	
: 27	27	100 %	: 27
· 3	1	≈ 3,7 %	· 3
	3	≈ 11,1 %	

   Formel

   $p\,\% = \frac{W \cdot 100}{G}\,\% = \frac{3 \cdot 100}{27}\,\% \approx 11{,}1\,\%$

   Es konnten rund 11,1 % der Schüler*innen nicht an der Fahrt teilnehmen.

Aufgaben

68 Berechne die fehlenden Werte im Kopf.

	a)	b)	c)	d)	e)	f)	g)	h)	i)	j)	k)
G	140		1 600	720		2 000	50	80		500	150
p %	10 %	10 %	25 %		60 %	75 %		150 %	3 %	500 %	
W		60		360	300		250		12		750

69 Frau Kling kauft eine Waschmaschine für 999 €. Bei Barzahlung gewährt der Händler 3 % Skonto. Frau Kling bezahlt bar.

a) Berechne die Ersparnis von Frau Kling in Euro.

b) Bestimme den neuen Preis der Waschmaschine.

70 Frau Grimm bestellt im Internet ein Notebook für 1 150 €. Zu dem Preis kommen noch 19 % Mehrwertsteuer hinzu.

a) Berechne die Höhe der Mehrwertsteuer.

b) Bestimme den Betrag, den Frau Grimm überweisen muss.

71 Eine Gärtnerei hat eine Anbaufläche von 160 a. Auf 40 a werden Blumen gezogen, auf 50 a wird Gemüse angebaut. Auf der restlichen Fläche stehen Gewächshäuser.
Berechne den Anteil der einzelnen Teilflächen in Prozent.

72 Ein Computer wird im Räumungsverkauf um 22 % herabgesetzt. Tina kauft das Gerät und spart dadurch 219,78 € gegenüber dem ursprünglichen Preis.

a) Berechne den Preis vor dem Räumungsverkauf.

b) Gib an, wie viel Tina bezahlt.

73 An den Bürgermeisterwahlen beteiligten sich 70 % der 4 800 wahlberechtigten Bürger*innen.

a) Wie viele Personen gingen zur Wahl?

b) Berechne die Anzahl der ungültigen Stimmen.

c) Wie viel Prozent der gültigen Stimmen entfielen auf die einzelnen Kandidatinnen?
Runde die Ergebnisse auf eine Dezimalstelle.

> **Wahlergebnis:**
> Kandidatin A: 1 350 Stimmen
> Kandidatin B: 750 Stimmen
> Kandidatin C: 1 100 Stimmen
> Reststimmen ungültig

74 Die Reparaturkosten für das Auto von Herrn Kölle betragen 1 456 €. Auf den Rechnungsbetrag werden noch 19 % Mehrwertsteuer erhoben. Danach erhält Herr Kölle 2 % Skonto.
Wie viel muss er bezahlen?

75 Elena erhält als Angestellte eines Warenhauses 12 % Rabatt auf alle Artikel.
Sie kauft eine Lampe, die regulär 39,80 € kostet und im Schlussverkauf um 25 % reduziert wird. Auf den reduzierten Preis erhält sie noch den zwölfprozentigen Mitarbeiter*innenrabatt.
Wie viel muss Elena nun für die Lampe bezahlen?

Merke

Zinsrechnung⊕

Die Zinsrechnung ist eine Anwendung der Prozentrechnung:

- Der **Grundwert G** heißt **Kapital K** und entspricht ebenfalls 100 %.
- Der **Prozentwert W** wird zu den **Zinsen Z**.
- Der **Prozentsatz p %** ist der **Zinssatz p %**. Er bezieht sich immer auf ein Jahr.

Die Berechnung der einzelnen Werte erfolgt wieder über den Dreisatz oder mit den entsprechenden Formeln:

$K = \frac{Z \cdot 100}{p}$ $Z = \frac{K \cdot p}{100}$ $p\,\% = \frac{Z \cdot 100}{K}\,\%$

Beispiel

Herr Becker kauft ein Auto zum Preis von 31 500 €. Er zahlt 20 000 € an und finanziert den Restbetrag über die Autofinanzbank. Der Zinssatz der Autofinanzbank beträgt 4,9 %. Berechne die jährlichen Zinsen.

Lösung:

gegeben: K = 31 500 € – 20 000 € = 11 500 €; p % = 4,9 %
gesucht: Z

Dreisatz

	Prozent	Zinsen	
: 100	100 %	11 500 €	: 100
· 4,9	1 %	115 €	· 4,9
	4,9 %	563,50 €	

Zinsformel

$$Z = \frac{11\,500\,€ \cdot 4{,}9}{100} = 563{,}50\,€$$

Er bezahlt jährlich 563,50 € an Zinsen.

Aufgaben

⊕76 Fülle die Tabelle aus. Runde die Zinssätze und die Eurobeträge auf zwei Dezimalstellen.

	a)	b)	c)	d)	e)	f)
Kapital	45 785 €	37 855 €		25 897 €	450 000 €	
Zinssatz	2,5 %		3,75 %	8,25 %		6,27 %
Jahreszinsen		852,25 €	582,25 €		47 589 €	2 250 €

⊕77 Herr Berger erhält ein Darlehen in Höhe von 12 000 € zu einem Zinssatz von 8,25 %. Nach einem Jahr zahlt er das Darlehen und die Zinsen zurück.
Bestimme die Höhe der gesamten Rückzahlung.

⊕78 Herr Götze nimmt bei seiner Hausbank ein Darlehen in Höhe von 25 000 € zu einem Zinssatz von 9,8 % auf. Bei der Kreditbank hätte er für das gleiche Darlehen jährlich 2 437,50 € Zinsen zahlen müssen.

a) Wie viele Zinsen muss Herr Götze jährlich an die Hausbank zahlen?

b) Welchen Zinssatz hätte Herr Götze bei der Kreditbank bekommen?

⊕79 Welches Angebot ist günstiger? 50 000 € Darlehen, Rückzahlung von 55 000 € nach einem Jahr oder 50 000 € zu einem Zinssatz von 9,75 %?

1.8 Winkel

Merke

Winkel an Geradenkreuzungen

Für zwei sich **schneidende Geraden** gilt:

- **Nebenwinkel:** Die Winkelsumme zweier benachbarter Winkel ergibt immer 180°.
- **Scheitelwinkel:** Die gegenüberliegenden Winkel sind gleich groß.

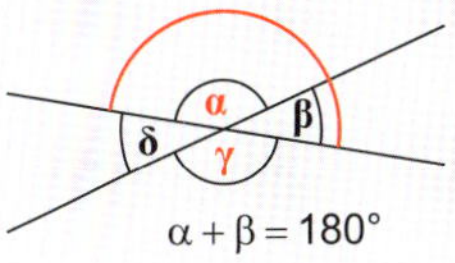

$\alpha + \beta = 180°$
$\alpha = \gamma$
$\beta = \delta$

Schneidet eine Gerade **zwei parallele Geraden**, gilt:

- **Stufenwinkel** öffnen sich in dieselbe Richtung und sind gleich groß.
- **Wechselwinkel** öffnen sich in die entgegengesetzte Richtung und sind gleich groß.

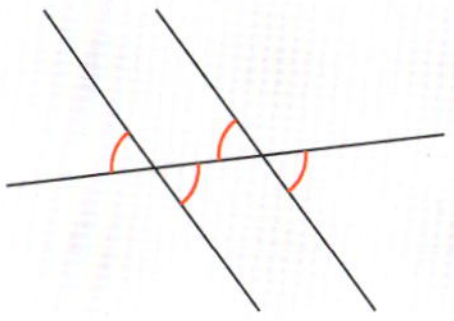

Beispiel

Gib die Größe aller Winkel an.

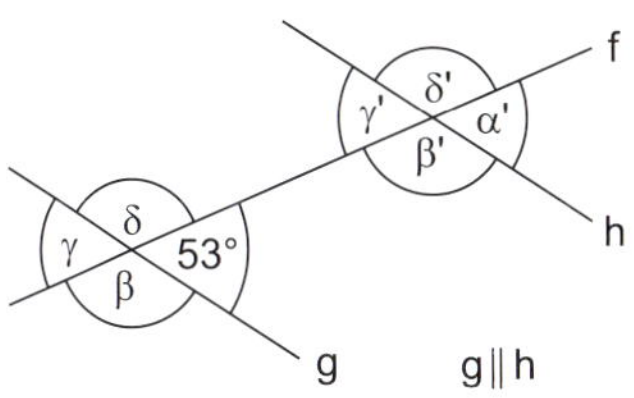

Lösung:

$\delta = 180° - 53° = 127°$ (Nebenwinkel zu $\alpha = 53°$)
$\gamma = 53°$ (Scheitelwinkel zu $\alpha = 53°$)
$\beta = 127°$ (Scheitelwinkel zu δ; Nebenwinkel zu α)
$\alpha' = 53°$ (Stufenwinkel zu α)
$\delta' = 127°$ (Stufenwinkel zu δ; Nebenwinkel zu α')
$\gamma' = 53°$ (Wechselwinkel zu α; Scheitelwinkel zu α')
$\beta' = 53°$ (Stufenwinkel zu β; Nebenwinkel zu α')

Aufgaben

80 Bilde fünf Sätze zu den Winkeln in der Abbildung. Verwende die Begriffe Scheitelwinkel, Nebenwinkel, Wechselwinkel und Stufenwinkel korrekt.
Beispiel: α und γ' sind …

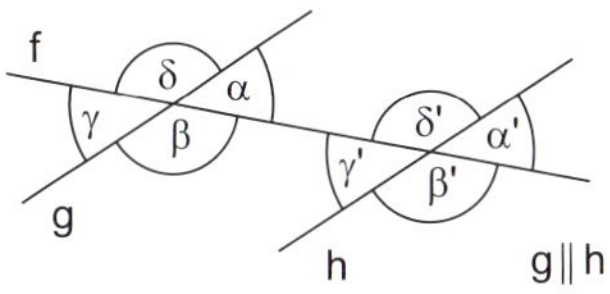

81 Zeichne die drei Geraden ab und färbe gleich große Winkel in der gleichen Farbe.

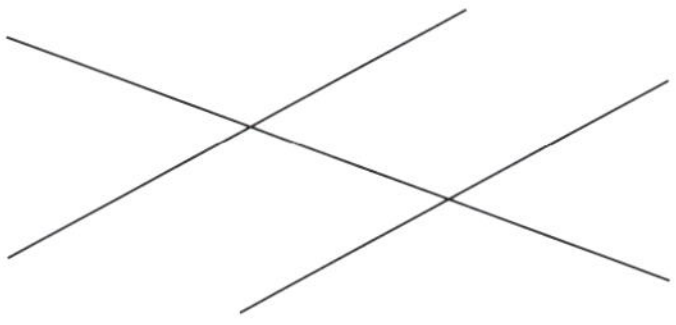

82 Bestimme alle fehlenden Winkel an den Geradenkreuzungen.

a)

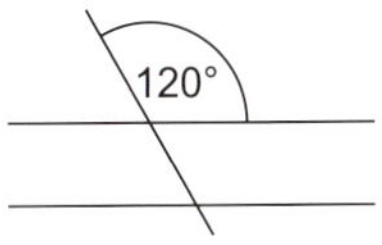

b)

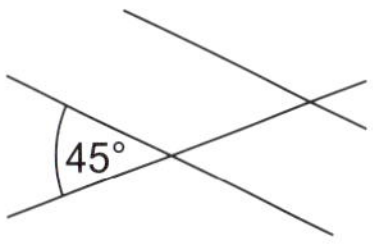

83 Finde einen Winkel, dessen Nebenwinkel genauso groß ist wie der Winkel selbst. Begründe deine Antwort.

Merke

Winkelsumme im Drei- und Viereck

- In jedem **Dreieck** beträgt die Summe aller **Innenwinkel 180°**.
- In jedem **Viereck** beträgt die Summe aller **Innenwinkel 360°**.

Beispiel

Berechne in einem Dreieck mit $\alpha = 42°$ und $\beta = 108°$ den Winkel γ.

Lösung:

$42° + 108° + \gamma = 180°$ $\qquad \alpha + \beta + \gamma = 180°$

$150° + \gamma = 180° \quad | -150°$

$\gamma = 30°$

Aufgaben

84 Berechne die fehlenden Winkel.

a)

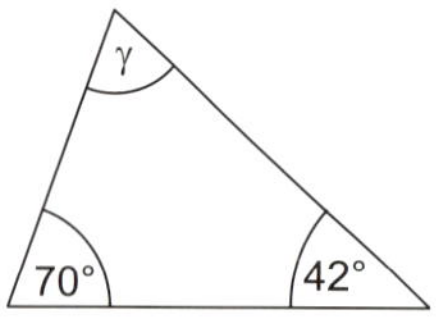

b)

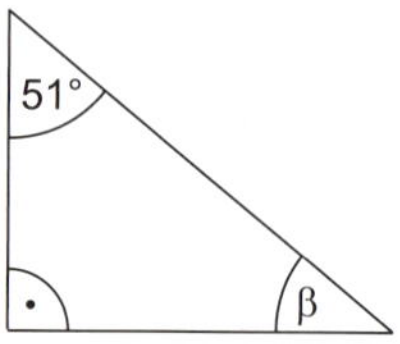

85 Berechne alle fehlenden Winkel.

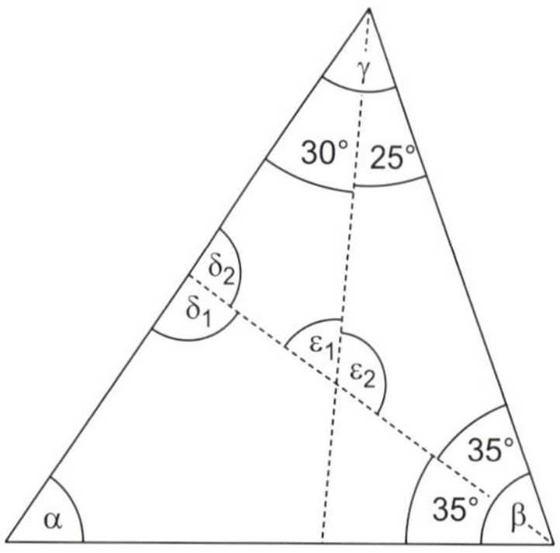

86 Berechne die fehlenden Winkel.

a)

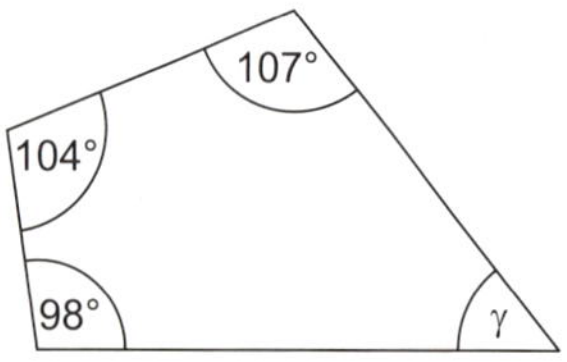

b)

Parallelogramm

c)

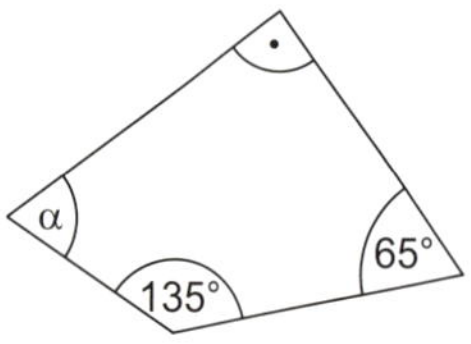

d)

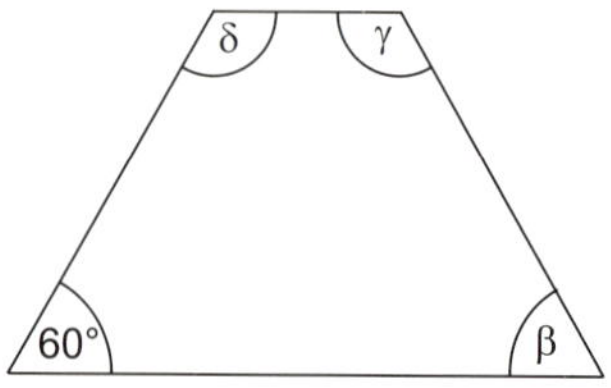

gleichschenkliges Trapez

2 Lineare Funktionen – Lineare Gleichungssysteme

2.1 Die lineare Funktion

Merke

Lineare Funktionen

- Eine **Funktion** ist eine **Zuordnung**, bei der jedem x-Wert **genau ein** y-Wert zugeordnet wird.
- **Lineare Funktionen** sind besondere Zuordnungen, deren **Funktionsgraph** eine **Gerade** ist.
- Eine lineare Funktion lässt sich durch folgende **Funktionsgleichung** darstellen:

$$y = \mathbf{m}x + \mathbf{b}$$

Steigung der Geraden (Bestimmung über Steigungsdreieck) → m

y-Achsenabschnitt (Schnittstelle des Graphen mit der y-Achse) → b

- Für die Steigung m gilt:
  $m > 0$ $\Rightarrow$ Die Gerade **steigt** von links nach rechts.
  $m = 0$ $\Rightarrow$ Die Gerade ist eine **Parallele zur x-Achse**.
  $m < 0$ $\Rightarrow$ Die Gerade **fällt** von links nach rechts.
- Lineare Funktionen, die die **gleiche Steigung** (den gleichen Wert für m) haben, verlaufen **parallel** zueinander.

Beispiele

1. Ordne den abgebildeten Graphen jeweils die richtige Funktionsgleichung zu.

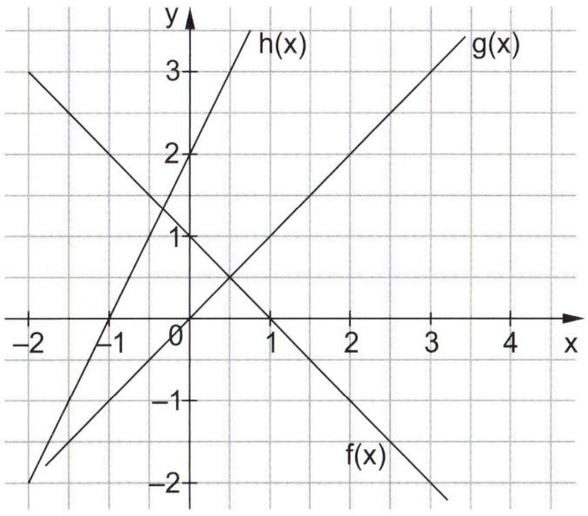

I $y = 2x + 2$
II $y = x$
III $y = -x + 1$

Lösung:

$f(x) = -x + 1$	III	Der Graph fällt. $\Rightarrow$ $m < 0$ Schnittpunkt mit der y-Achse bei 1. $\Rightarrow$ $b = 1$
$g(x) = x$	II	Der Graph steigt. $\Rightarrow$ $m > 0$ Die Gerade verläuft durch den Ursprung. $\Rightarrow$ $b = 0$
$h(x) = 2x + 2$	I	Der Graph steigt. $\Rightarrow$ $m > 0$ Schnittpunkt mit der y-Achse bei 2. $\Rightarrow$ $b = 2$

2. Zeichne zwei Funktionen, die parallel zu $y=-1{,}5x+1$ verlaufen.

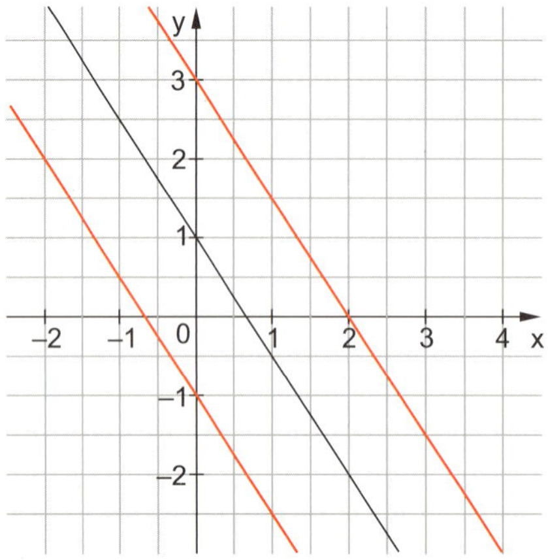

Hinweis: Die eingezeichneten roten Geraden haben die Funktionsgleichungen $y=-1{,}5x-1$ und $y=-1{,}5x+3$.
Es sind noch unendlich viele weitere Lösungen möglich.

3. Ein Taxi-Unternehmen in Hannover verlangt eine Grundgebühr von 2,00 €. Für jeden gefahrenen Kilometer werden 1,50 € berechnet.
Gib die Funktionsgleichung für den Preis einer Taxifahrt in Abhängigkeit von den gefahrenen Kilometern an und zeichne den Funktionsgraphen in ein Koordinatensystem.

Lösung:

Funktionsgleichung:
$y=1{,}5x+2$

pro Kilometer 1,50 € $\Rightarrow$ $m=1{,}5$
Grundgebühr 2,00 € $\Rightarrow$ $b=2$

Wertetabelle:

x	0	1	2	3	4
y	2	3,5	5	6,5	8

Eine Wertetabelle hilft dir beim Zeichnen des Graphen. Setze in die Funktionsgleichung für x verschiedene Werte ein und berechne $f(x)=y$.

Graph:

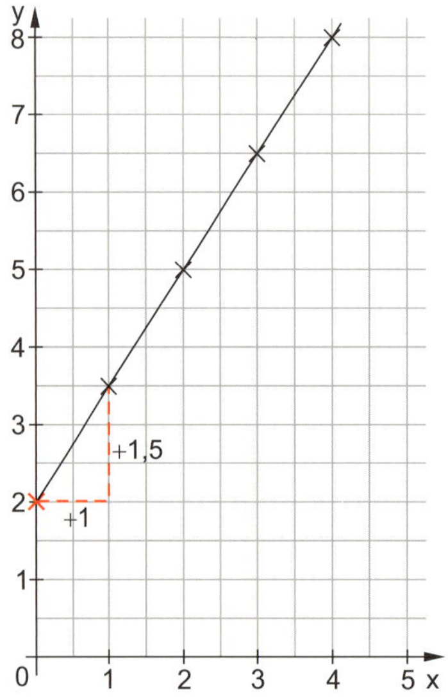

Zeichne die Wertepaare in ein Koordinatensystem.

Du kannst den Verlauf des Graphen auch mithilfe des y-Achsenabschnitts $b=2$ und der Steigung $m=1{,}5$ ermitteln. Zeichne dazu ein **Steigungsdreieck** ein.
Steigung 1,5 bedeutet: Gehe eine Längeneinheit nach rechts und 1,5 Längeneinheiten nach oben.

Zeichne in diesem Beispiel die Gerade nicht links über die y-Achse hinaus, denn die Anzahl der gefahrenen Kilometer kann nicht negativ werden.

Aufgaben

87 Zeichne die Graphen der folgenden Funktionen mithilfe einer Wertetabelle.

x	–3	–2	–1	0	1	2	3
a) $y=3x+1$							
b) $y=-2x+4$							
c) $y=0{,}5x-3$							

88 Zeichne die Graphen der folgenden Funktionen.

a) $y=2x+1$ b) $y=3x-5$ c) $y=-2x+4$

d) $y=-0{,}5x+3$ e) $y=1{,}5x-4$ f) $y=1{,}5x$

89 Stelle jeweils zwei Funktionsgleichungen auf, die parallel zur gegebenen Funktion verlaufen.

a) $y=1{,}5x-2$ b) $y=-4x+5$

c) $y=-8x+10$ d) $y=\frac{1}{4}x+3$

90 Welche Funktionsgleichung passt zu den abgebildeten Graphen?
Begründe deine Entscheidung jeweils in einem Satz.

- ☐ $y=3x+1$
- ☐ $y=3x+2$
- ☐ $y=-3x$
- ☐ $y=3x$
- ☐ $y=\frac{1}{3}x+4$
- ☐ $y=-3x+2$
- ☐ $y=\frac{2}{3}x-3$
- ☐ $y=-\frac{2}{3}x$
- ☐ $y=-\frac{1}{3}x+4$

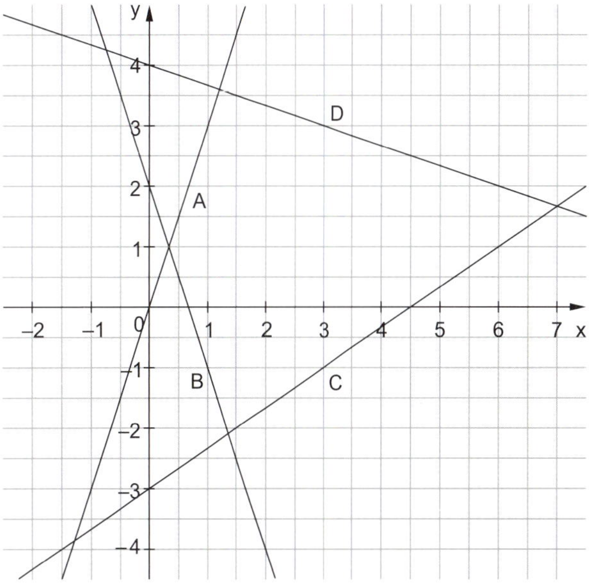

91 Ein hochwertiger Parkettboden kostet 60 € pro m^2.
Zu dem Preis kommen noch Versandkosten von 40 € dazu.

a) Stelle eine passende Funktionsgleichung auf.

b) Erstelle eine Wertetabelle für 5 m^2, 10 m^2, 15 m^2, 20 m^2 und 25 m^2.

c) Zeichne den dazugehörigen Graphen.

92 Für einen Umzug benötigt Sabine für einen Tag einen Transporter. Folgende Angebote findet sie im Internet:

Firma Seven	Firma Carry	Firma Drive
30 € pro Tag 0,50 € pro km	50 € pro Tag all-inclusive	20 € pro Tag 0,75 € pro km

a) Stelle für jedes Angebot eine Funktionsgleichung auf.

b) Erstelle eine Wertetabelle für 10 km, 20 km, 30 km und 50 km.

c) Zeichne jeweils den Graphen für Fahrten bis zu 100 km.

d) Sabine muss ca. 40 km fahren. Zu welchem Angebot würdest du ihr raten? Begründe deine Meinung.

93 Ein Swimmingpool wird im Herbst leer gepumpt. Nach zwei Stunden sind noch 48 m^3 Wasser im Pool, nach einer weiteren Stunde noch 42 m^3.

a) Zeichne einen Funktionsgraphen, der den Abpumpvorgang aufzeigt.

b) Gib die passende Funktionsgleichung an.

c) Gib an, nach wie vielen Stunden der Pool vollständig entleert ist.

d) Überlege dir sinnvolle Maße, die der quaderförmige Pool haben könnte.

2.2 Lineare Gleichungssysteme

Merke

Lösungsverfahren für lineare Gleichungssysteme

Ein lineares Gleichungssystem mit den zwei Unbekannten **x** und **y** besteht aus **zwei Funktionsgleichungen**:

I $y = m_1x + b_1$
II $y = m_2x + b_2$

Lineare Gleichungssysteme kannst du **zeichnerisch** oder **rechnerisch lösen**.

Zeichnerisch:
- Löse die beiden Gleichungen nach y auf und zeichne die Graphen der beiden Funktionen in ein Koordinatensystem. Die Koordinaten des Schnittpunkts S(x | y) der beiden Geraden sind die Lösung des Gleichungssystems.

Rechnerisch:
- **Einsetzungsverfahren:** Löse eine Gleichung nach einer Variablen (x oder y) auf. Setze dann den Ausdruck für diese Variable in die andere Gleichung ein.
- **Gleichsetzungsverfahren:** Löse beide Gleichungen nach derselben Variablen (x bzw. y) auf. Setze dann die beiden erhaltenen Terme gleich.
- **Additionsverfahren (Subtraktionsverfahren):** Forme eine oder beide Gleichungen so um, dass bei der Addition (Subtraktion) beider Gleichungen eine der beiden Variablen wegfällt.

Beispiel

Familie Fittkau und Familie Schröder besuchen ein Freibad:
Familie Fittkau bezahlt für vier Kinder und einen Erwachsenen 11 €.
Familie Schröder bezahlt für drei Kinder und zwei Erwachsene 12 €.
Wie teuer ist der Eintritt für einen Erwachsenen und ein Kind?

Lösung:

- Festlegung der Variablen:
  $x \rightarrow$ Preis für ein Kind $y \rightarrow$ Preise für einen Erwachsenen
- Aufstellen der Funktionsgleichungen:
  Familie Fittkau: $4x+y=11$ Familie Schröder: $3x+2y=12$

Zeichnerische Lösung des Gleichungssystems:

Auflösen der beiden Gleichungen nach y:

Familie Fittkau:

$$4x+y=11 \quad |-4x$$
$$y=-4x+11$$

Familie Schröder:

$$3x+2y=12 \quad |-3x$$
$$2y=-3x+12 \quad |:2$$
$$y=-1{,}5x+6$$

Eintragen der beiden Funktionen in ein Koordinatensystem:

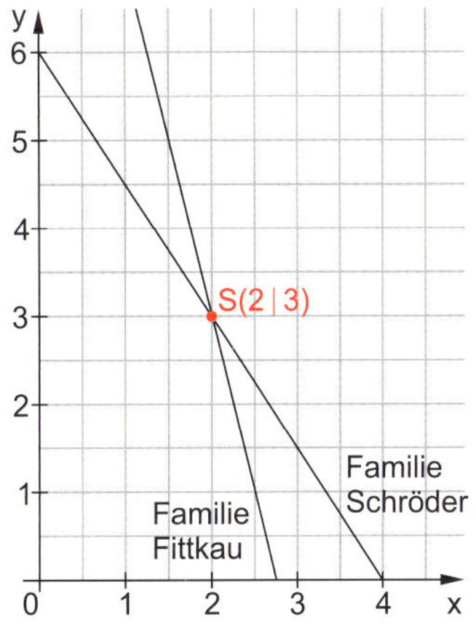

Der Graph von Familie Fittkau schneidet bei y = 11 die y-Achse.
Die Koordinaten des Schnittpunkts S sind die Lösung des Gleichungssystems.

$\Rightarrow$ Der Eintritt für ein Kind (x) kostet 2 € und für einen Erwachsenen (y) 3 €.

Lösung des Gleichungssystems mit dem Einsetzungsverfahren:

Familie Fittkau: I $4x+y=11$
Familie Schröder: II $3x+2y=12$

Auflösen der Gleichung I nach y:

I $4x+y=11 \quad |-4x$
I $y=11-4x$

Einsetzen von $y=11-4x$ in Gleichung II:

II $3x+2\cdot(11-4x)=12$
II $3x+22-8x=12 \quad |-22$
II $-5x=-10 \quad |:(-5)$
II $x=2$

$\Rightarrow$ Der Eintritt für ein Kind (x) beträgt 2 €.

Berechnen von y durch Einsetzen von $x=2$ in I:

I $4\cdot 2+y=11$
I $8+y=11 \quad |-8$
I $y=3$

$\Rightarrow$ Der Eintritt für einen Erwachsenen (y) beträgt 3 €.

Lösung des Gleichungssystems mit dem Gleichsetzungsverfahren:

Familie Fittkau: I $4x+y=11$

Familie Schröder: II $3x+2y=12$

Auflösen der beiden Gleichungen nach y:

I $4x+y=11 \quad |-4x$

I $y=-4x+11$

II $3x+2y=12 \quad |-3x$

II $2y=-3x+1 \quad |:2$

II $y=-1{,}5x+6$

Gleichsetzen der beiden Gleichungen:

$-4x+11=-1{,}5x+6 \quad |+1{,}5x$ — I = II

$-2{,}5x+11=6 \quad |-11$ — Löse nach x auf.

$-2{,}5x=-5 \quad |:(-2{,}5)$

$x=2$

⇒ Der Eintritt für ein Kind (x) beträgt 2 €.

Berechnen von y durch Einsetzen von $x=2$ in I:

siehe Einsetzungsverfahren

⇒ Der Eintritt für einen Erwachsenen (y) beträgt 3 €.

Lösung des Gleichungssystems mit dem Additionsverfahren:

Familie Fittkau: I $4x+y=11$

Familie Schröder: II $3x+2y=12$

Umformen einer Gleichung, sodass bei der Addition eine Variable wegfällt:

I $4x+y=11$

II $3x+2y=12 \quad |:(-2)$ — Umformen von II, damit y wegfällt.

I $4x+y=11$

II $-1{,}5x-y=-6$

I + II $2{,}5x=5 \quad |:2{,}5$ — Addition der beiden Gleichungen

$x=2$

⇒ Der Eintritt für ein Kind (x) beträgt 2 €.

Berechnen von y durch Einsetzen von $x=2$ in I:

siehe Einsetzungsverfahren

⇒ Der Eintritt für einen Erwachsenen (y) beträgt 3 €.

Aufgaben

94 Löse die Gleichungssysteme zeichnerisch. Lege zuerst eine Wertetabelle an.

a) I $y=3x-4$
II $y=-2x+1$

b) I $y=0{,}5x+3$
II $y=2x$

c) I $2y+2x=-4$
II $y-2x=4$

d) I $3y-6x=12$
II $2y=2x+2$

95 Löse die Gleichungssysteme mit dem Einsetzungsverfahren.

a) I $x=2y-6$
II $-4x-7y=9$

b) I $3x+y=14$
II $4x+2y=20$

96 Löse die Gleichungssysteme mit dem Gleichsetzungsverfahren.

a) I $y=3x+5$
II $y=2x-4$

b) I $-3x-6y=-30$
II $2x-6y=-60$

97 Löse die Gleichungssysteme mit dem Additionsverfahren.

a) I $3x + 4y = 10$
II $2x - 4y = 0$

b) I $2x + 3y = 20$
II $5x - y = 33$

98 Löse die Gleichungssysteme mit einem Verfahren deiner Wahl.

a) I $2x - 3y = 9$
II $2x + 4y = 2$

b) I $2x - 7y = 0$
II $x + 4y = 30$

c) I $x - 3y = -15$
II $x - 2y = -9$

d) I $4x - 8y = -20$
II $y = 4x - 8$

Löse die folgenden Aufgaben jeweils mithilfe eines Gleichungssystems.

99 Marta überlegt, wie teuer die Eintrittspreise für Kinder und Erwachsene im Zoo waren.
- Einmal hat sie für zwei Erwachsene und ein Kind 68 € bezahlt.
- Einmal hat sie für eine Erwachsene und drei Kinder 79 € bezahlt.

100 Jamal kauft Apfelsaft zum Preis von 1,00 € pro Flasche und Kirschsaft zum Preis von 1,50 € pro Flasche. Für 18 Flaschen zahlt er 21 €.

101 Markus will das Alter seiner Nachbarinnen Leyla und Lisa wissen. Leyla antwortet ihm: „Zusammen sind wir beide 34 Jahre alt. Lisa ist 6 Jahre jünger als ich."

102 Ein Rechteck hat einen Umfang von 24 cm. Die Seite a ist doppelt so lang wie b. Wie groß ist der Flächeninhalt des Rechtecks?

103 Die Klasse 10a fährt in eine Jugendherberge. Im Internet lesen sie, dass es …
- … nur Doppelzimmer und Vierbettzimmer gibt.
- … in zehn Zimmern insgesamt 28 Betten gibt.

3 Quadratische Funktionen und Gleichungen

3.1 Quadratische Funktionen

Merke

Quadratische Funktionen

- Die quadratische Funktion $\mathbf{y = ax^2 + c}$ hat eine Parabel als Graphen.
- Der Graph der quadratischen Funktion $\mathbf{y = x^2}$ heißt **Normalparabel**.
  Sein Scheitelpunkt liegt im Ursprung bei $(0|0)$, er ist nach oben geöffnet und verläuft symmetrisch zur x-Achse.
- **c** bestimmt, wo der Scheitelpunkt S auf der y-Achse liegt: $S(0|c)$.
- Der Faktor **a** bestimmt die **Öffnung** und die **Form** der Parabel:
  $a > 0 \Rightarrow$ nach oben geöffnet
  $a < 0 \Rightarrow$ nach unten geöffnet (an der x-Achse gespiegelt)
  $a > 1 \Rightarrow$ gestreckt (schmaler als die Normalparabel)
  $-1 < a < 1 \Rightarrow$ gestaucht (breiter als die Normalparabel)
  $a < -1 \Rightarrow$ gestreckt und nach unten geöffnet

Beispiele

1. Erstelle eine Wertetabelle für die Funktion $y = x^2$ und zeichne die dazugehörige Normalparabel.

   Lösung:

x	–3	–2	–1	0	1	2	3
$y = x^2$	9	4	1	0	1	4	9

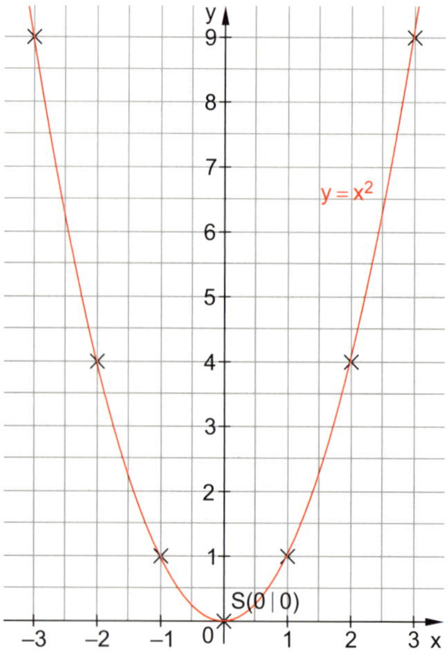

2. Bestimme jeweils die Funktionsgleichung der verschobenen Normalparabeln und gib den Scheitelpunkt an.

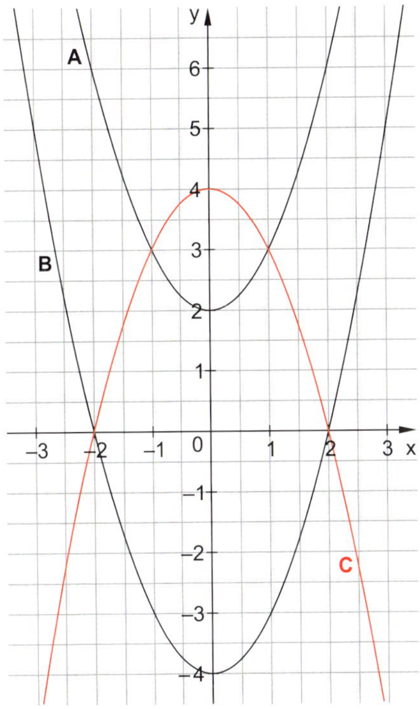

Lösung:

A → $y=x^2+2$ S(0|2)
B → $y=x^2-4$ S(0|−4)
C → $y=-x^2+4$ S(0|4)

3. Ordne jeweils die Funktionsgleichung der passenden Parabel zu und bestimme den Scheitelpunkt, den Verlauf und die Form.⊕

$y=-0{,}5x^2+1$

$y=3x^2-4$

$y=-2x^2+3$

$y=0{,}8x^2-4$

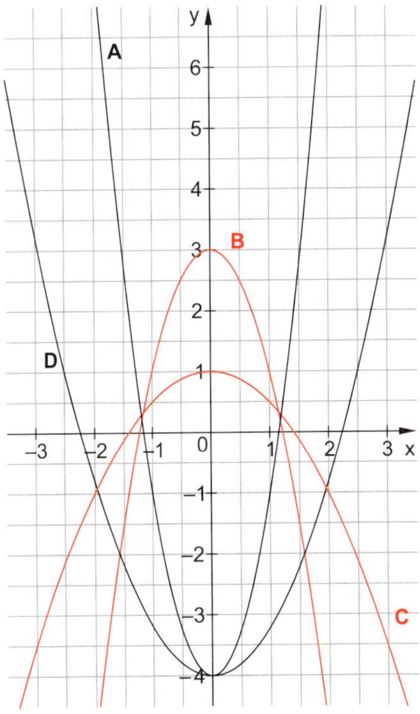

Lösung:

	Funktion	Scheitelpunkt	Öffnung	Form
A	$y=3x^2-4$	S(0 | −4)	nach oben geöffnet (a > 0)	gestreckt (|a| > 1)
B	$y=-2x^2+3$	S(0 | 3)	nach unten geöffnet (a < 0)	gestreckt (|a| > 1)
C	$y=-0{,}5x^2+1$	S(0 | 1)	nach unten geöffnet (a < 0)	gestaucht (|a| < 1)
D	$y=0{,}8x^2-4$	S(0 | −4)	nach oben geöffnet (a > 0)	gestaucht (|a| < 1)

Aufgaben

104 Die folgenden Punkte liegen auf der Normalparabel. Bestimme die fehlenden Koordinaten.

a) P(3 | __)
b) Q(__ | 4)
c) R(8 | __)
d) T(__ | 1)

105 Gib jeweils die Funktionsgleichung der verschobenen Normalparabel an.

a)
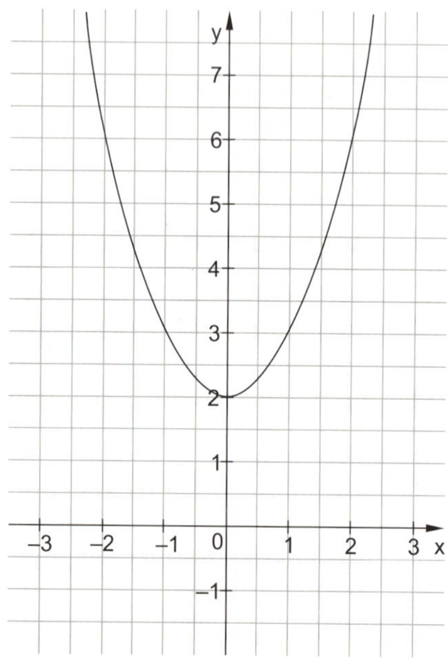

b)
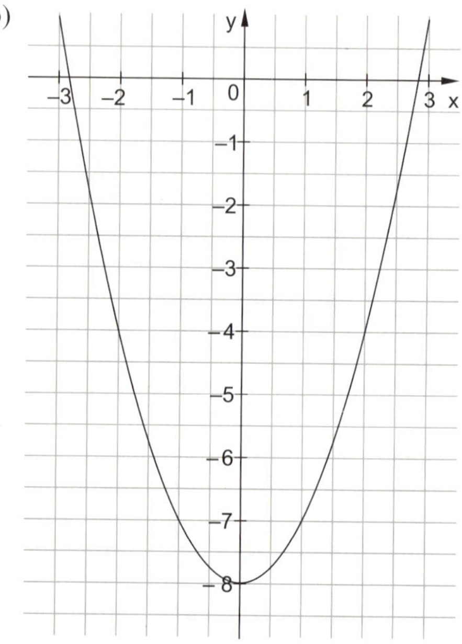

c)
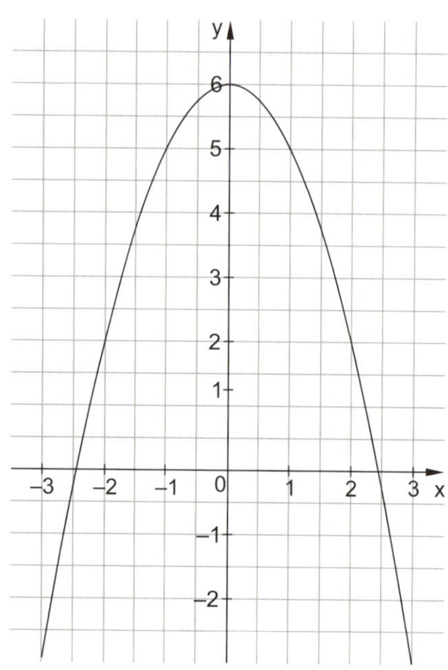

d)
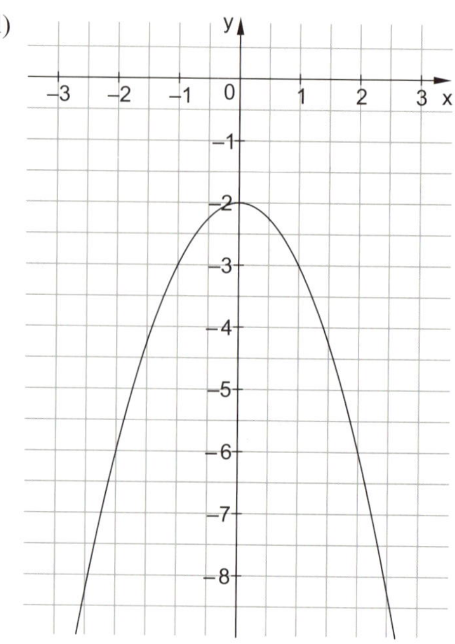

106 Ordne jeweils die Funktionsgleichung der passenden Parabel zu.
Zu einer Funktionsgleichung gibt es keinen passenden Graphen.

- ☐ $y=x^2$
- ☐ $y=-3x^2$
- ☐ $y=-x^2$
- ☐ $y=2x^2$
- ☐ $y=0{,}5x^2$

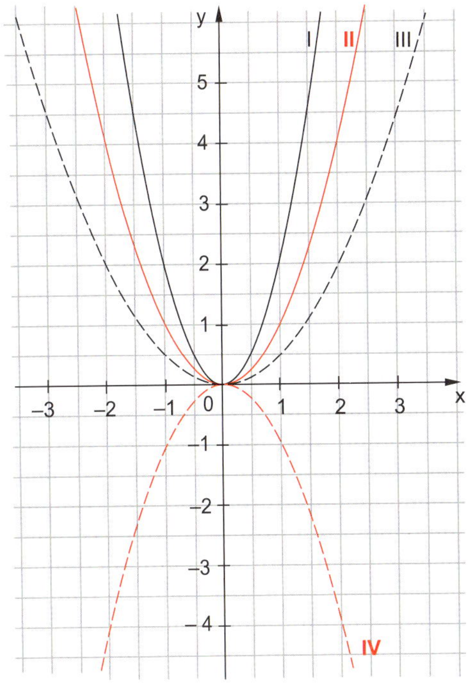

107 Lege jeweils eine Wertetabelle (von –3 bis +3) für die folgenden quadratischen Funktionen an und zeichne anschließend die zugehörigen Parabeln.

a) $y=x^2-4$
b) $y=3x^2-3$
c) $y=0{,}5x^2+2$
d) $y=-2x^2+4$

108 Kreuze die Punkte an, die auf der Parabel liegen.

a) $y=x^2+2$	☐ P(0|2)	☐ Q(1|4)	☐ R(–1|3)
b) $y=5x^2$	☐ P(5|1)	☐ Q(0|5)	☐ R(–2|20)
c) $y=-3x^2-1$	☐ P(2|5)	☐ Q(0|–3)	☐ R(–1|–4)

109 Zeichne die Parabeln und spiegele sie anschließend an der x-Achse. Gib dann für die gespiegelten Parabeln die Funktionsgleichungen an.

a) $y=x^2$
b) $y=x^2+1$
c) $y=-x^2-3$

⊕110 Ergänze die Tabelle, ohne die Funktionsgraphen zu zeichnen.

Funktion	Scheitelpunkt	Öffnung	Form
a) $y=0{,}2x^2+6$			
b) $y=-2{,}5x^2+1{,}5$			
c) $y=2{,}3x^2-1{,}4$			
d) $y=-0{,}3x^2-0{,}2$			

111 Die beiden Bilder zeigen Graphen von Funktionen der Form $y = ax^2 + c$.
Bestimme die Funktionsgleichung.

a)

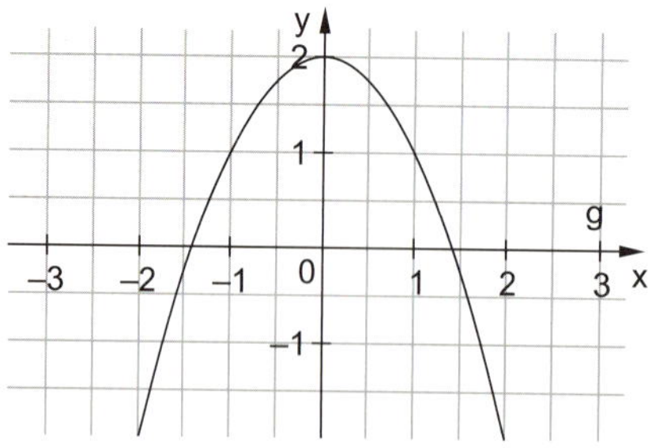

b)

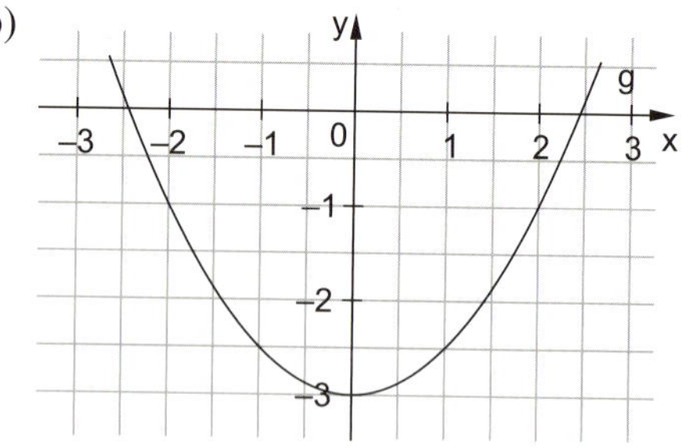

112 Eine Halfpipe hat annähernd die Form einer Parabel.

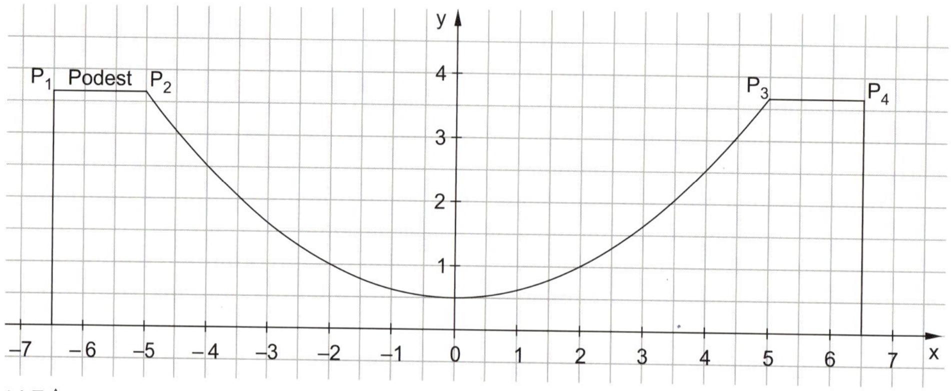

1 LE ≙ 1 m

a) Bestimme den tiefsten Punkt der Halfpipe.

b) Lies die Länge der Strecke $\overline{P_1P_2}$ des Podests aus der Zeichnung ab.

c) Kreuze die Funktionsgleichung an, die die parabelförmige Bahn der Halfpipe beschreibt. Begründe deine Wahl.

☐ $y = -0{,}125x^2 + 0{,}5$
☐ $y = 0{,}125x^2 + 0{,}5$
☐ $y = 1{,}125x^2 - 0{,}5$

Scheitelpunkt- und Normalform sind verschiedene Darstellungsmöglichkeiten der Funktionsgleichung einer quadratischen Funktion.

Merke

Scheitelpunktform

- Quadratische Funktionen der Form $\mathbf{y = (x - d)^2 + c}$ sind in **Scheitelpunktform** gegeben.
- Ihr Graph ist eine **verschobene Normalparabel**.
- Mithilfe der Scheitelpunktform kann man direkt den **Scheitelpunkt** bestimmen: Er ist um d in x-Richtung und um c in y-Richtung verschoben: **S(d|c)**

Beispiele

1. Bestimme jeweils den Scheitelpunkt der verschobenen Normalparabel.

   a) $y=(x-6)^2+4$ $\qquad$ $y=(x-d)^2+c$ allgemeine Form

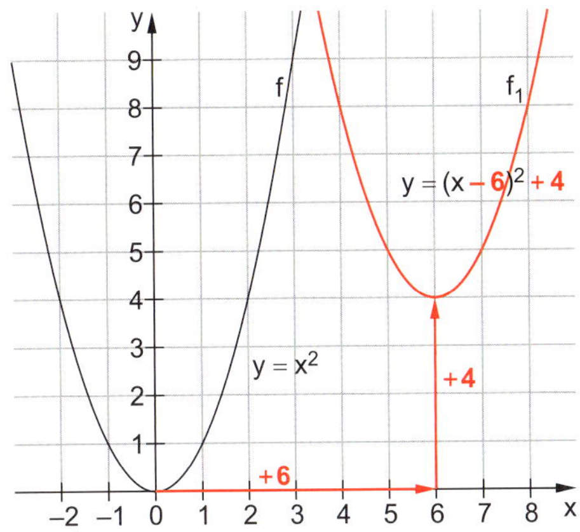

Lösung:
Die Parabel ist um d in x-Richtung und um c in y-Richtung verschoben.
$\Rightarrow$ Scheitelpunkt: $S(d\,|\,c)=S(6\,|\,4)$

   b) $y=(x+5)^2-2$

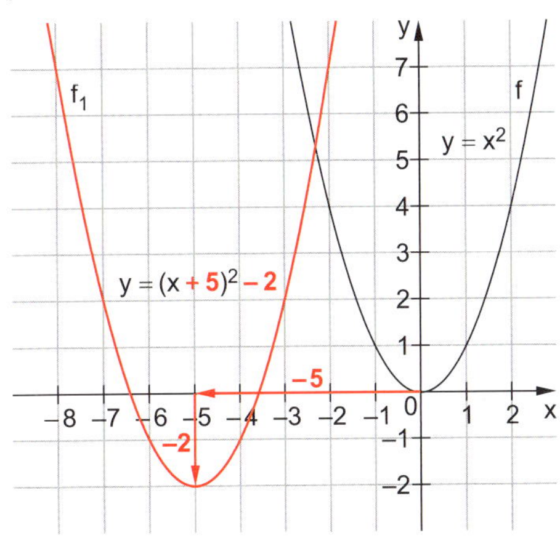

Lösung:
Beachte: Aus +5 in der Funktionsgleichung wird $d=-5$.
Scheitelpunkt: $S(-5\,|\,-2)$

2. Prüfe durch Einsetzen der Werte, ob die Punkte $P(5\,|\,8)$ und $Q(2\,|\,-3)$ auf der Parabel mit der Funktionsgleichung $y=(x-3)^2+4$ liegen.

Lösung:
Einsetzen in die Funktionsgleichung:

Punkt $P(\underbrace{5}_{x}\,|\,\underbrace{8}_{y})$:

$8\stackrel{?}{=}(5-3)^2+4$
$8\stackrel{?}{=}2^2+4$
$8=8$
Der Punkt P liegt auf der Parabel.

$Q(\underbrace{2}_{x}\,|\,\underbrace{-3}_{y})$:

$-3\stackrel{?}{=}(2-3)^2+4$
$-3\stackrel{?}{=}(-1)^2+4$
$-3\neq 5$
Der Punkt Q liegt **nicht** auf der Parabel.

Aufgaben

113 Bestimme die Scheitelpunktform der drei abgebildeten verschobenen Normalparabeln.

a)

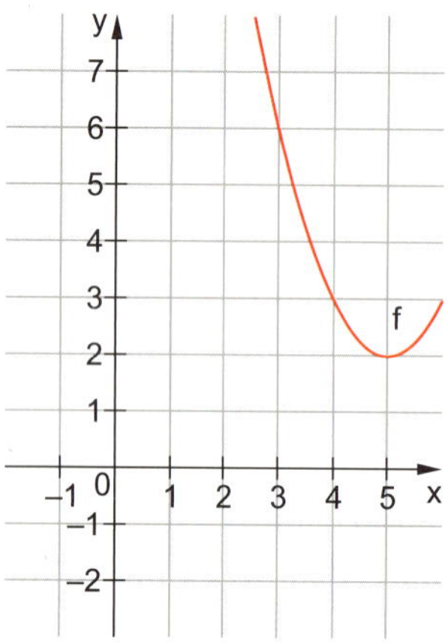

b)

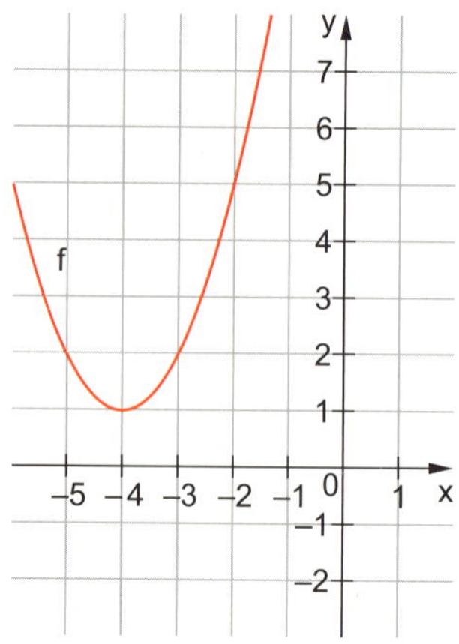

c)

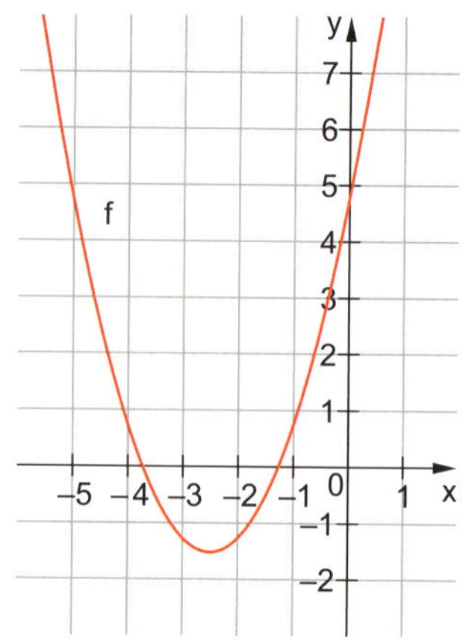

114 Ermittle jeweils den Scheitelpunkt der Funktionsgleichung und zeichne sie mithilfe einer Parabelschablone in ein Koordinatensystem.

a) $y = (x-3)^2 + 1$
b) $y = (x+2)^2 - 1$
c) $y = (x-2)^2 + 0{,}5$
d) $y = (x+1{,}5)^2 - 2$
e) $y = (x+3)^2$
f) $y = (x-4)^2$

115 Bestimme jeweils die Scheitelpunkform der verschobenen Normalparabel mit folgendem Scheitelpunkt.

a) $S(2\,|\,3)$
b) $S(-2\,|\,-4{,}5)$
c) $S(-3{,}5\,|\,2)$
d) $S(0\,|\,-1)$

116 Überprüfe, ob der Punkt P jeweils auf der Parabel liegt.

a) $y = (x+4)^2 + 3$
$P(-2\,|\,7)$

b) $y = (x-5)^2 - 4$
$P(8\,|\,5)$

c) $y = (x-2)^2 - 4$
$P(4\,|\,-1)$

d) $y = (x+4)^2 - 8$
$P(-6\,|\,-4)$

Merke

Scheitelpunktform und Normalform⊕

Mithilfe der Normalform kann man die **Nullstellen** (die Schnittstellen mit der x-Achse) einer quadratischen Funktion bestimmen.

Normalform: $y = x^2 + px + q$

Scheitelpunkt- und Normalform können bei Bedarf ineinander umgewandelt werden.

Scheitelpunktform → Normalform:	Binom ausmultiplizieren und vereinfachen
Normalform → Scheitelpunktform:	Bilden eines Binoms durch quadratische Ergänzung

Beispiele

1. Wandle die Scheitelpunktform in die Normalform um.

Scheitelpunktform $y=(x-d)^2+c$	⇨ Normalform $y=x^2+px+q$	
$y=(x-6)^2+4$	$y=x^2-12x+36+4$ $y=x^2-12x+40$ $\rightarrow p=-12;\quad q=40$	2. binomische Formel anwenden und zusammenfassen.
$y=(x+3)^2-5$	$y=x^2+6x+9-6$ $y=x^2+6x+3$ $\rightarrow p=6;\quad q=3$	1. binomische Formel anwenden und zusammenfassen.

2. Wandle die Normalform in die Scheitelpunktform um.

Scheitelpunktform $y=(x-d)^2+c$ ⇦	Normalform $y=x^2+px+q$	
$\left(x+\frac{10}{2}\right)^2=(x+5)^2$ $=x^2+10x+25$ $y=x^2+10x+25-2$ $y=(x+5)^2-2$	$y=x^2+10x+23$	Quadratische Ergänzung: p aus der Normalform halbieren und damit eine binomische Formel aufstellen. Ergebnis mit der Normalform vergleichen und entsprechend anpassen.
$(x-4)^2=x^2-8x+16$ $y=x^2-8x+16+2$ $y=(x-4)^2+2$	$y=x^2-8x+18$	

Aufgaben

⊕117 Welche der folgenden Funktionen sind identisch? Ordne zu.

$y=(x+3)^2$	$y=x^2+6x$
$y=(x-3)^2-9$	$y=x^2-6x+9$
$y=(x-3)^2$	$y=x^2-6x+18$
$y=(x-3)^2+9$	$y=x^2-6x$
$y=(x+3)^2-9$	$y=x^2+6x+9$

⊕118 Wandle die Scheitelpunktform in die Normalform um.

a) $y=(x+6)^2-5$
b) $y=(x-8)^2+7$
c) $y=(x-10)^2-66$
d) $y=(x+3)^2-12$

⊕119 Ergänze die Lücken.

a) $x^2+6x+9=(x+\_\_)^2$
b) $x^2+8x+\_\_=(x+\_\_)^2$
c) $x^2-12x+\_\_=(x-\_\_)^2$
d) $x^2+10x+8=(x+\_\_)^2-\_\_$
e) $x^2-4x+2=(x-\_\_)^2-\_\_$
f) $x^2+2x+5=(x+\_\_)^2+\_\_$

⊕120 Wandle die Normalform in die Scheitelpunktform um.

a) $y=x^2+6x+4$
b) $y=x^2+6x+36$
c) $y=x^2-12x+34$
d) $y=x^2-8x+34$
e) $y=x^2-7x+2{,}25$
f) $y=x^2+9x-5{,}25$

⊕121 Ordne die Funktionsgleichungen der zugehörigen Parabel im Koordinatensystem zu. Bestimme zuerst den Scheitelpunkt der Funktion.
Tipp: Wandle die Normalform zunächst in die Scheitelpunktform um.

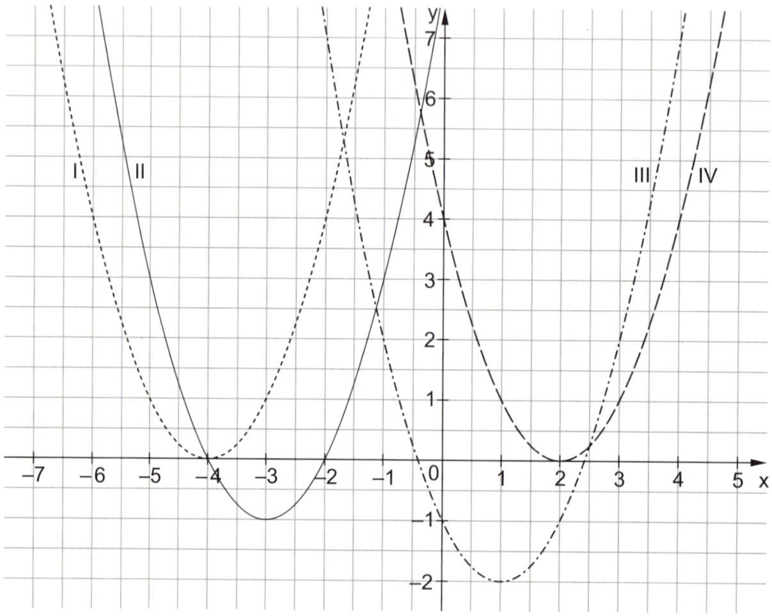

	Funktionsgleichung	Scheitelpunktform	Scheitelpunkt	Graph
a)	$y=x^2+8x+16$			
b)	$y=x^2-4x+4$			
c)	$y=x^2+6x+8$			
d)	$y=x^2-2x-1$			

⊕122 Bestimme zuerst die Scheitelpunktform und dann die Normalform der Funktionen mit folgenden Scheitelpunkten.

a) $S(8|4)$
b) $S(6|5)$
c) $S(-4|-2)$
d) $S(-10|80)$

Merke

Schnittpunkt mit der y-Achse

Der Schnittpunkt einer Funktion mit der y-Achse hat die Koordinaten $(0|y)$.
Setze $x=0$ in die Funktionsgleichung ein und berechne den zugehörigen y-Wert.

Beispiel

Bestimme den Schnittpunkt der Funktion $y = x^2 + 3x + 7$ mit der y-Achse.

Lösung:

$y = 0^2 + 3 \cdot 0 + 7 = 7 \quad \Rightarrow \quad$ Schnittpunkt mit der y-Achse: $(0|7)$

Aufgabe

⊕123

Bestimme den Schnittpunkt der folgenden Funktionen mit der y-Achse.

a) $y = x^2 + 2x + 5$

b) $y = (x+4)^2 + 1$

c) $y = x^2 - x - 12$

d) $y = (x-9)^2 + 3$

Merke

Nullstellen

- Der **Schnittpunkt N** eines Funktionsgraphen **mit der x-Achse** hat die Koordinaten **N(x|0)**. Die x-Koordinate von N ist die **Nullstelle** der Funktion.
- Um die Nullstellen zu berechnen, muss der Funktionsterm **gleich 0** gesetzt werden.
- Eine Parabel kann eine unterschiedliche Anzahl von Nullstellen haben:

keine
- Der Scheitelpunkt liegt oberhalb der x-Achse und die Parabel ist nach oben geöffnet.
- Der Scheitelpunkt liegt unterhalb der x-Achse und die Parabel ist nach unten geöffnet.

eine
- Der Scheitelpunkt liegt genau auf der x-Achse.

zwei
- Der Scheitelpunkt liegt oberhalb der x-Achse und die Parabel ist nach unten geöffnet.
- Der Scheitelpunkt liegt unterhalb der x-Achse und die Parabel ist nach oben geöffnet.

Beispiele

1. Bestimme die Koordinaten der Nullstellen der Funktion $y=x^2-9$.

Lösung:

$x^2 - 9 = 0 \quad |+9$

$x^2 = 9 \quad |\sqrt{}$

$x_{1/2} = \pm 3$

$\Rightarrow N_1(-3|0);$

$N_2(3|0)$

Ist die Wurzel ungleich 0, erhält man 2 Ergebnisse und die Funktion hat 2 Nullstellen.

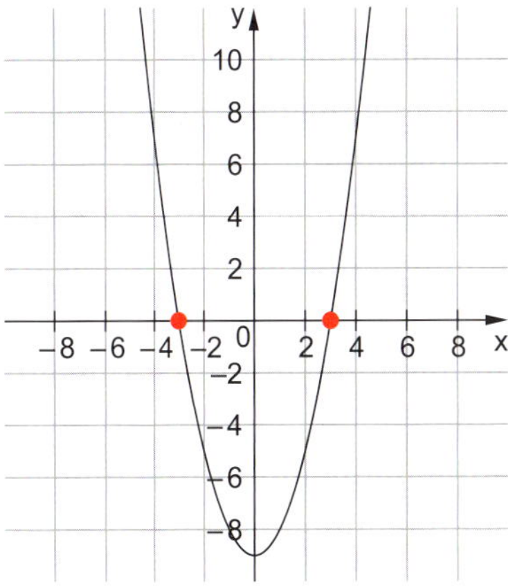

2. Bestimme die Nullstellen der Funktion $y=x^2+2$.

Lösung:

$x^2+2=0 \quad |-2$

$x^2=-2 \quad |\sqrt{\ }$

$\Rightarrow$ keine Nullstellen

Aus einer negativen Zahl kann man keine Wurzel ziehen.

Da die Parabel nach oben geöffnet ist und ihren Scheitelpunkt über der x-Achse hat, gibt es keinen Schnittpunkt mit der x-Achse.

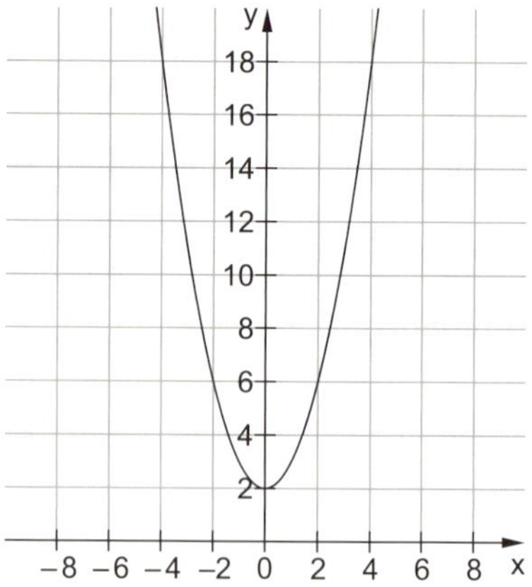

3. Berechne die Koordinaten der Nullstellen der Funktion $y=4(x-4)^2$.

Lösung:

$4(x-4)^2=0 \quad |:4$

$(x-4)^2=0 \quad |\sqrt{\ }$

$x_1-4=0 \quad |+4$

$x_1=4$

$\Rightarrow$ N(4|0)

Die Wurzel aus 0 ist 0.
→ Die Parabel hat nur eine Nullstelle.

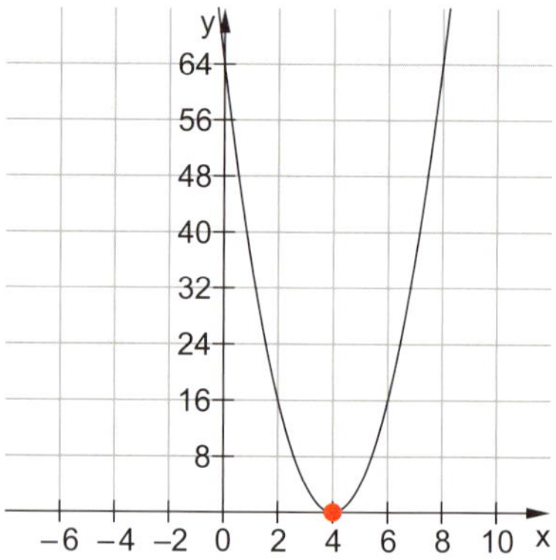

Aufgaben

124 Berechne die Koordinaten der Nullstellen.

a) $y=x^2-4$

b) $y=2x^2-8$

c) $y=-x^2$

d) $y=-x^2+36$

e) $y=2x^2$

f) $y=0{,}5x^2-4{,}5$

125 Gib jeweils an, ob die Funktionen keine, eine oder zwei Nullstellen haben. Begründe.

a) $y=-x^2-6$

b) $y=2{,}5x^2+10$

c) $y=-3x^2+4$

d) $y=0{,}5x^2$

126 Eine Dachrinne hat die Form einer Normalparabel und ist 14 cm tief. Berechne für die Dachdeckerin die Breite der Dachrinne.

127 Der Bogen einer Fontäne kann annähernd mit der Funktionsgleichung $y=-x^2+4$ beschrieben werden.

a) Bestimme den höchsten Punkt der Fontäne.

b) Skizziere den Verlauf der Fontäne in einem Koordinatensystem.

c) Wie groß muss der Radius eines runden Beckens sein, wenn die Fontäne vom Beckenrand bis zum Mittelpunkt des Beckens spritzen soll?

3.2 Quadratische Gleichungen

Merke

p-q-Formel

Die Lösungen einer quadratischen Gleichung können als **Nullstellen einer Parabel** gedeutet werden. Man unterscheidet:

- **reinquadratische Gleichungen:** $x^2+q=0$
- **gemischt-quadratische Gleichungen:** $x^2+px+q=0$

Quadratische Gleichungen der Form $x^2+px+q=0$ kannst du mithilfe der **p-q-Formel** lösen:

$$x_{1/2}=-\frac{p}{2}\pm\sqrt{\left(\frac{p}{2}\right)^2-q}$$

Beispiele

1. **Reinquadratische Gleichung:**

$$4x^2-36=0 \quad |:4$$
$$x^2-9=0 \quad |+9$$
$$x^2=9 \quad |\sqrt{}$$
$$x_{1/2}=\pm 3$$

Die Wurzel aus 9 ist 3. Es gilt auch: $(-3)^2=9$

$$x_1=3$$
$$x_2=-3$$
$$L=\{3;-3\}$$

2. **Gemischt-quadratische Gleichungen:**

$$3x^2+6x-24=0 \quad |:3$$

Gleichung auf die Form $x^2+px+q=0$ bringen.

$$x^2+2x-8=0$$

$p=2$ und $q=-8$ in die p-q-Formel $x_{1/2}=-\frac{p}{2}\pm\sqrt{\left(\frac{p}{2}\right)^2-q}$ einsetzen.

$$x_{1/2}=-\frac{2}{2}\pm\sqrt{\left(\frac{2}{2}\right)^2+8}$$
$$x_{1/2}=-1\pm\sqrt{1^2+8}$$
$$x_{1/2}=-1\pm\sqrt{9}$$
$$x_1=-1+3=2$$
$$x_2=-1-3=-4$$
$$L=\{2;-4\}$$

3. Bestimme die Nullstellen der Parabel mit der Funktionsgleichung $y=x^2+6x+5$.

Lösung:

$$0=x^2+6x+5$$

Um die Nullstellen zu berechnen, muss man $y=0$ setzen.

$p=6$ und $q=+5$ in die Formel einsetzen. +5 für $-q$ eingesetzt ergibt -5.

$$x_{1/2}=-\frac{6}{2}\pm\sqrt{\left(\frac{6}{2}\right)^2-5}$$
$$x_{1/2}=-3\pm\sqrt{3^2-5}$$
$$x_{1/2}=-3\pm\sqrt{4}$$
$$x_1=-3+2=-1$$
$$x_2=-3-2=-5$$

Hinweis: Zur Anzahl der Lösungen siehe auch den Merke-Kasten auf Seite 47.

Aufgaben

128 Die folgenden quadratischen Gleichungen werden mit der p-q-Formel gelöst. Bestimme die fehlenden Werte in der Formel.
Hinweis: Die Berechnung des Ergebnisses ist nicht notwendig.

a) $x^2+12x+8=0$ $\quad x_{1/2}=-\frac{\square}{2}\pm\sqrt{\left(\frac{12}{\square}\right)^2-\square}$

b) $x^2-5x-8=0$ $\quad x_{1/2}=-\frac{-5}{\square}\pm\sqrt{\left(\frac{\square}{2}\right)^2+8}$

c) $x^2+3x+7=0$ $\quad x_{1/2}=-\frac{\square}{\square}\pm\sqrt{\left(\frac{\square}{\square}\right)^2-\square}$

d) $x^2+9x=0$ $\quad x_{1/2}=-\frac{\square}{\square}\pm\sqrt{\left(\frac{\square}{\square}\right)^2}$

129 Löse die quadratischen Gleichungen mit der p-q-Formel.

a) $x^2+4x+3=0$
b) $x^2-6x-7=0$
c) $x^2+2x-3=0$
d) $x^2+4x+4=0$
e) $3x^2-12x+9=0$
f) $x^2-5x-2{,}75=0$

130 Bestimme die Nullstellen der folgenden Parabeln.

a) $y=x^2-10x+9$
b) $y=x^2+6x+5$
c) $y=x^2+8x+7$
d) $y=3x^2-24x+21$

131 Bestimme die Nullstellen der Funktionen.

a) $y=(x-6)^2-49$
b) $y=(x+4)^2-1$
c) $y=-(x+4)^2+9$
d) $y=-2(x+6)^2+50$

132 Löse die Zahlenrätsel. Gib jeweils alle Lösungen an.

a) Quadriert man die Summe der gesuchten Zahl und 8, so erhält man 169.
b) Quadriert man die Differenz der gesuchten Zahl und 4, so erhält man 9.
c) Multipliziert man die Differenz einer gesuchten Zahl und 4 mit der Summe der gesuchten Zahl und 4, so erhält man 65.
d) Multipliziert man den Vorgänger einer gesuchten Zahl mit dem Nachfolger der gesuchten Zahl, so erhält man 15.

⊕133 Ela ist vier Jahre älter als ihr Freundin Claudia. Multipliziert man das Alter der beiden, so erhält man 221.

a) Stelle eine passende Gleichung für das Zahlenrätsel auf.
b) Forme die Gleichung in die Normalform um und löse das Rätsel.

⊕134 Ein kleines rechteckiges Baugrundstück ist 8 m breit und 12 m lang.
Um welche Länge x muss man beide Seitenlängen vergrößern, damit sich die Fläche des Baugrundstücks verdoppelt?

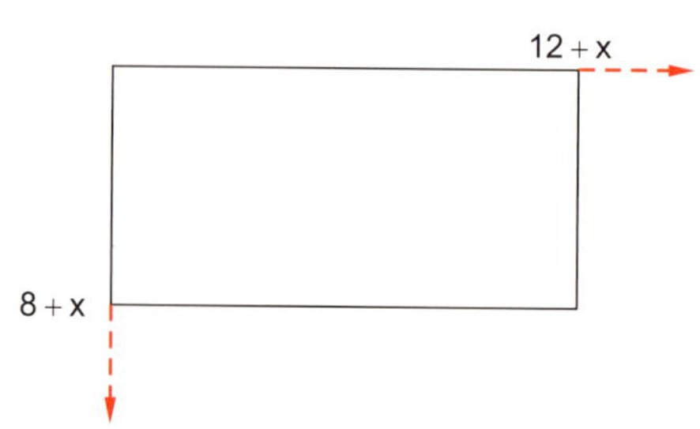

Merke

Diskriminante

Die **Diskriminante D** unter der Wurzel bestimmt die Zahl der Lösungen der quadratischen Gleichung:

- zwei Lösungen Diskriminante $D = \left(\frac{p}{2}\right)^2 - q > 0$
- eine Lösung Diskriminante $D = \left(\frac{p}{2}\right)^2 - q = 0$
- keine Lösung Diskriminante $D = \left(\frac{p}{2}\right)^2 - q < 0$

Beispiel

Wie viele Nullstellen haben die Funktionen?
Betrachte jeweils die Diskriminante:

a) $y = x^2 + 7x - 3$

Lösung:

$D = \left(\frac{7}{2}\right)^2 + 3$ — $p = 7$; $q = -3$ in $D = \left(\frac{p}{2}\right)^2 - q$ einsetzen.

$D = 3{,}5^2 + 3$ — $q = -3$ eingesetzt ergibt $+3$.

$D = 15{,}25 > 0 \quad \Rightarrow$ zwei Nullstellen

b) $y = x^2 + 5x + 6{,}25$

Lösung:

$D = \left(\frac{5}{2}\right)^2 - 6{,}25$ — $p = 5$ und $q = 6{,}25$ in D einsetzen.

$D = 6{,}25 - 6{,}25$

$D = 0 \quad \Rightarrow$ genau eine Nullstelle

c) $y = x^2 + 6$

Lösung:

$D = 0 - 6$ — $p = 0$ und $q = 6$ in D einsetzen.

$D = -6 < 0 \quad \Rightarrow$ keine Nullstelle

Aufgaben

135 Bestimme die Anzahl der Lösungen der quadratischen Gleichungen.

a) $x^2 + 6x + 9 = 0$
b) $x^2 + 8x = -16$
c) $5x^2 - 15x + 2{,}5 = 0$
d) $3x^2 + 9x = -6{,}75$

136 Wie viele Nullstellen hat die Parabel?

a) $y = x^2 + 4x + 4$
b) $y = x^2 + 4x - 4$
c) $y = x^2 + 4x + 5$
d) $y = x^2 - 3x + 6$
e) $y = x^2 - 7x + 2$
f) $y = x^2 + 5x + 6{,}25$

137 Setze für p bzw. q Werte ein, sodass die Parabel genau eine Nullstelle (keine, zwei Nullstellen) hat.

a) $y = x^2 - 6x + q$
b) $y = x^2 + px + 49$

4 Lineares und exponentielles Wachstum

4.1 Vergleich lineares und exponentielles Wachstum

An einer Autobahn wird ein See ausgebaggert. Der See ist zu Beginn der Messung 400 m^2 groß. Durch die Baggerarbeiten vergrößert sich die Fläche wöchentlich um 200 m^2.

Zeit in Wochen	0	1	2	3	4	5	6	7	8
Größe in m^2	400	600	800	1 000	1 200	1 400	1 600	1 800	2 000
		+ 200	+ 200	+ 200	+ 200	+ 200	+ 200	+ 200	+ 200

Lineares Wachstum: +200 pro Woche

Gleichzeitig wächst auf dem See eine Algenart, die sich sehr schnell vermehrt. Zu Beginn ist die von Algen bedeckte Fläche 10 m^2 groß, sie verdoppelt sich jede Woche (Tabelle 2).

Zeit in Wochen	0	1	2	3	4	5	6	7	8
Algenfläche in m^2	10	20	40	80	160	320	640	1 280	2 560
		· 2	· 2	· 2	· 2	· 2	· 2	· 2	· 2

Exponentielles Wachstum: · 2 (Faktor 2) pro Woche

Die Punkte zu Tabelle 1 liegen auf einer Geraden. Es liegt **lineares Wachstum** vor. Die Punkte zu Tabelle 2 liegen auf einer Kurve, die immer steiler ansteigt. Es liegt **exponentielles Wachstum** vor. Am Graphen erkennt man, dass zwischen der siebten und achten Woche der ganze See mit Algen bedeckt ist.
Nach diesem Zeitpunkt beschreibt die Kurve nicht mehr die Wirklichkeit.

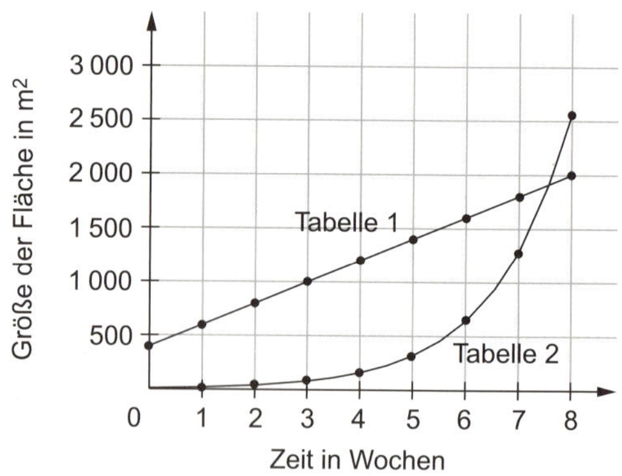

Merke

Lineares und exponentielles Wachstum

- Nimmt eine Größe y in gleichen Abständen einer Größe x immer um **denselben Wert** zu, handelt es sich um **lineares Wachstum**.
  In gleichen Zeitspannen wird immer **derselbe Summand addiert**.
- Nimmt eine Größe y in gleichen Abständen einer Größe x immer mit **demselben Faktor** zu, handelt es sich um **exponentielles Wachstum**.
  In gleichen Zeitspannen wird immer mit **demselben Faktor multipliziert**.

Beispiel

Die Tabellen zeigen für zwei Städte die Entwicklung des Hochwassers an einem Tag an.

Stadt 1:	Zeit in h	0	2	4	6	8
	Höhe über Normalstand in cm	12	18	27	40,5	60,75
Stadt 2:	Zeit in h	0	2	4	6	8
	Höhe über Normalstand in cm	20	28	36	44	52

a) In welcher Stadt ist die Zunahme linear, in welcher exponentiell? Begründe.

b) Bestimme den Wachstumsfaktor beim exponentiellen Zuwachs.

Lösung:

a) In der ersten Stadt steigt das Hochwasser exponentiell an, da nach derselben Zeitdauer (hier jeweils zwei Stunden) immer mit demselben Faktor multipliziert werden kann. Jeder Wert wird mit 1,5 multipliziert.
In der zweiten Stadt steigt das Hochwasser linear, da nach je zwei Stunden immer derselbe Summand addiert wird. Zu jedem Wert werden immer 8 cm addiert.

b) Der Wachstumsfaktor in der ersten Stadt beträgt 1,5 (je zwei Stunden).

Stadt 1:

Zeit in h	0	2	4	6	8
Höhe über Normalstand in cm	12	18	27	40,5	60,75

(jeweils $\cdot 1{,}5$)

Stadt 2:

Zeit in h	0	2	4	6	8
Höhe über Normalstand in cm	20	28	36	44	52

(jeweils $+8$)

Aufgaben

138 Handelt es sich um lineares oder exponentielles Wachstum? Begründe jeweils deine Entscheidung.

a) Die monatlichen Kosten für ein Streaming-Angebot steigen jedes Jahr um 1,50 €.

b) Die Aufrufe eines neuen YouTube-Videos verdreifachen sich zunächst stündlich.

c) Die Heizkosten für eine Wohnung steigen jährlich um 3,5 %.

d) Nach der morgendlichen Eröffnung verdoppelt sich die Zahl der Besucher*innen in einem Zoo in den ersten vier Stunden stündlich.

139 Liegt ein lineares oder ein exponentielles Wachstum vor? Begründe deine Entscheidung.

	Jahre	0	1	2	3
a)	Anzahl	200	212	224	236
b)	Anzahl	15	30	60	120
c)	Anzahl	13	26	39	52

140 Beschreibe die beiden Graphen. Welche Art des Wachstums liegt jeweils vor?

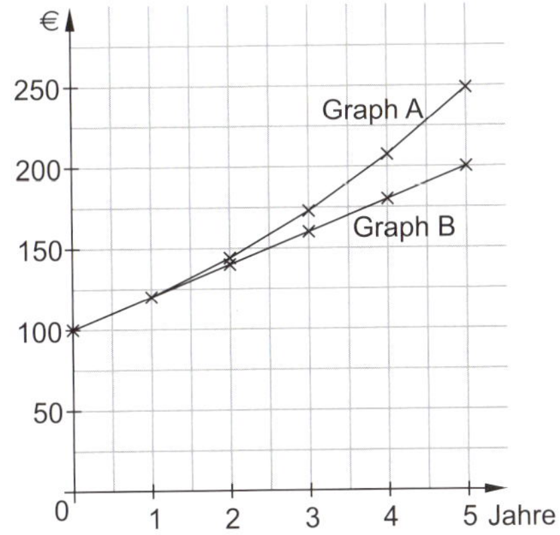

4.2 Zinseszins⊕

In vielen Fällen bleiben die Zinsen am Jahresende auf dem Konto und werden dann im folgenden Jahr mitverzinst. Man spricht in diesem Fall von Zinseszinsen.
Rechnet man innerhalb der Zinsrechnung mit Zinseszinsen, liegt ein exponentielles Wachstum vor.

Merke

Zinseszins

Ein Anfangskapital K_0, das mit einem Zinssatz von p % verzinst wird, wächst für n Jahre mit einen Zinsfaktor q exponentiell an.

Die **Zinseszinsformel** für das Kapital K_n nach n Jahren lautet:

$$K_n = K_0 \cdot \underbrace{q \cdot q \cdot q \cdot \ldots}_{\text{n-mal}}$$

$$K_n = K_0 \cdot \mathbf{q^n}$$, wobei **q** der Zinsfaktor ist $\left(\mathbf{q = 1 + \frac{p}{100}}\right)$.

$$K_n = K_0 \cdot \left(\mathbf{1 + \frac{p}{100}}\right)^{\mathbf{n}}$$

Beispiele

1. Bestimme den Zinsfaktor q.

Zinssatz p %	Zinsfaktor q
5 %	$1 + \frac{5}{100} = 1{,}05$
12 %	$1 + \frac{12}{100} = 1{,}12$
0,3 %	$1 + \frac{0{,}3}{100} = 1{,}003$
1,3 %	$1 + \frac{1{,}3}{100} = 1{,}013$

2. Bei der Zinseszinsrechnung kann man …
   - … das Kapital K_n nach n Jahren (Aufgabe a),
   - … das Anfangskapital K_0 (Aufgabe b),
   - … den Prozentsatz p % (Aufgabe c) berechnen.

   Die Anzahl der Jahre n kannst du im Moment nur durch Probieren bestimmen.

   Ein Kapital von 2 000 € wird mit einem Zinssatz von 2,5 % und einer Laufzeit von zehn Jahren verzinst.

   a) Wie hoch ist das Kapital nach zehn Jahren?

   Lösung:

   Gegeben: Anfangskapital: $K_0 = 2\,000$ €
   Zinssatz: p % = 2,5 %
   Zinsfaktor: q = 1,025 $\quad q = 1 + \frac{p}{100} = 1 + \frac{2{,}5}{100} = 1{,}025$
   Laufzeit: n = 10 Jahre
   Gesucht: Kapital nach zehn Jahren: K_n

Rechnung:

$K_n = K_0 \cdot q^n$

$K_{10} = 2\,000\,€ \cdot 1{,}025^{10}$

$K_{10} \approx 2\,560{,}17\,€$

Nach zehn Jahren beträgt das Kapital 2 560,17 €.

b) Katja möchte nach zehn Jahren 4 000 € angespart haben. Welches Anfangskapital müsste sie einzahlen?

Lösung:

Gegeben:	Kapital nach 10 Jahren:	$K_{10} = 4\,000\,€$
	Zinssatz:	$p\,\% = 2{,}5\,\%$
	Zinsfaktor:	$q = 1{,}025$
	Laufzeit:	$n = 10$ Jahre
Gesucht:	Anfangskapital:	K_0

Rechnung:

$$K_n = K_0 \cdot q^n$$

$$4\,000\,€ = K_0 \cdot 1{,}025^{10} \quad |:1{,}025^{10}$$

$$3\,124{,}79\,€ = K_0$$

Das Anfangskapital müsste 3 124,79 € betragen.

c) Wie hoch müsste der Zinssatz sein, damit Katja bei einem Kapital von 2 000 € nach zehn Jahren 4 000 € angespart hat? Runde auf zwei Nachkommastellen.

Lösung:

Gegeben:	Anfangskapital:	$K_0 = 2\,000\,€$
	Kapital nach 10 Jahren:	$K_{10} = 4\,000\,€$
	Laufzeit:	$n = 10$ Jahre
Gesucht:	Zinssatz:	$p\,\%$

Rechnung:

$$K_n = K_0 \cdot q^n$$

$$4\,000\,€ = 2\,000\,€ \cdot q^{10} \quad |:2\,000\,€$$

$$\frac{4\,000\,€}{2\,000\,€} = q^{10} \quad |\sqrt[10]{}$$

$$\sqrt[10]{2} = q$$

$$1{,}0718 = q$$

$$\Rightarrow \quad p\,\% = (q-1) \cdot 100\,\% = (1{,}0718 - 1) \cdot 100\,\% = 7{,}18\,\%$$

Der Zinssatz müsste 7,18 % betragen.

Aufgaben

141 Vergleiche die Entwicklung eines Anfangskapitals von 500 € bei unterschiedlichen Zinssätzen nach jeweils einem, drei, fünf und zehn Jahren:

Jährlicher Zinssatz	Kapital mit Zins und Zinseszinsen nach …			
	1 Jahr	3 Jahren	5 Jahren	10 Jahren
2 %				
0,5 %				
3,5 %				
5,1 %				

142 Bestimme die fehlenden Größen.

	a)	b)	c)	d)
Anfangskapital K_0	750 €		900 €	1 400 €
Zinssatz p %	4 %	3,5 %		
Zinsfaktor q				1,15
Anzahl der Jahre n	6	5	8	
Endkapital K_n		1 100 €	1 329,71 €	3 724,03 €

143 Vera legt einen Lottogewinn von 20 000 € an.

a) Wie viel Geld hat sie nach vier Jahren bei einem jährlichen Zinssatz von 1,8 % angespart?

b) Bestimme durch Probieren, nach wie vielen Jahren sich der Gewinn bei einem Zinssatz von 1,8 % verdoppelt.

144 Marian benötigt für seinen Führerschein in fünf Jahren 1 500 €.
Welchen Betrag muss er anlegen, wenn ihm die Bank 3 % Zinsen zahlt?

145 Ein Geldbetrag von 2 000 € wurde über zehn Jahre angelegt. Mit Zinsen wurden am Ende 2 500 € ausgezahlt. Wie hoch war der jährliche Zinssatz? Runde auf 2 Nachkommastellen.

146 Die Eltern von Ayse haben bei ihrer Geburt einen Sparvertrag mit einem Zinssatz von 2,5 % abgeschlossen. Nach 18 Jahren ist der Anfangsbetrag mit Zinsen und Zinseszinsen auf 3 400 € angewachsen. Wie viel Geld haben die Eltern bei Ayses Geburt angelegt? Runde auf ganze Euro.

147 Ein zehnjähriger Sparbrief sieht vor, dass ein Anfangskapital von 750 € in den ersten drei Jahren mit 2,5 % und in den darauffolgenden Jahren mit 3,5 % verzinst wird.
Berechne das Endkapital mit Zins und Zinseszins nach zehn Jahren.

4.3 Exponentielles Wachstum/Exponentielle Abnahme

Merke

Exponentielles Wachstum

Bei einem exponentiellen Wachstum wird eine **Anfangsgröße G_0** in gleichen Zeitspannen n jeweils mit dem gleichen **Wachstumsfaktor q** multipliziert.

$$G_n = G_0 \cdot \underbrace{q \cdot q \cdot q \cdot \ldots}_{\text{n-mal}}$$

$$G_n = G_0 \cdot \mathbf{q^n}$$

wobei: $\mathbf{q = 1 + \frac{p}{100} > 1}$ exponentielle Zunahme

$\mathbf{q = 1 - \frac{p}{100} < 1}$ exponentielle Abnahme

Beispiele

1. Bestimme den Wachstumsfaktor q.

Prozentuale Veränderung	Wachstumsfaktor q
Zunahme um 3 %	$1+\frac{3}{100}=1{,}03$
Zunahme um 50 %	$1+\frac{50}{100}=1{,}5$
Verdreifachung	$1+\frac{200}{100}=3$
Abnahme um 6 %	$1-\frac{6}{100}=0{,}94$
Abnahme um 35 %	$1-\frac{35}{100}=0{,}65$
Halbierung	$1-\frac{50}{100}=0{,}5$

2. Ein Forschungslabor testet ein neues Medikament gegen eine Infektionskrankheit. Dazu wird das Wachstum einer bestimmten Bakterienart genauer untersucht und festgestellt, dass deren Anzahl sich nach jeweils 30 Minuten verdoppelt.
   a) Wie viele Bakterien werden nach vier Stunden vorhanden sein, wenn es zu Beginn des Beobachtungszeitraumes etwa 100 Bakterien waren?
   b) Wie viele Bakterien waren es eine Stunde vor Beobachtungsbeginn?

Lösung:

a) Gegeben: Anfangswert: $G_0 = 100$ Bakterien
Wachstumsfaktor: $q = 2$ je 30 Minuten — Verdopplung: $q = 2$
Nach vier Stunden haben sich die Bakterien achtmal verdoppelt ($8 \cdot 30$ min $= 4$ Stunden).

Gesucht: Anzahl der Bakterien nach acht Verdopplungen:

Rechnung:
$G_n = G_0 \cdot q^n$
$G_8 = 100 \cdot 2^8$
$G_8 = 100 \cdot 256$
$G_8 = 25\,600$

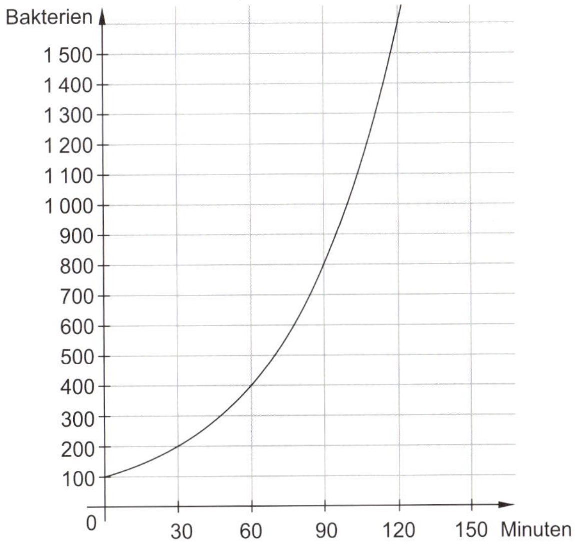

b) Zu Beginn der Beobachtung (nach 0 min) sind es 100 Bakterien, 30 min vorher nur halb so viele, also 50 Bakterien. Die Hälfte davon entspricht der Anzahl der Bakterien eine Stunde vor Beobachtungsbeginn. Dies waren 25 Bakterien.
Man kann die Tabelle einfach nach links verlängern:

Zeit	60 min vorher	30 min vorher	0 min	30 min	60 min	90 min
Anzahl der Bakterien	25	50	100	200	400	800

3. Bao nimmt einmalig 10 mg eines Medikamentes zu sich. Sein Körper baut im Laufe eines Tages 25 % des Medikamentes ab. Berechne die Menge des Medikaments, die sich nach ein, zwei, drei und fünf Tagen noch im Körper befindet.

Lösung:

Ermittlung des Wachstumsfaktors q:

Abnahme von 25 % $\rightarrow$ $q = 1 - \frac{25}{100} = 0,75$

Wenn sein Körper an einem Tag 25 % des Medikaments abbaut, hat Bao am Folgetag noch 75 % des Medikaments in seinem Körper.

$G_n = G_0 \cdot q^n$

$G_n = 10 \text{ mg} \cdot 0,75^n$

Zeit in Tagen	0	1	2	3	5
Rechnung		$10 \cdot 0,75^1$	$10 \cdot 0,75^2$	$10 \cdot 0,75^3$	$10 \cdot 0,75^5$
Menge	10 mg	7,5 mg	5,63 mg	4,22 mg	2,37 mg

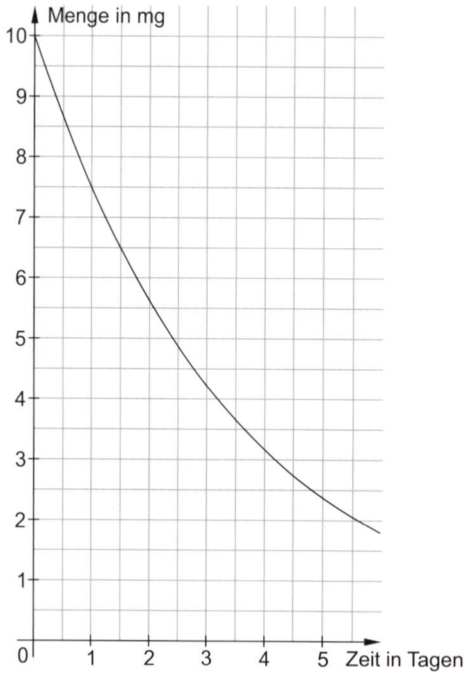

Aufgaben

148

Bestimme jeweils den Wachstumsfaktor q.

a) Eine Geldanlage wird jährlich mit 1,5 % verzinst.

b) Die Anzahl der Bakterien vermehrt sich pro Stunde um 15 %.

c) Die Wirkung eines Medikaments nimmt pro Tag um 25 % ab.

d) Der Wert einer neu angeschafften Industriemaschine nimmt jährlich um 18 % ab.

149 Der Mietvertrag für ein Ladengeschäft sieht eine jährliche Mieterhöhung von 5 % vor. Zurzeit beträgt die Miete 600 €. Wie hoch ist die Miete nach drei Jahren?

150 Der Bestand eines Waldes liegt bei etwa 10 000 Festmeter*. Bei natürlichem Wachstum nimmt der Bestand jährlich um 2,5 % zu. Bestimme den Bestand nach ein, drei und sechs Jahren und zeichne die Entwicklung des Bestandes in ein Koordinatensystem.

*gebräuchliche Einheit für einen Kubikmeter feste Holzmasse

151 Im Jahr 2015 wurden in Hildesheim täglich 21 000 Tageszeitungen verkauft. Seitdem gehen die Verkaufszahlen der Tageszeitungen jährlich um 8 % zurück.
Wie viele Tageszeitungen wurden im Jahr 2021 verkauft?
Zeichne die Entwicklung der Verkaufszahlen von 2015 bis 2021 in ein Koordinatensystem.

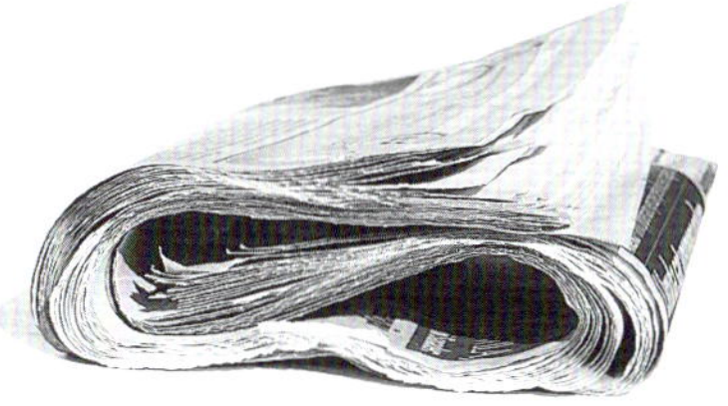

152 Ein Neuwagen kostet 26 500 €. Berechne den Wert des Autos nach fünf Jahren, wenn das Auto jährlich 19 % an Wert verliert.

153 Die Kosten für 1 GB Datenvolumen nehmen bei einem Handyvertag jährlich um 7 % ab. Nach wie viel Jahren kostet das Gigabyte nur noch die Hälfte? Bestimme durch Probieren.

4.4 Exponentialfunktionen

Merke

Exponentialfunktionen der Form $\mathbf{y = q^x}$ und $\mathbf{y = c \cdot q^x}$

- Bei einer Funktion mit der Gleichung $\mathbf{y = q^x}$ unterscheidet man drei Fälle:
  - $q > 1$ → Der Graph steigt.
  - $q = 1$ → Der Graph ist eine Gerade, die parallel zur x-Achse verläuft.
  - $0 < q < 1$ → Der Graph fällt.

  Alle Graphen dieser Funktionen schneiden die y-Achse im Punkt $P(0|1)$.
- Bei Exponentialfunktionen der Form $\mathbf{y = c \cdot q^x}$ entspricht c dem Anfangswert und q dem Wachstumsfaktor.
  Die Graphen dieser Exponentialfunktionen schneiden die y-Achse im Punkt $P(0|c)$.
- Eine **Halbwertszeit** gibt den Zeitraum an, in dem sich bei exponentieller Abnahme eine Anzahl bzw. Größe halbiert (Wachstumsfaktor beim Halbieren $q = 0{,}5$).

Beispiel

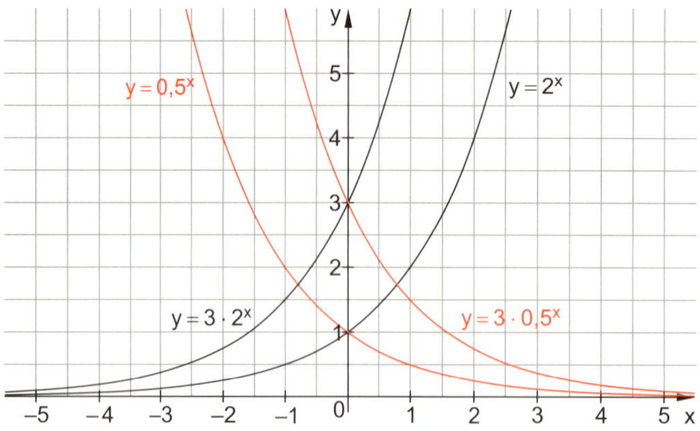

Der Parameter c kann am Schnittpunkt der Graphen mit der y-Achse abgelesen werden. Je größer er ist, desto steiler ist der zugehörige Graph.

Für $q = 2 > 1$ steigt der Graph (exponentielles Wachstum), für $q = 0{,}5 < 1$ fällt er (exponentielle Abnahme).

Aufgaben

154 Ordne die Funktionsgleichungen dem passenden Graphen zu. Zu zwei Gleichungen gibt es keinen passenden Graphen.

$y = 2 \cdot 1{,}2^x$
$y = 2 \cdot 0{,}8^x$
$y = 2^x$
$y = 0{,}8^x$
$y = 3 \cdot 0{,}8^x$
$y = 1{,}2^x$

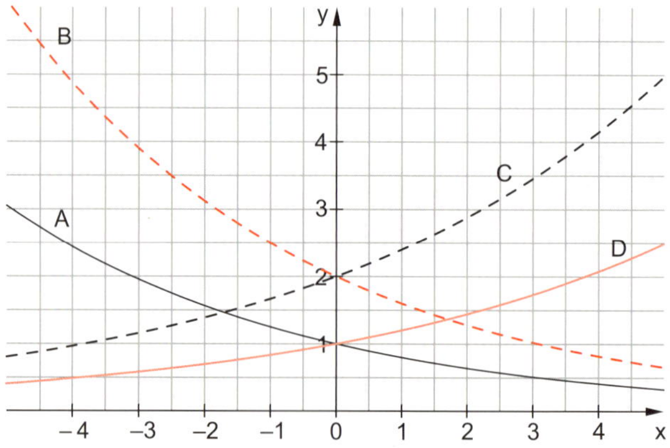

155 Bestimme den Verlauf der Graphen.

a) $y = 1{,}2^x$

b) $y = \left(\frac{4}{5}\right)^x$

c) $y = 3 \cdot \left(\frac{7}{6}\right)^x$

d) $y = 0{,}2 \cdot 1^x$

156 Ein Kapital von 1 000 € wird mit einer jährlichen Verzinsung von 4,5 % angelegt.

a) Stelle die Exponentialfunktion auf, die diesen Wachstumsvorgang beschreibt.

b) Auf welches Guthaben ist das Anfangskapital nach zwölf Jahren angewachsen?

c) Bestimme durch Probieren mit dem Taschenrechner, nach wie viel Jahren sich das Anfangskapital verdoppelt hat.

d) Erstelle einen Graphen, der den Sachverhalt darstellt.

157 Der Neupreis eines Autos beträgt 45 600 €. Im ersten Jahr ist der Wertverlust 25 % des Neupreises. In den folgenden Jahren beträgt der Wertverlust jährlich 10 % vom jeweiligen Restwert am Ende des Vorjahres.

a) Berechne den Restwert nach dem ersten Jahr.
Stelle dann eine Funktion auf, die den Restwert y des Fahrzeugs in Abhängigkeit von der Anzahl x der Jahre beschreibt.

b) Wie groß ist der Restwert des Autos nach drei, fünf, zehn Jahren?

158 Die Anzahl y der Bakterien einer Bakterienkultur in Abhängigkeit von der Zeit x in Stunden wird durch eine Exponentialgleichung der Form $y = 500 \cdot 1{,}8^x$ beschrieben.

a) Gib den Wachstumsfaktor, die prozentuale Wachstumsrate und den Anfangswert an.

b) Erstelle für den Zeitraum von null bis sechs Stunden eine Wertetabelle. Stelle das Wachstum der Bakterien für diesen Zeitraum in einem Koordinatensystem grafisch dar und achte auf eine sinnvolle Achseneinteilung.

c) Entnimm deiner Zeichnung, nach welcher Zeit etwa 7 000 Bakterien vorhanden sind.

159 In einem verdorbenen Lebensmittel befinden sich um 13:00 Uhr ca. 60 Salmonellen.
Bei 25 °C verdoppelt sich die Anzahl der Salmonellen alle 15 Minuten.
Berechne die Anzahl der Salmonellen um 16:00 Uhr.

160 Die Halbwertszeit von Koffein im Blutkreislauf beträgt ca. vier Stunden. Lars trinkt um 8:00 Uhr morgens eine Tasse Kaffee mit 80 mg Koffein.

a) Wie viel Koffein hat er um 12:00 Uhr, um 16:00 Uhr und um 20:00 Uhr noch im Blut?

b) Stelle eine passende Funktionsgleichung auf.

5 Ähnlichkeit⊕

5.1 Vergrößern und Verkleinern von Figuren – Ähnliche Figuren

Landkarten, Postkarten, Fotos, Modelle und Spielzeuge geben die Wirklichkeit häufig verkleinert wieder. Umgekehrt werden kleine Objekte und Lebewesen mit einem Mikroskop vergrößert, um sie untersuchen zu können. In beiden Fällen bleiben alle Längenverhältnisse und Winkel gleich, sodass ein unverzerrtes Bild entsteht.

Merke

Maßstäbliches Vergrößern und Verkleinern

Beim maßstäblichen Vergrößern bzw. Verkleinern werden alle Streckenlängen um den **gleichen Faktor** vergrößert bzw. verkleinert (Verhältnistreue).

- Der **Maßstab** gibt dieses Verhältnis an:
  Maßstab = Bildgröße : Originalgröße
  Maßstäbe für eine **Verkleinerung** sind z. B. 1 : 100, 1 : 10 000 und 1 : 500 000.
  Maßstäbe für eine **Vergrößerung** sind z. B. 2 : 1, 20 : 1 und 100 : 1.
- Beim maßstäblichen Vergrößern bzw. Verkleinern bleiben alle **Winkel gleich** groß (Winkeltreue).
- Original- und Bildfigur stimmen in ihrer Gestalt überein, sie unterscheiden sich nur in ihrer Größe. Man sagt dann auch: Original- und Bildfigur sind **ähnlich**.

Beispiel

Was bedeutet auf einer Landkarte der Maßstab 1 : 2 000 000?

Lösung:

Länge auf der Karte	reale Länge
1 cm	2 000 000 cm
1 cm	20 000 m
1 cm	20 km

Der Maßstab 1 : 2 000 000 bedeutet, dass 1 cm auf der Karte 20 km in Wirklichkeit entspricht.

Aufgaben

161

Eine Reisegruppe hat drei Landkarten von Frankreich mit folgenden Maßstäben im Gepäck:
Karte A: 1 : 800 000
Karte B: 1 : 1 000 000
Karte C: 1 : 2 500 000

a) Welche Entfernung stellen die Karten jeweils auf 1 cm dar?

b) Welche Entfernung stellen die Karten jeweils auf 10 cm dar?

162 Um Bakterien durch ein Mikroskop sehen zu können, benötigt man eine 1 000-fache Vergrößerung.

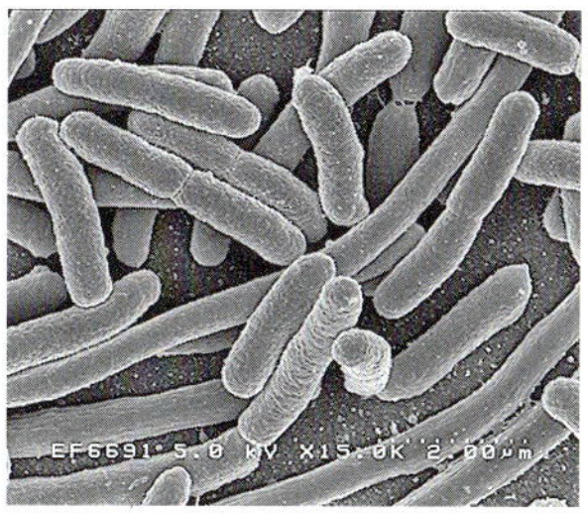

a) Gib den Maßstab der Vergrößerung an.

b) Wie groß erscheint eine Bakterie, die einen Durchmesser von 0,01 mm hat, durch die 1 000-fache Vergrößerung?

163 Der Grundriss zeigt das Obergeschoss eines neuen Hauses. Das Schlafzimmer soll zu Planungszwecken doppelt so groß gezeichnet werden.
Zeichne den vergrößerten Grundriss des Schlafzimmers und gib den neuen Maßstab an.

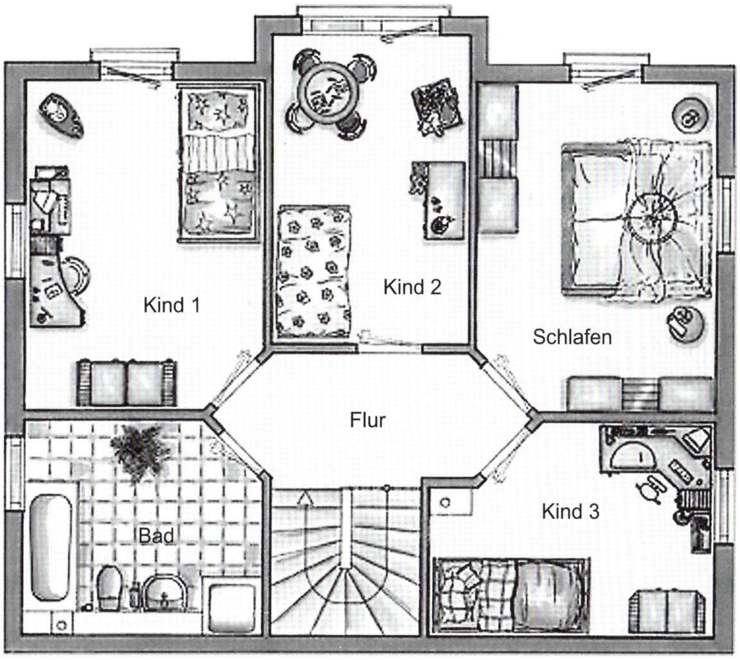

Maßstab 1 : 100

Merke

Zentrische Streckung

Eine zentrische Streckung ist durch das **Streckungszentrum Z** und den **Streckungsfaktor k** festgelegt. Mithilfe der zentrischen Streckung kannst du Figuren vergrößern oder verkleinern. Für k gilt:

- $k > 1 \Rightarrow$ Vergrößerung
- $k = 1 \Rightarrow$ Abbildung in Originalgröße
- $0 < k < 1 \Rightarrow$ Verkleinerung

Jede zentrische Streckung besitzt folgende **Eigenschaften**:

- Original- und Bildpunkt liegen auf einer Geraden durch das Streckungszentrum Z.
- Original- und Bildstrecke sind parallel zueinander.
- Das Längenverhältnis von Bild- zu Originalstrecke hat den Wert k.
- Original- und Bildwinkel sind gleich groß.

Beachte: k entspricht dem als Bruch geschriebenen Maßstab.

Beispiel

Strecke das Ausgangsdreieck ABC vom Zentrum Z aus …

- … mit dem Streckungsfaktor $k = 2$, sodass das Dreieck A'B'C' entsteht.
- … mit dem Streckungsfaktor $k = \frac{1}{2}$, sodass das Dreieck A"B"C" entsteht.

Lösung:

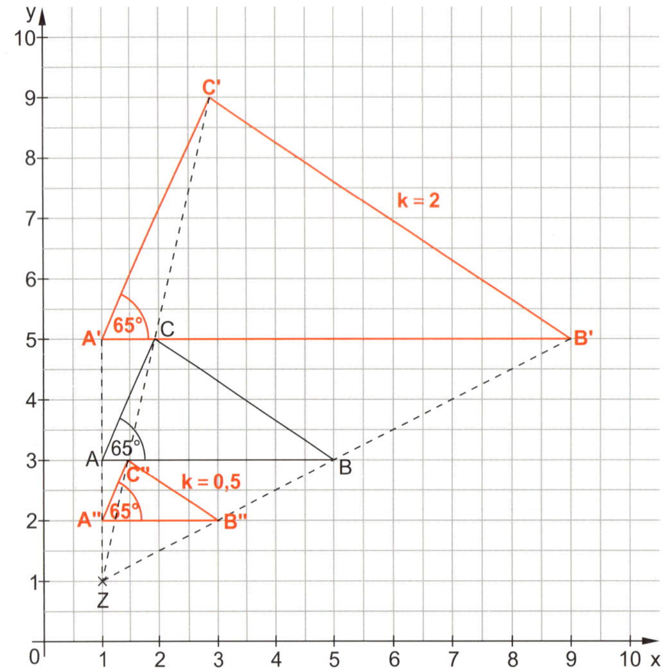

$k = 2$:
Alle Strecken im Dreieck A'B'C' sind doppelt so lang wie im Dreieck ABC.

$k = \frac{1}{2} = 0{,}5$:
Alle Strecken im Dreieck A"B"C" sind halb so lang wie im Dreieck ABC.

Aufgaben

164 Übertrage die Figuren in dein Heft und strecke sie jeweils vom Punkt Z aus mit dem angegebenen Streckungsfaktor k.

a) 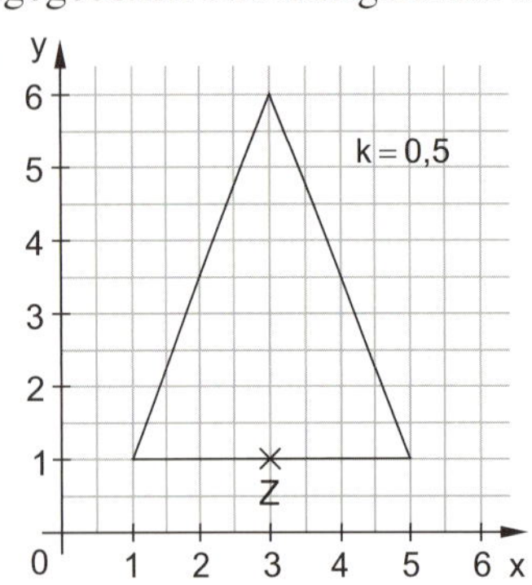

b) 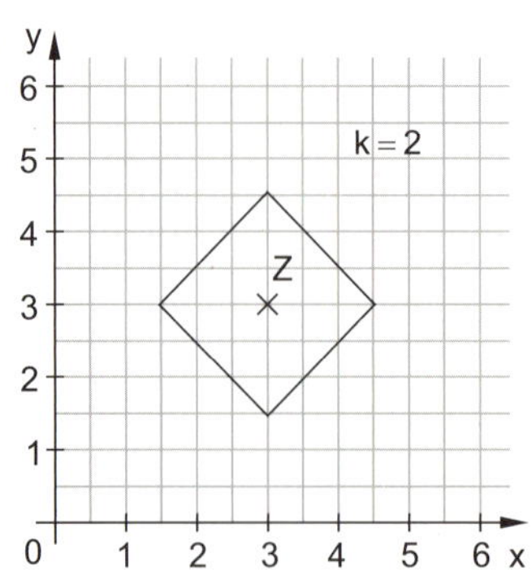

165 Zeichne die Punkte A(1 | 1), B(3 | 1), C(3 | 3), D(2 | 4,5) und E(1 | 3) in ein Koordinatensystem ein und verbinde sie.
Strecke das entstandene Fünfeck von Z(0 | 0) aus mit dem Streckungsfaktor $k = 2$.

166 Ein Dreieck ABC hat die Seitenlängen $\overline{AB} = 12$ cm, $\overline{AC} = 5$ cm und $\overline{BC} = 13$ cm.
Bestimme die Seitenlänge eines zum Dreieck ABC ähnlichen Dreiecks A'B'C', wobei das Verhältnis entsprechender Seiten $k = \frac{1}{2}$ ist.

5.2 Strahlensätze

Werden zwei Geraden, die sich in einem Punkt schneiden, von einem Paar paralleler Geraden geschnitten, so entstehen die zwei ähnlichen Dreiecke ΔAZB und $\Delta A'ZB'$ (siehe Abbildung).

Da für diese Dreiecke das Verhältnis der Längen entsprechender Strecken bzw. Seiten gleich ist (gleich dem Faktor k ist), lassen sich aus der Abbildung die folgenden als **Strahlensätze** bezeichneten Zusammenhänge ablesen.

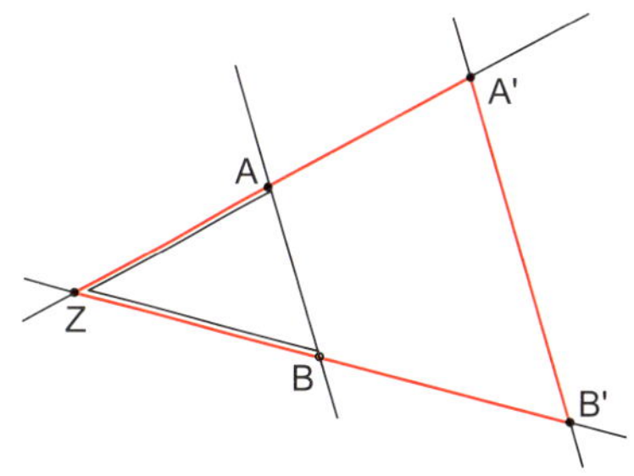

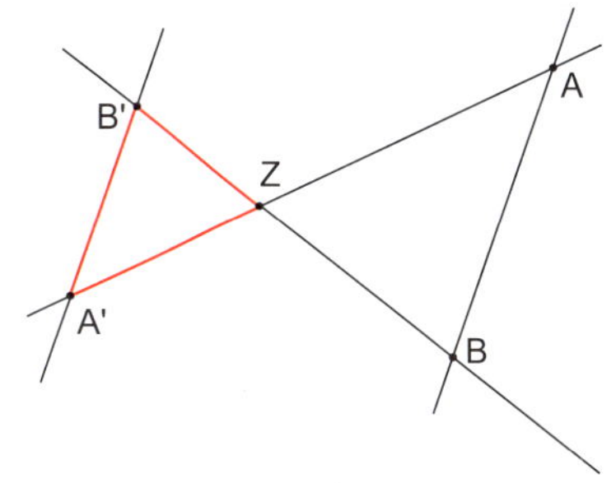

Merke

Strahlensätze

Werden zwei sich schneidende Geraden von einem Parallelenpaar geschnitten, so gelten folgende Verhältnisse:

1. Strahlensatz:

Die Strecken auf der einen Geraden verhalten sich wie die entsprechenden Strecken auf der anderen Geraden.

$$\frac{\overline{ZA}}{\overline{ZA'}} = \frac{\overline{ZB}}{\overline{ZB'}} \qquad \frac{\overline{ZA}}{\overline{AA'}} = \frac{\overline{ZB}}{\overline{BB'}}$$

2. Strahlensatz:

Die Strecken auf den parallelen Geraden verhalten sich wie die entsprechenden Strecken auf einer der beiden sich schneidenden Geraden.

$$\frac{\overline{AB}}{\overline{A'B'}} = \frac{\overline{ZA}}{\overline{ZA'}}$$

Beispiel

Berechne die Längen x und y der zugehörigen Strecken.

a)

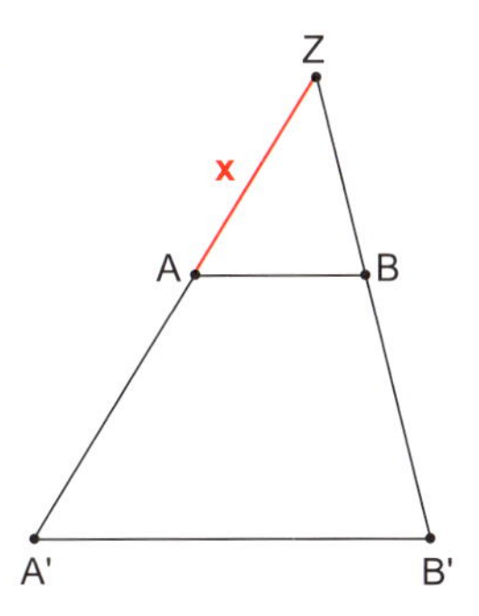

bekannt:

$\overline{ZB} = 3\text{ cm};\ \overline{ZB'} = 7\text{ cm};\ \overline{ZA'} = 8\text{ cm}$

Berechnung von x (1. Strahlensatz):

$$\frac{\overline{ZA}}{\overline{ZA'}} = \frac{\overline{ZB}}{\overline{ZB'}}$$

$$\frac{x}{8\text{ cm}} = \frac{3\text{ cm}}{7\text{ cm}} \quad \Big|\cdot 8\text{ cm}$$

$$x = 8\text{ cm}\cdot\frac{3\text{ cm}}{7\text{ cm}}$$

$$x \approx 3{,}43\text{ cm}$$

b)

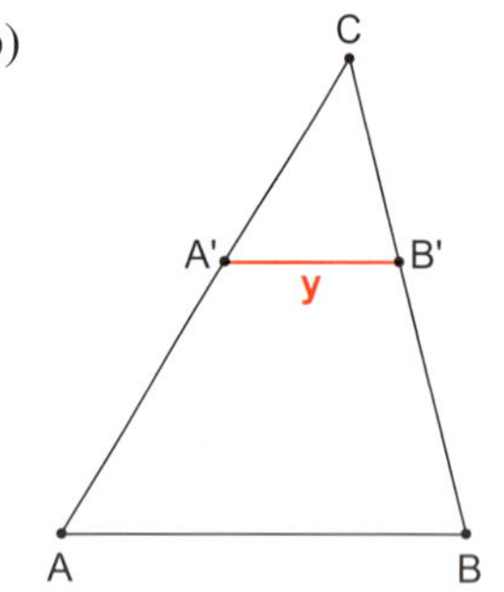

bekannt:

$\overline{AB} = 6\,\text{cm}$; $\overline{CB} = 7\,\text{cm}$; $\overline{CB'} = 3\,\text{cm}$

Berechnung von y (2. Strahlensatz):

$$\frac{\overline{A'B'}}{\overline{AB}} = \frac{\overline{CB'}}{\overline{CB}}$$

$$\frac{y}{6\,\text{cm}} = \frac{3\,\text{cm}}{7\,\text{cm}} \quad |\cdot 6\,\text{cm}$$

$$y = 6\,\text{cm} \cdot \frac{3\,\text{cm}}{7\,\text{cm}}$$

$$y \approx 2{,}57\,\text{cm}$$

c)

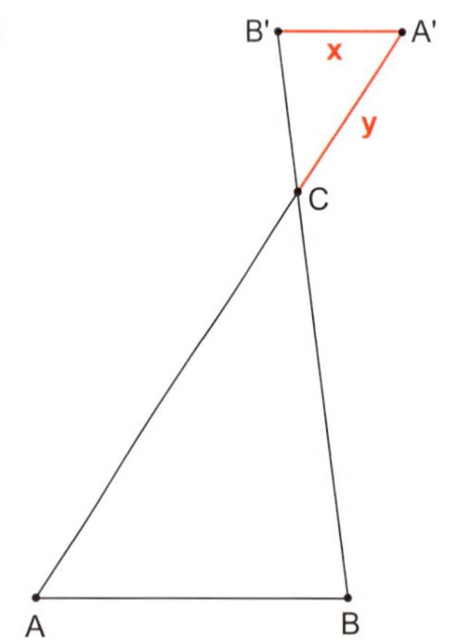

bekannt:

$\overline{AB} = 8\,\text{cm}$; $\overline{BC} = 10\,\text{cm}$; $\overline{B'C} = 4\,\text{cm}$; $\overline{AC} = 12\,\text{cm}$

Berechnung von x:

$$\frac{\overline{A'C}}{\overline{AC}} = \frac{\overline{B'C}}{\overline{CB}}$$

$$\frac{y}{12\,\text{cm}} = \frac{4\,\text{cm}}{10\,\text{cm}} \quad |\cdot 12\,\text{cm}$$

$$y = 12\,\text{cm} \cdot \frac{4\,\text{cm}}{10\,\text{cm}}$$

$$y = 4{,}8\,\text{cm}$$

Berechnung von y:

$$\frac{\overline{B'A'}}{\overline{AB}} = \frac{\overline{CA'}}{\overline{AC}}$$

$$\frac{x}{8\,\text{cm}} = \frac{4{,}8\,\text{cm}}{12\,\text{cm}} \quad |\cdot 8\,\text{cm}$$

$$x = 8\,\text{cm} \cdot \frac{4{,}8\,\text{cm}}{12\,\text{cm}}$$

$$x = 3{,}2\,\text{cm}$$

Aufgaben

167

In der nebenstehenden Zeichnung sind die Geraden AB und CD parallel.
Welche der angegebenen Verhältnisse sind richtig, welche falsch?

a) $\dfrac{\overline{ZA}}{\overline{ZC}} = \dfrac{\overline{ZB}}{\overline{ZD}}$ b) $\dfrac{\overline{ZA}}{\overline{ZC}} = \dfrac{x}{y}$

c) $\dfrac{\overline{ZD}}{\overline{ZB}} = \dfrac{x}{y}$ d) $\dfrac{\overline{ZA}}{\overline{ZA} + \overline{AC}} = \dfrac{x}{y}$

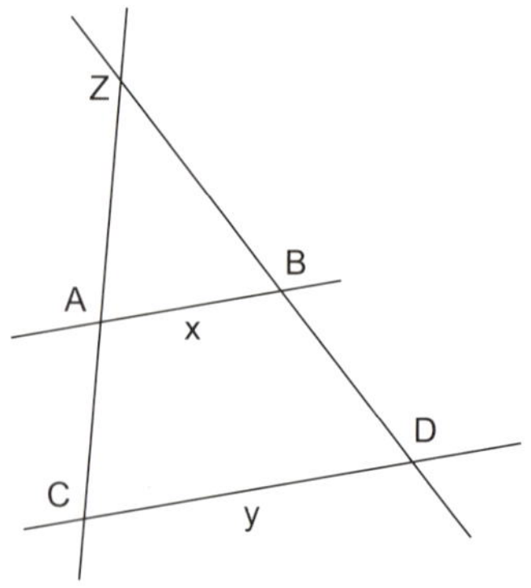

168

Berechne die Längen x und y der entsprechenden Strecken.

a) $\overline{AB} = 8\,\text{cm}$
$\overline{BC} = 7\,\text{cm}$
$\overline{AC} = 9\,\text{cm}$
$\overline{CD} = 5\,\text{cm}$

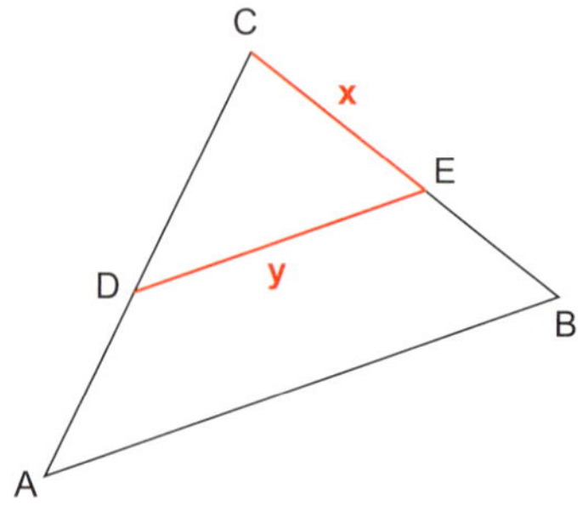

b) $\overline{AB} = 10\,\text{cm}$
$\overline{BC} = 10\,\text{cm}$
$\overline{AC} = 9\,\text{cm}$
$\overline{BE} = 6\,\text{cm}$

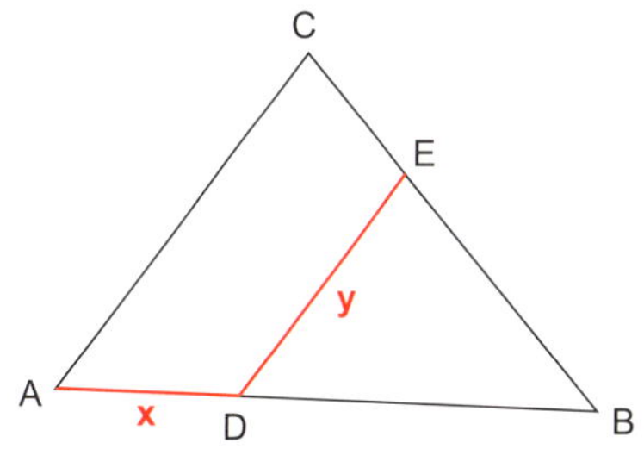

169 Ein Turm wirft einen 40 m langen Schatten, während ein senkrecht gestellter Meterstab (zur selben Zeit) einen 65 cm langen Schatten wirft. Wie hoch ist der Turm?

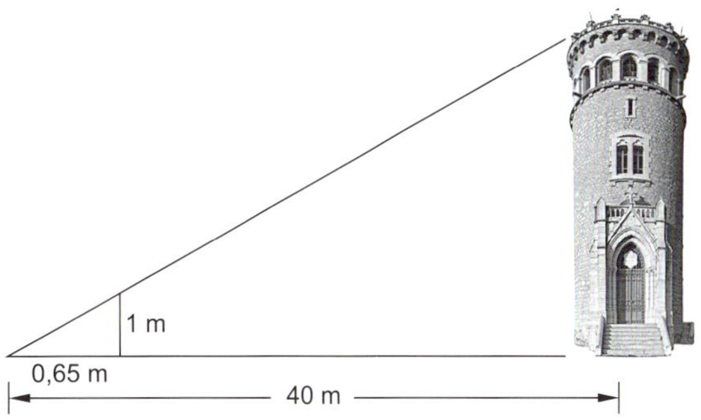

170 Ein Foto wird vergrößert. Bestimme die Seitenlänge x des vergrößerten Bilds.

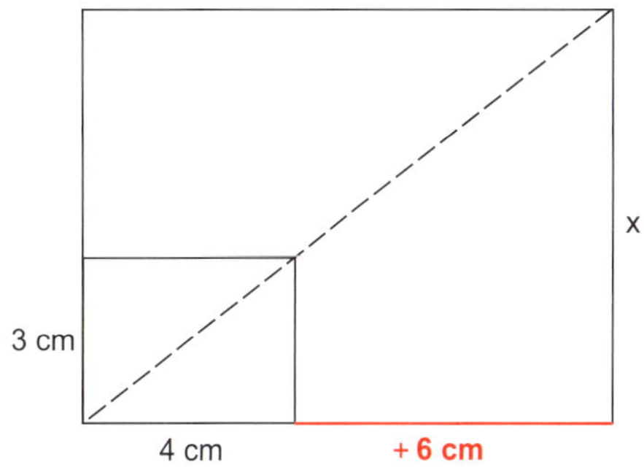

171 In der nebenstehenden Zeichnung sind die Strecken x, y und z parallel. Welche der angegebenen Verhältnisse sind richtig, welche falsch?

a) $\frac{a}{a+b} = \frac{c}{c+d}$ b) $\frac{a}{b} = \frac{x}{y}$

c) $\frac{a}{b} = \frac{c}{d}$ d) $\frac{c+d}{c} = \frac{y}{x}$

e) $\frac{a}{f} = \frac{c}{e}$ f) $\frac{x}{z} = \frac{a}{f}$

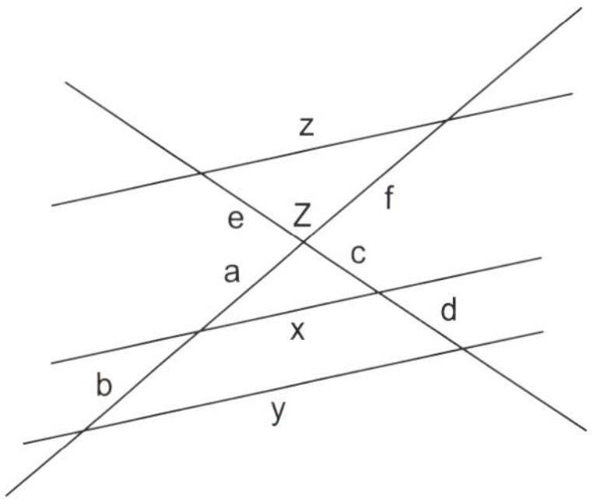

6 Der Satz des Pythagoras

Merke

Bezeichnungen im rechtwinkligen Dreieck

Ein Dreieck mit einem rechten Winkel (= 90°) wird als **rechtwinkliges Dreieck** bezeichnet. Die Dreieckseite (hier: die Seite c), die dem rechten Winkel gegenüber liegt, heißt **Hypotenuse** und ist die **längste Dreiecksseite**.

Die beiden anderen Seiten (hier: a und b), die den rechten Winkel einschließen, werden als **Katheten** bezeichnet.

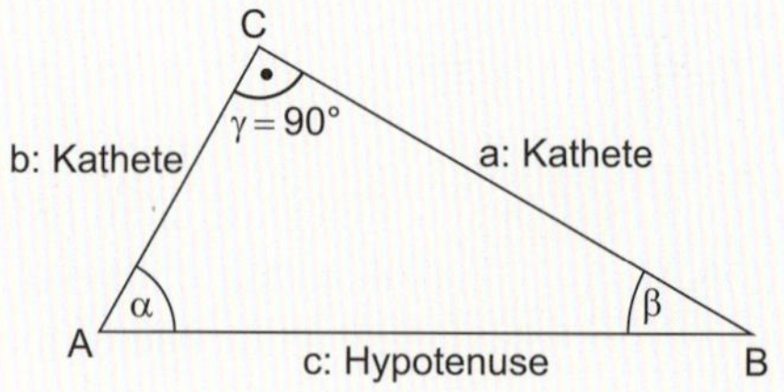

In jedem rechtwinkligen Dreieck gilt der Satz des Pythagoras. Entscheidend bei diesem Satz sind die Quadrate über der Hypotenuse (Hypotenusenquadrat) und über den Katheten (Kathetenquadrate). Es handelt sich also um einen Flächensatz.

Merke

Der Satz des Pythagoras

Die **Quadrate über den Katheten** eines rechtwinkligen Dreiecks haben **zusammen** den **gleichen Flächeninhalt** wie das **Quadrat über der Hypotenuse**.

$a^2 + b^2 = c^2$

Umgekehrt ist **jedes Dreieck**, für das **diese Beziehung erfüllt** ist, **rechtwinklig**.

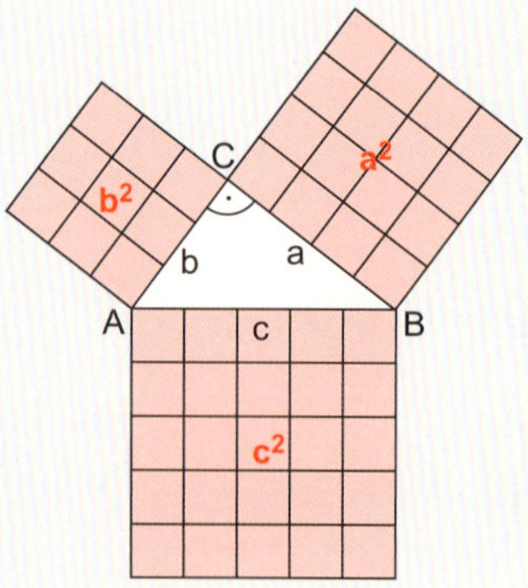

Beachte: Der Satz des Pythagoras gilt **nur** in einem rechtwinkligen Dreieck. Die Hypotenuse liegt immer **gegenüber** des rechten Winkels.

Beispiele

1. Berechne die Hypotenuse c.

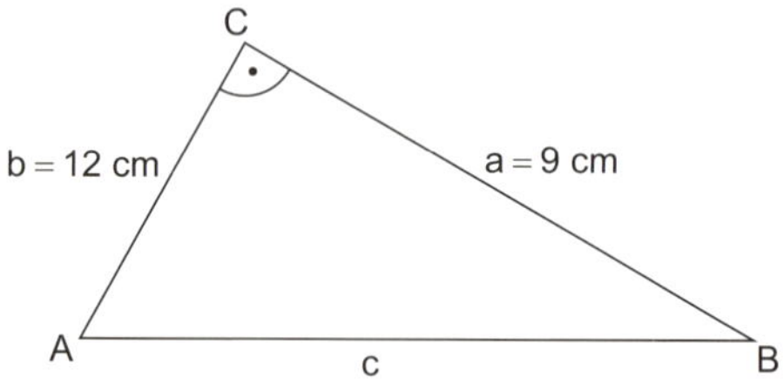

Lösung:

$a^2 + b^2 = c^2$ — Aufstellen der Formel, sodass das Hypotenusenquadrat alleine auf der rechten Seite steht.

$(9\text{ cm})^2 + (12\text{ cm})^2 = c^2$ — Einsetzen der gegebenen Werte.

$81\text{ cm}^2 + 144\text{ cm}^2 = c^2$ — Addieren der beiden Kathetenquadrate.

$225\text{ cm}^2 = c^2 \quad |\sqrt{\ }$ — Durch Wurzelziehen die Seitenlänge berechnen.

$15\text{ cm} = c$

2. Berechne die Hypotenuse a.

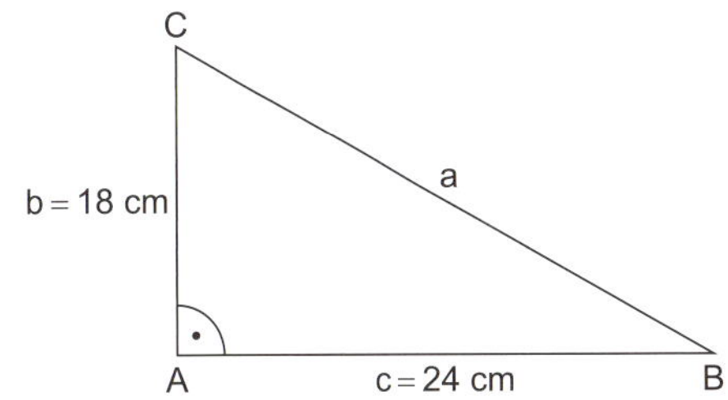

Lösung:

$b^2 + c^2 = a^2$	Aufstellen der Formel, sodass das Hypotenusenquadrat alleine auf der rechten Seite steht.
$(18\text{ cm})^2 + (24\text{ cm})^2 = a^2$	Einsetzen der gegebenen Werte.
$324\text{ cm}^2 + 576\text{ cm}^2 = a^2$	Addieren der beiden Kathetenquadrate.
$900\text{ cm}^2 = a^2 \quad \vert\sqrt{\ }$	Durch Wurzelziehen die Seitenlänge berechnen.
$30\text{ cm} = a$	

3. Berechne die Kathete b.

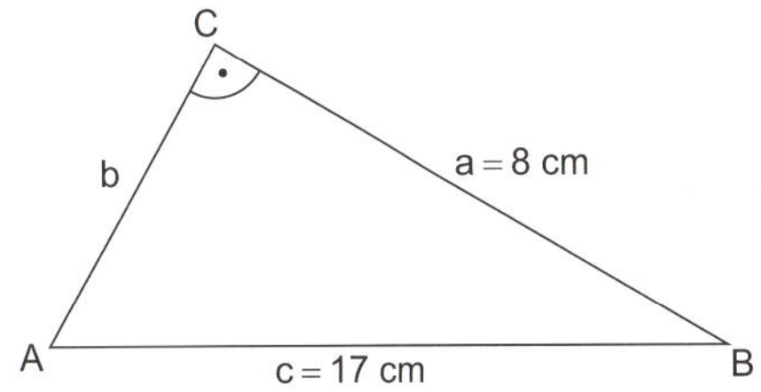

Lösung:

$a^2 + b^2 = c^2$	Aufstellen der Formel, sodass das Hypotenusenquadrat alleine auf der rechten Seite steht.
$(8\text{ cm})^2 + b^2 = (17\text{ cm})^2$	Einsetzen der gegebenen Werte.
$64\text{ cm}^2 + b^2 = 289\text{ cm}^2 \quad \vert -64\text{ cm}^2$	Das Quadrat der gesuchten Kathete b isolieren.
$b^2 = 225\text{ cm}^2 \quad \vert\sqrt{\ }$	Von der Fläche des Kathetenquadrates durch Wurzelziehen die Seitenlänge berechnen.
$b = 15\text{ cm}$	

4. Prüfe durch Rechnung, ob die Dreiecke rechtwinklig sind.

a) $a = 8$ cm; $b = 6$ cm; $c = 10$ cm

b) $a = 8$ cm; $b = 4$ cm; $c = 6$ cm

Lösung:

a) $64\text{ cm}^2 + 36\text{ cm}^2 = 100\text{ cm}^2$
Das Dreieck ist **rechtwinklig**.

Die längste Seite müsste die Hypotenuse sein. Quadriere alle Seitenlängen und prüfe, ob der Satz des Pythagoras gilt.

b) $36\text{ cm}^2 + 16\text{ cm}^2 \neq 64\text{ cm}^2$
Das Dreieck ist **nicht rechtwinklig**.

Achtung: Hier ist a die längste Seite!

5. Berechne die Länge der Raumdiagonalen f des Quaders.

$a = 24$ cm
$b = 18$ cm
$c = 16$ cm

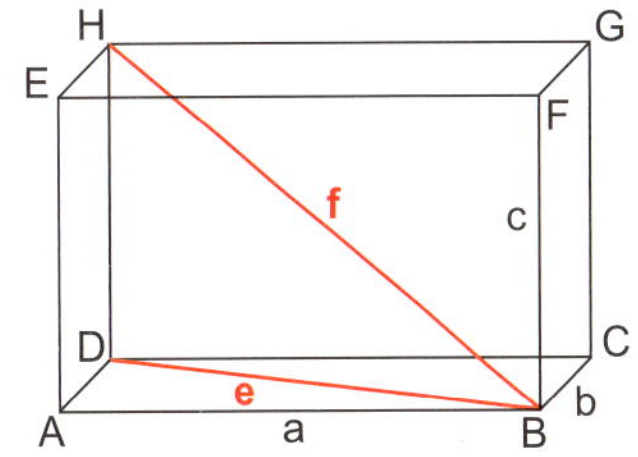

Lösung:

Um die Raumdiagonale f zu berechnen, musst du zweimal hintereinander den Satz des Pythagoras anwenden: Bestimme zuerst die Flächendiagonale e, die eine Kathete im rechtwinkligen Dreieck DBH ist.

1. Berechnung der Flächendiagonalen e:

$$a^2 + b^2 = e^2$$ e ist die Hypotenuse im rechtwinkligen Dreieck ABD.

$$(24\text{ cm})^2 + (18\text{ cm})^2 = e^2$$
$$576\text{ cm}^2 + 324\text{ cm}^2 = e^2$$
$$900\text{ cm}^2 = e^2 \quad |\sqrt{\ }$$
$$30\text{ cm} = e$$

2. Berechnung der Raumdiagonalen f:

$$c^2 + e^2 = f^2$$ f ist die Hypotenuse im rechtwinkligen Dreieck DBH.

$$(16\text{ cm})^2 + (30\text{ cm})^2 = f^2$$
$$256\text{ cm}^2 + 900\text{ cm}^2 = f^2$$
$$1156\text{ cm}^2 = f^2 \quad |\sqrt{\ }$$
$$34\text{ cm} = f$$

Aufgaben

172 Ergänze die fehlenden Seitenlängen der rechtwinkligen Dreiecke.

	Kathete a	Kathete b	Hypotenuse c
a)	15 cm	20 cm	
b)	6 cm	9 cm	
c)	20 cm		52 cm
d)		12 cm	16 cm

173 Berechne jeweils die fehlende Seite im rechtwinkligen Dreieck.

a)
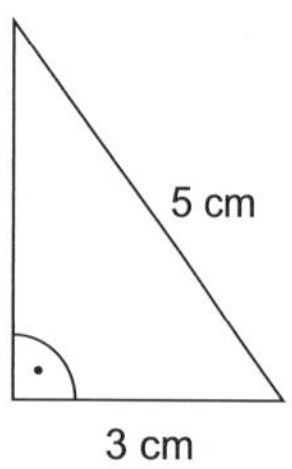

b)
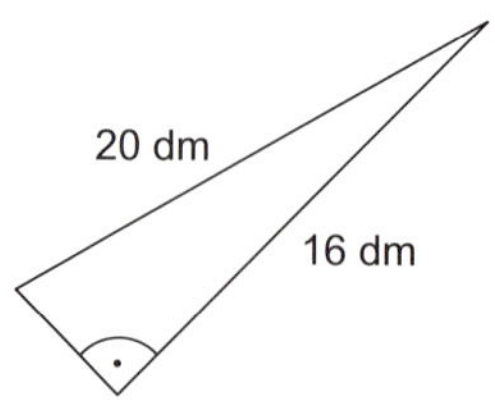

c)
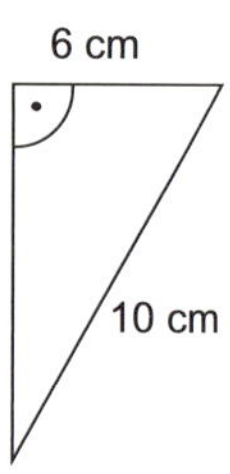

d)
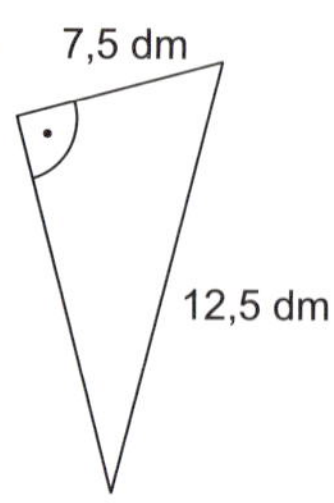

174 Überprüfe durch Rechnung, ob das Dreieck rechtwinklig ist.

	Seitenlänge a	Seitenlänge b	Seitenlänge c
a)	4 cm	11 cm	13 cm
b)	18 m	24 m	30 m
c)	15 dm	20 dm	25 dm
d)	8 cm	15 cm	17 cm

175 Elke überlegt vor dem Umzug in die neue Wohnung, ob sie ihren großen quadratischen Spiegel durch die Badezimmertür bekommt. Ihre Messungen ergeben, dass der Spiegel eine Kantenlänge von genau 2,20 m hat. Der Türausschnitt ist 2,10 m hoch und 0,80 m breit.
Passt der Spiegel durch die Tür?

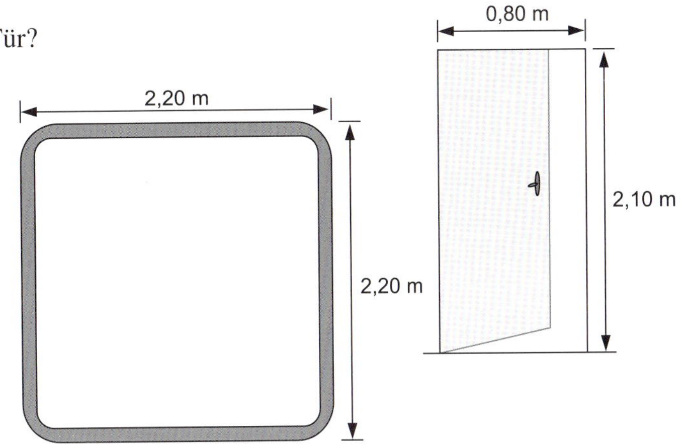

176 Berechne die fehlenden Strecken (alle Maße in cm).
Runde die Ergebnisse auf eine Dezimalstelle.

a)

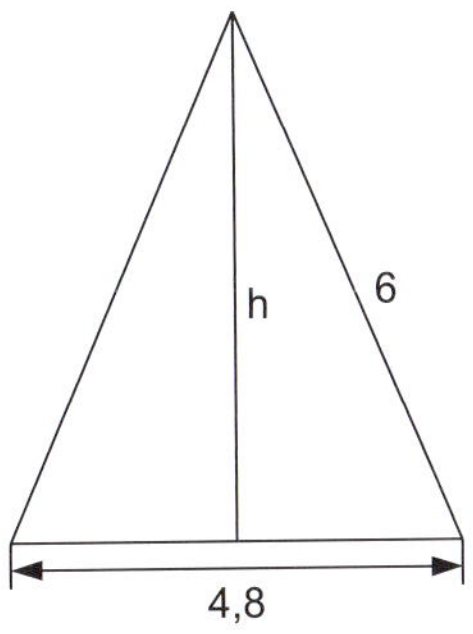

b)

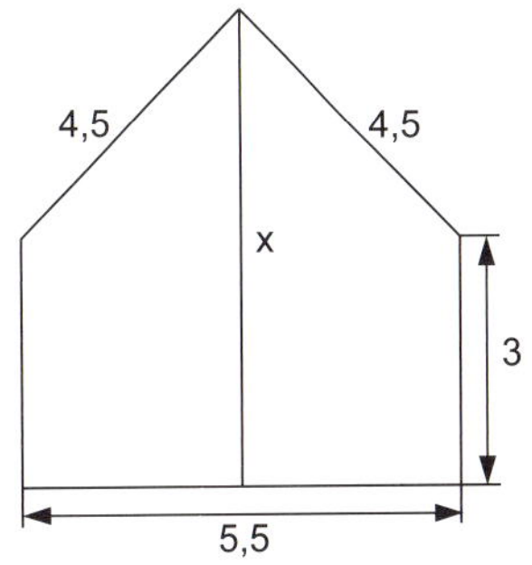

c)

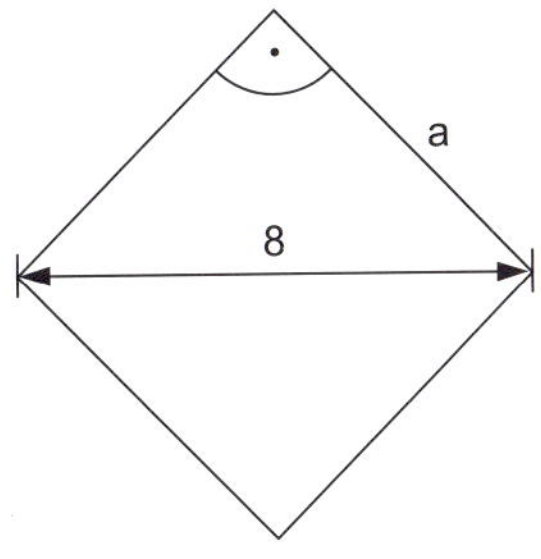

d)

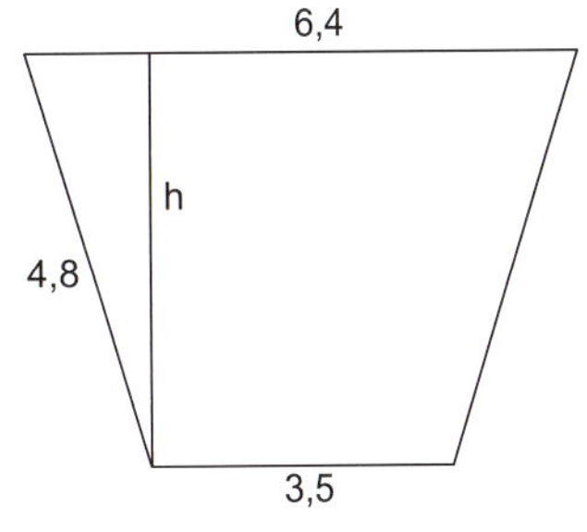

e)

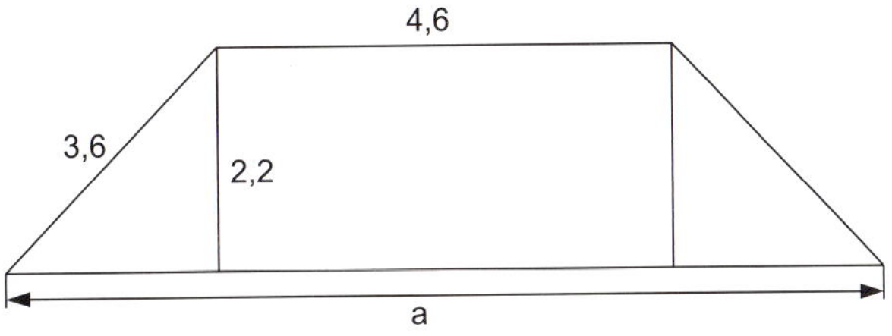

177 Im Dreieck ABC sind $\overline{AC} = 10$ cm, $\overline{AB} = 18$ cm und $\overline{AD} = 6$ cm.

a) Berechne die Länge der Strecke $\overline{BC}$.

b) Prüfe durch Rechnung, ob das Dreieck ABC rechtwinklig ist.

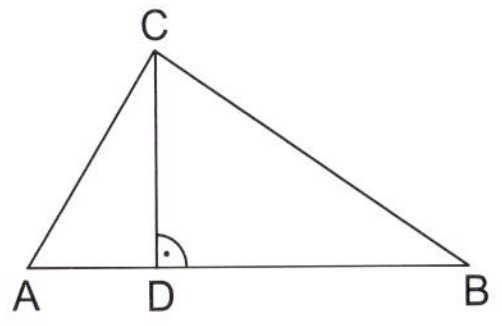

178 Yusuf möchte sich einen neuen Fernseher kaufen. Aus Platzgründen darf er maximal 45 cm hoch sein. Im Geschäft gefällt ihm ein OLED-Fernseher, der 70 cm breit ist und eine Bildschirmdiagonale von 32,4 Zoll hat (1 Zoll = 2,5 cm).
Passt der Fernseher in sein Zimmer?

179 Ein Bild im 16:9-Format ist 32 cm breit.
Berechne die Diagonale des Bildes.

180 Berechne die fehlenden Längen in den Pyramiden.

a) Berechne die Höhe des grauen Dreiecks.

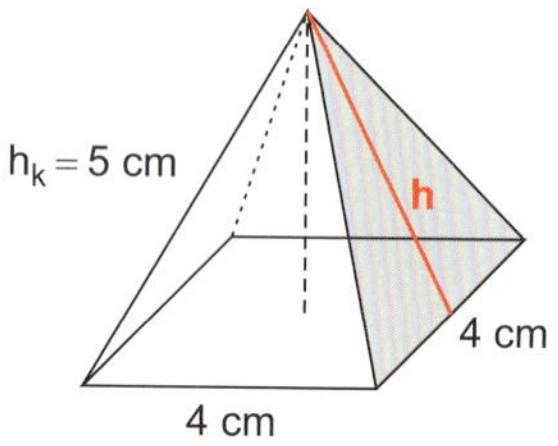

b) Berechne die Körperhöhe der quadratischen Pyramide.

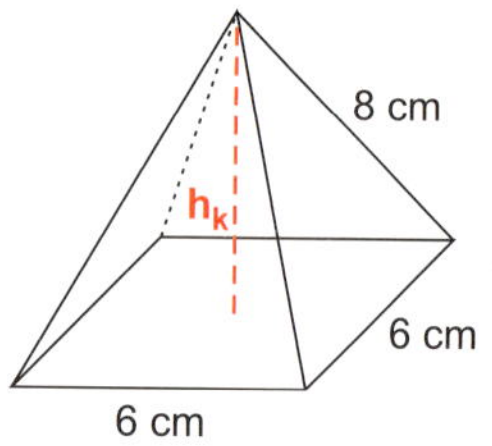

181 Berechne die Länge der Raumdiagonalen für einen Würfel mit der Kantenlänge a = 5 cm. Zeichne zuerst eine Skizze.

182 Die folgenden Pakete kannst du bei der Post kaufen:

Bezeichnung	Breite	Tiefe	Höhe
XL	50 cm	30 cm	20 cm
L	40 cm	25 cm	15 cm
M	35 cm	25 cm	12 cm
S	25 cm	17,5 cm	10 cm

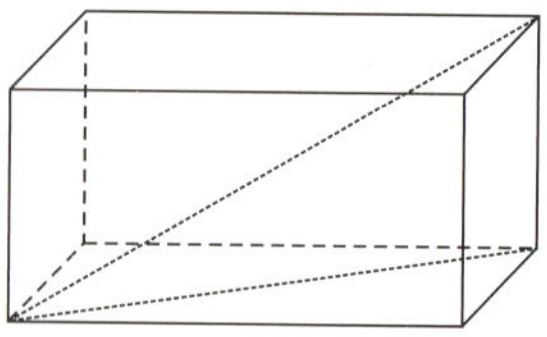

a) Welche Größe musst du kaufen, wenn du deinem Brieffreund eine Jonglierkeule mit der Länge von 49 cm möglichst preiswert zum Geburtstag schicken möchtest?

b) Welche Größe musst du kaufen, wenn du deiner Tante eine 35 cm lange Vase zu Weihnachten schicken möchtest?

Hinweis: Du kannst den Durchmesser der Jonglierkeule und der Vase vernachlässigen.

7 Trigonometrie

7.1 Trigonometrische Beziehungen im rechtwinkligen Dreieck

Zusätzlich zur Hypotenuse sind im folgenden Kapitel auch die Begriffe Ankathete und Gegenkathete von besonderer Bedeutung.

Merke

Ankathete und Gegenkathete

Die Begriffe Ankathete und Gegenkathete richten sich nach dem Winkel, den man betrachtet bzw. berechnet:

Die Kathete, die **gegenüber** des Winkels liegt, heißt **Gegenkathete**.

Die Kathete, die **am Winkel** anliegt (also einen Schenkel bildet), heißt **Ankathete**.

Beispiele

1.

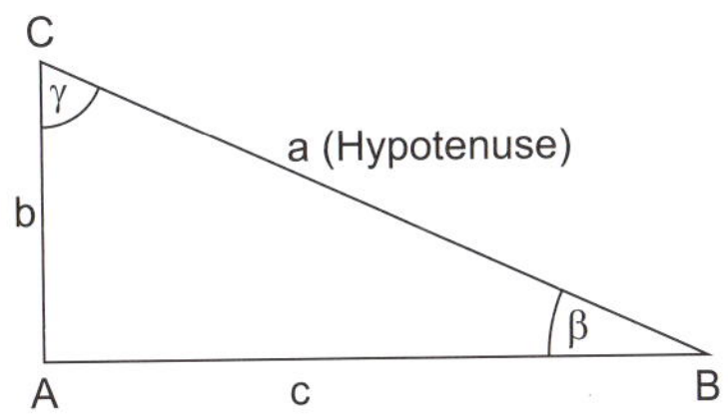

Betrachtet man den Winkel β, ist b die Gegenkathete und c die Ankathete.

Betrachtet man γ, ist c die Gegenkathete und b die Ankathete.

2.

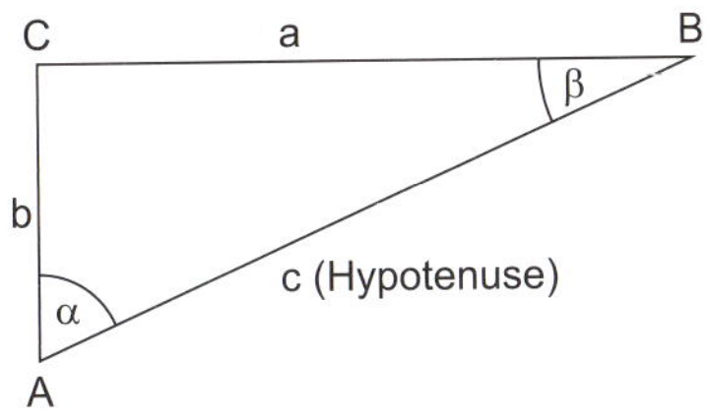

Betrachtet man den Winkel α, ist a die Gegenkathete und b die Ankathete.

Betrachtet man den Winkel β, ist b die Gegenkathete und a die Ankathete.

Im rechtwinkligen Dreieck können folgende Zusammenhänge genutzt werden:

Merke

Winkelfunktionen

Mithilfe der **Winkelfunktionen** kannst du Seitenlängen und Winkelgrößen im **rechtwinkligen Dreieck** berechnen:

- **Sinus:**

$$\sin\alpha = \frac{\text{Gegenkathete}}{\text{Hypotenuse}} = \frac{a}{c}$$

- **Kosinus:**

$$\cos\alpha = \frac{\text{Ankathete}}{\text{Hypotenuse}} = \frac{b}{c}$$

- **Tangens:**

$$\tan\alpha = \frac{\text{Gegenkathete}}{\text{Ankathete}} = \frac{a}{b}$$

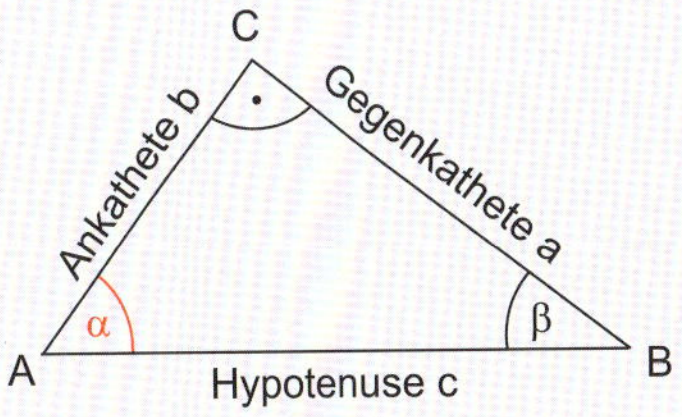

Beispiele

1. Berechne die Länge der Seiten a und b.

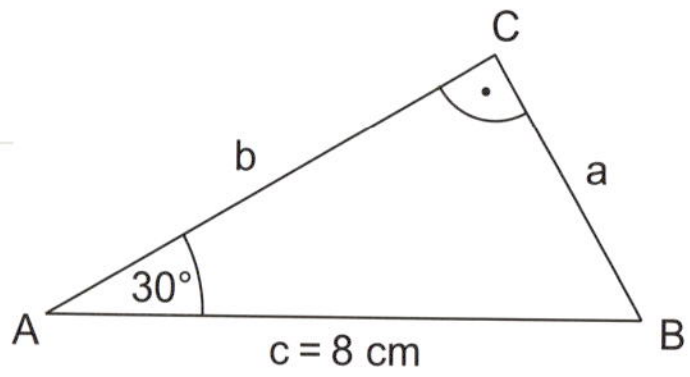

Lösung:

Wir betrachten den Winkel α, weil er gegeben ist.
⇒ a ≙ Gegenkathete, b ≙ Ankathete

Berechnung der Seitenlänge a:

$$\sin\alpha = \frac{\text{Gegenkathete}}{\text{Hypotenuse}}$$

$$\sin\alpha = \frac{a}{c}$$

$$\sin 30° = \frac{a}{8\,\text{cm}} \quad |\cdot 8\,\text{cm}$$

$$\sin 30° \cdot 8\,\text{cm} = a$$

$$4\,\text{cm} = a$$

Berechnung der Seitenlänge b:

$$\cos\alpha = \frac{\text{Ankathete}}{\text{Hypotenuse}}$$

$$\cos\alpha = \frac{b}{c}$$

$$\cos 30° = \frac{b}{8\,\text{cm}} \quad |\cdot 8\,\text{cm}$$

$$\cos 30° \cdot 8\,\text{cm} = b$$

$$6{,}93\,\text{cm} \approx b$$

2. Berechne den Winkel γ.

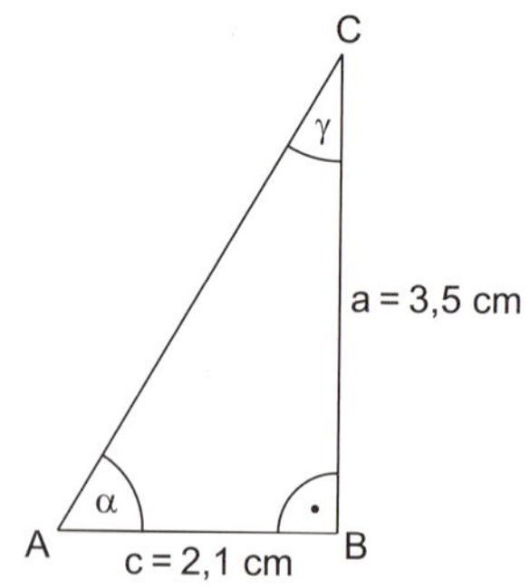

Lösung:

Wir betrachten den Winkel γ, weil er gesucht ist.
⇒ c ≙ Gegenkathete; a ≙ Ankathete

$$\tan\gamma = \frac{\text{Gegenkathete}}{\text{Ankathete}}$$

$$\tan\gamma = \frac{c}{a}$$

$$\tan\gamma = \frac{2{,}1\,\text{cm}}{3{,}5\,\text{cm}}$$

$$\tan\gamma = 0{,}6$$

$$\gamma \approx 30{,}96°$$

Tipp: Damit du die Winkelfunktionen im Gradmaß berechnen kannst, muss dein Taschenrechner im DEG-Modus sein. Mit den Tasten [SIN], [COS] und [TAN] ermittelst du die Werte der Winkelfunktionen. Mit den Umkehrtasten [SIN^{-1}], [COS^{-1}] und [TAN^{-1}] kannst du die zugehörigen Winkel bestimmen. Bevor du die Umkehrtasten drückst, musst du bei den meisten Rechnern die Taste [INV] bzw. [SHIFT] drücken.

Aufgaben

183 a) Welche Formel passt zu welchem Dreieck? Verbinde entsprechend.

b) Schreibe in jedes der drei leeren Kärtchen eine eigene Formel und verbinde sie ebenfalls mit dem richtigen Dreieck.

$\tan\beta = \frac{b}{a}$

$\sin\alpha = \frac{a}{c}$

$b^2 + c^2 = a^2$

$\cos\alpha = \frac{b}{a}$

$\tan\gamma = \frac{c}{b}$

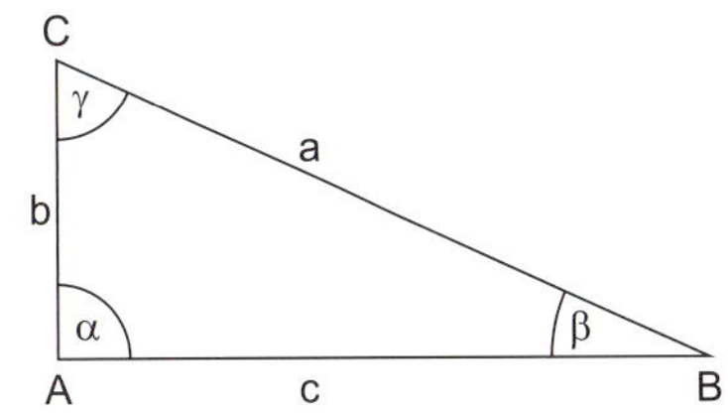

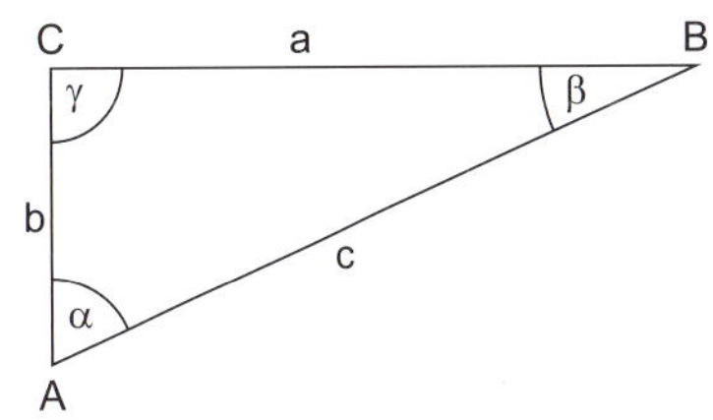

184 Berechne die fehlenden Seiten und Winkel der folgenden Dreiecke.

a)

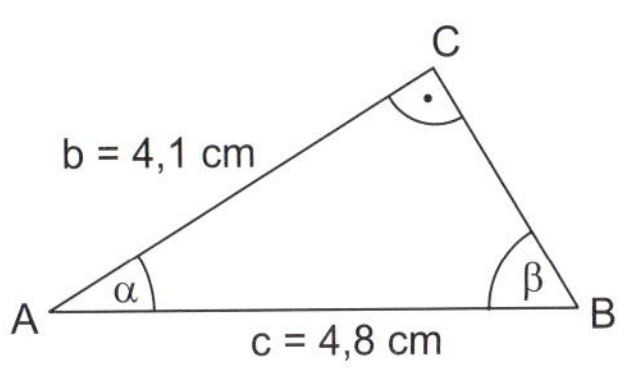

b)

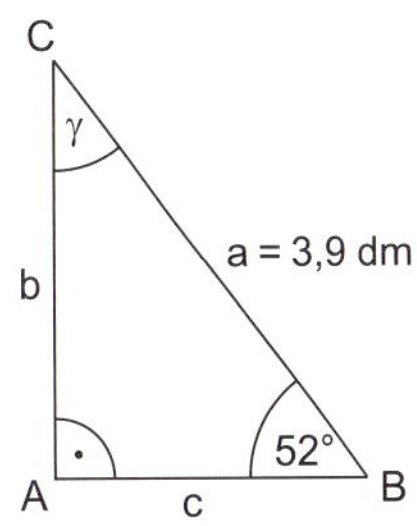

c)

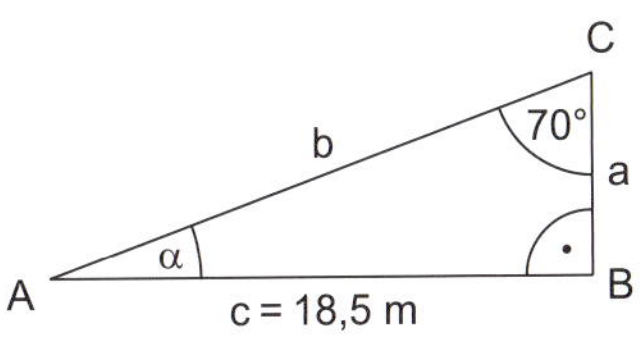

d)

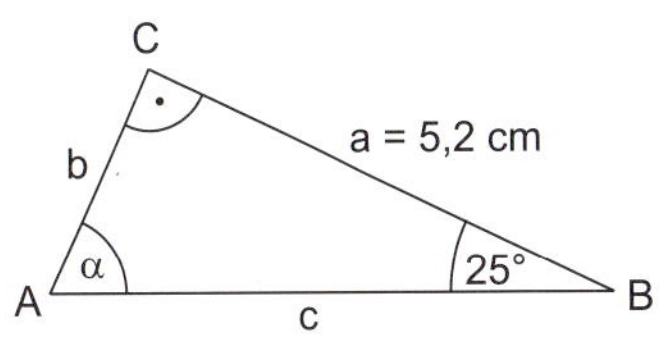

185 Berechne jeweils das Verhältnis $\frac{h}{s}$ und gib die Straßensteigung in Prozent an.
Wie groß ist der zugehörige Steigungswinkel α?

a) s = 120 m; h = 30 m

b) s = 280 m; h = 42 m

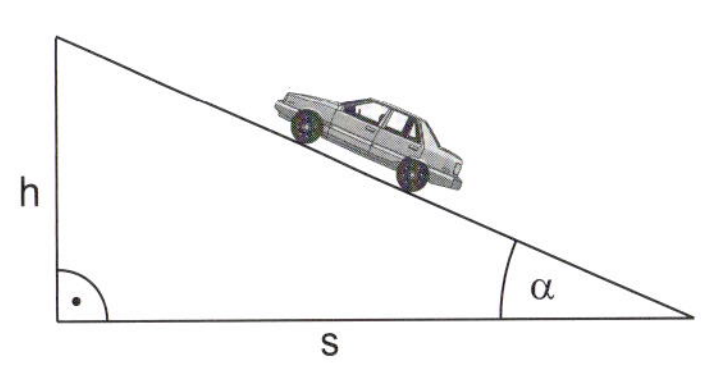

186 Die Spitze eines Turms erscheint in 50 m Entfernung unter einem Winkel von 20°.
Berechne die Höhe des Turms und beachte dabei eine Augenhöhe von 1,60 m.

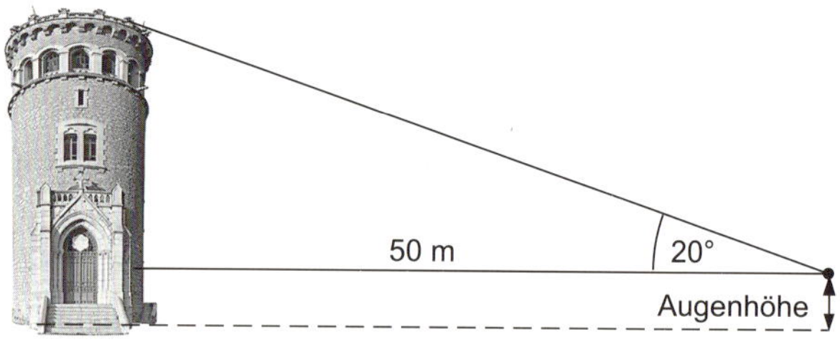

187 Beim allgemeinen Dreieck ABC sind die beiden Seitenlängen b = 6 cm und c = 10 cm sowie der Winkel α = 35° gegeben. Berechne die Seitenlänge a.

Tipp: Zerlege in rechtwinklige Dreiecke und wende die trigonometrischen Formeln an.

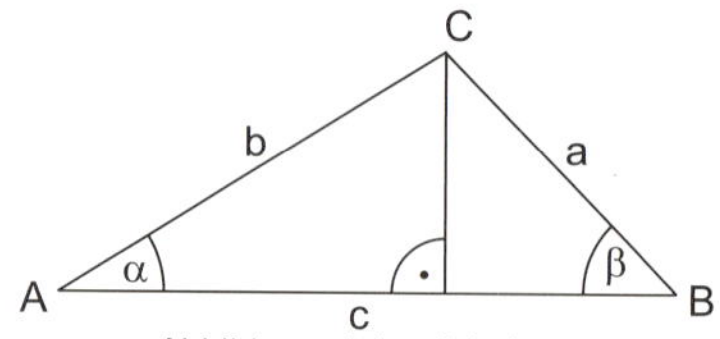

Abbildung nicht winkeltreu

188 Luis baut eine gleichschenklige Leiter auf, um eine Lampe an die Decke zu montieren.

a) Berechne die Länge der beiden Schenkel der Leiter.

b) Bestimme die Höhe der Leiter.

189 In der Schifffahrt wird die Neigung eines Schiffes zur Seite (die Krängung) wie in der Abbildung gemessen.
Ein Segelboot mit einer Breite von 2 m hat während seiner Fahrt eine Krängung von 20°. Wie groß ist der maximale Höhenunterschied h an Deck?

Tipp: Berechne zuerst den Winkel α.

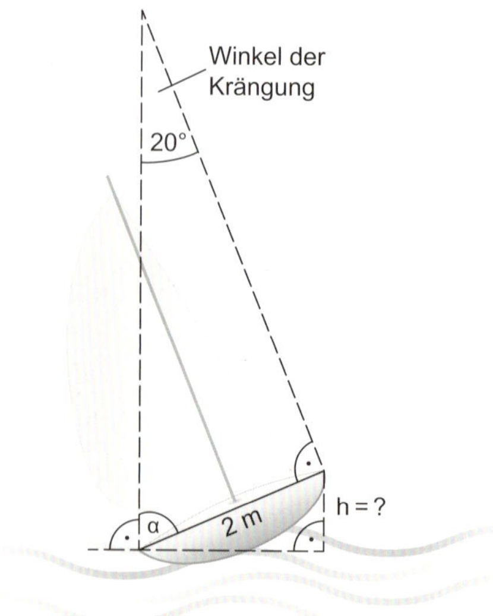

Abbildung nicht winkeltreu

7.2 Sinus- und Kosinussatz im allgemeinen Dreieck⊕

Merke

Sinus- und Kosinussatz

Mithilfe von Sinus- und Kosinussatz kannst du Seitenlängen und Winkelgrößen in **beliebigen Dreiecken** berechnen:

- **Sinussatz:**

$$\frac{a}{\sin\alpha} = \frac{b}{\sin\beta} = \frac{c}{\sin\gamma}$$

- **Kosinussatz:**

$$a^2 = b^2 + c^2 - 2 \cdot b \cdot c \cdot \cos\alpha$$
$$b^2 = a^2 + c^2 - 2 \cdot a \cdot c \cdot \cos\beta$$
$$c^2 = a^2 + b^2 - 2 \cdot a \cdot b \cdot \cos\gamma$$

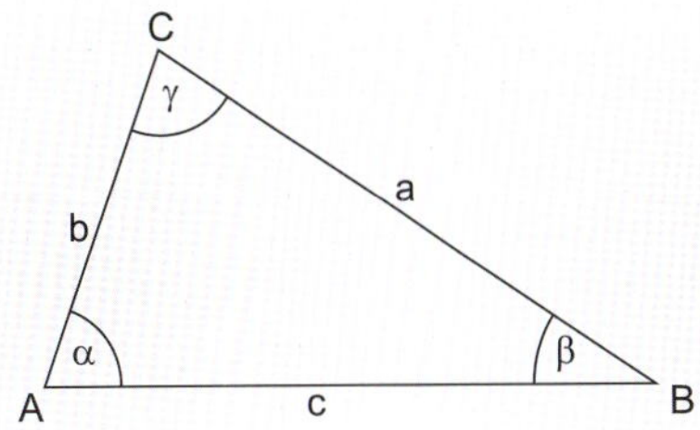

Beispiel

Beim Dreieck ABC sind c = 10 cm, b = 6 cm und $\alpha = 40°$ gegeben.
Berechne die Länge der Seite a sowie die Größe der Winkel β und γ.

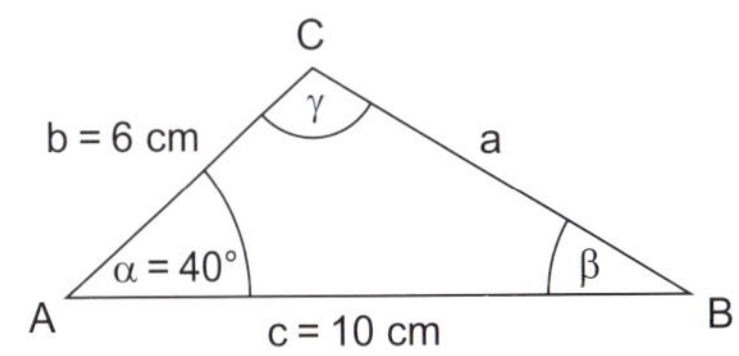

Lösung:

Seite a:

$$a^2 = b^2 + c^2 - 2 \cdot b \cdot c \cdot \cos\alpha$$
$$a^2 = (6\text{ cm})^2 + (10\text{ cm})^2 - 2 \cdot 6\text{ cm} \cdot 10\text{ cm} \cdot \cos 40°$$
$$a^2 \approx 36\text{ cm}^2 + 100\text{ cm}^2 - 120\text{ cm}^2 \cdot 0{,}766$$
$$a^2 \approx 44{,}08\text{ cm}^2$$
$$a \approx 6{,}64\text{ cm}$$

Berechne die Seite a mit dem Kosinussatz. Wähle immer die Version des Kosinussatzes, bei der das Quadrat der gesuchten Seite alleine auf der linken Seite steht.

Winkel β:

$$\frac{a}{\sin\alpha} = \frac{b}{\sin\beta}$$

$$\frac{6{,}64\text{ cm}}{\sin 40°} = \frac{6\text{ cm}}{\sin\beta} \quad |\cdot\sin 40° \quad |\cdot\sin\beta \quad |:6{,}64\text{ cm}$$

$$\sin\beta = \frac{6\text{ cm}}{6{,}64\text{ cm}} \cdot \sin 40°$$

$$\sin\beta \approx 0{,}581$$

$$\beta \approx 35{,}5°$$

Berechne den Winkel β über den Sinussatz.

Winkel γ:

$$\gamma = 180° - 40° - 35{,}5° = 104{,}5°$$

Die Winkelsumme im Dreieck beträgt 180°.

Aufgabe 190

Berechne die Größe der Winkel α und β, die Länge der Seite b, die Höhe h_b sowie den Flächeninhalt A des Dreiecks.

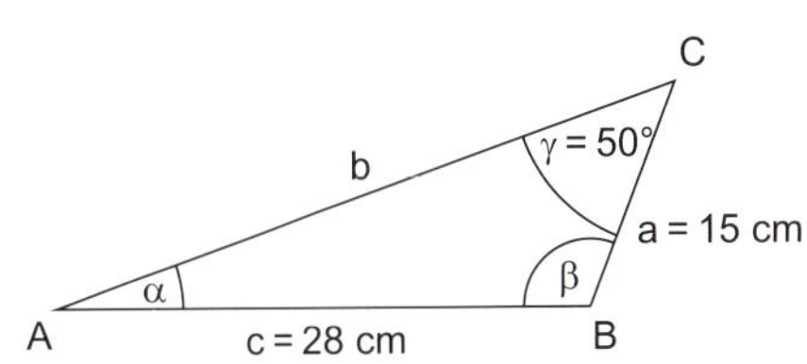

8 Flächen- und Umfangsberechnung

Die Berechnung des Flächeninhalts A benötigst du zum Beispiel bei:
- der Fläche einer Wiese, eines Feldes, einer Weide, eines Gartens, eines Sees
- der Wohnfläche, der Größe des Fußbodens (Parkett, Laminat, Fliesen)

Die Größe des Flächeninhaltes wird in den Flächeneinheiten mm^2, cm^2, dm^2, m^2, km^2, ha oder a angegeben.

Die Berechnung des Umfangs u benötigst du zum Beispiel bei:
- der Länge eines Zaunes, der Länge von Fußleisten und Geländern
- der Umrandung eines Spielfeldes, der Uferlänge eines Sees

Die Länge des Umfangs wird in mm, cm, dm, m und km angegeben.

Merke

Folgende Grundflächen sind von besonderer Bedeutung:

Quadrat

$A = a \cdot a = a^2$

$u = a + a + a + a$

$u = 4a$

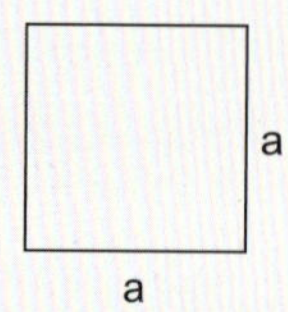

Rechteck

$A = a \cdot b$

$u = a + b + a + b$

$u = 2a + 2b$

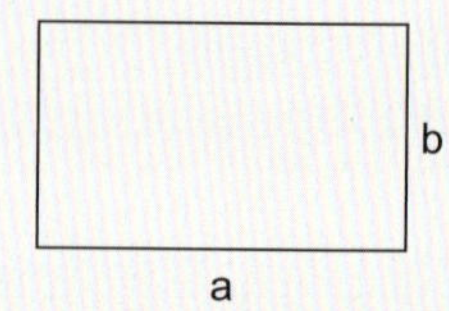

Parallelogramm

$A = a \cdot h_a$

$u = a + b + a + b$

$u = 2a + 2b$

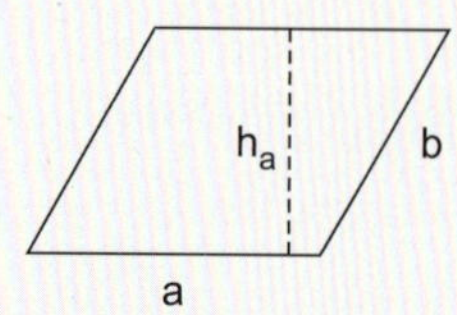

Trapez

$A = \frac{(a + c)}{2} \cdot h_a$

$u = a + b + c + d$

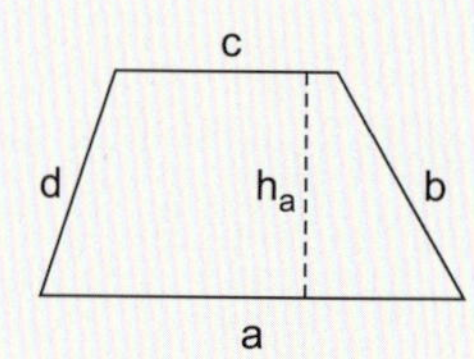

Dreieck

$A = \frac{c \cdot h_c}{2}$

$u = a + b + c$

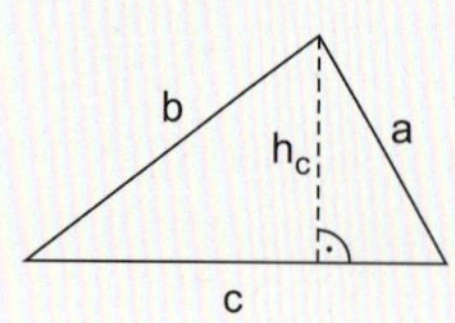

Kreis

$A = \pi \cdot r^2$

$u = 2\pi \cdot r = \pi \cdot d$

(Kreiszahl $\pi \approx 3{,}14$)

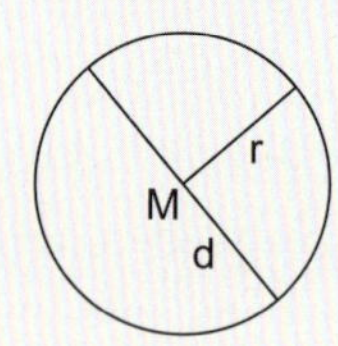

Aufgabe 191

Berechne für die gleichschenkligen Dreiecke jeweils den Flächeninhalt und den Umfang. Fehlende Werte kannst du mit dem Satz des Pythagoras berechnen.

a)

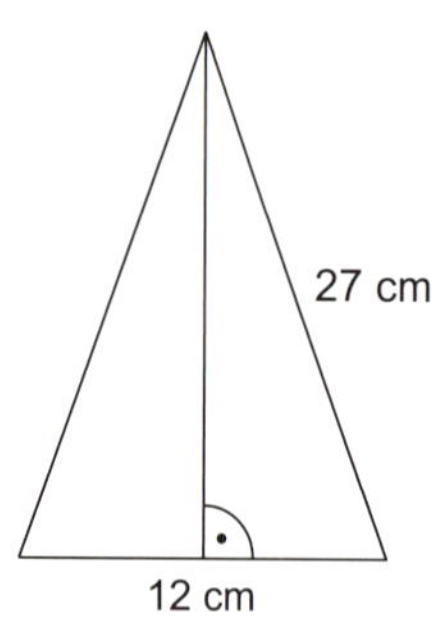

b)

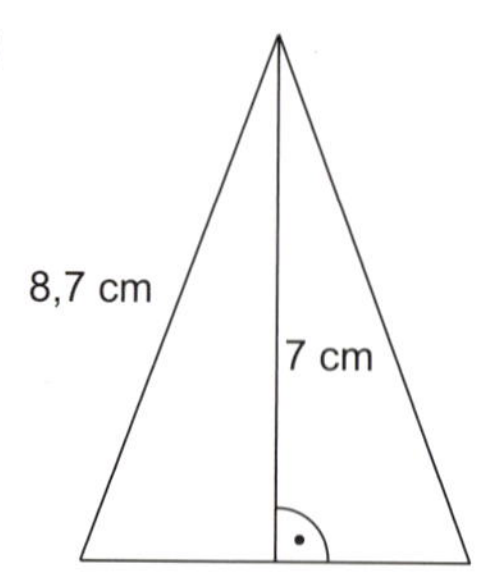

8.1 Zusammengesetzte Figuren

Merke

Flächeninhalt und Umfang zusammengesetzter Figuren

- Berechne den **Flächeninhalt** einer zusammengesetzten Figur, indem du sie zuerst in dir **bekannte Teilflächen aufteilst**. Berechne deren Flächeninhalte einzeln und **addiere** (bzw. subtrahiere) dann die Ergebnisse.
- Addiere bei der Berechnung des **Umfangs** einer zusammengesetzten Fläche nur die Längen der **äußeren Seitenlängen** dieser Flächen.

Beispiel

a) Berechne den Flächeninhalt der zusammengesetzten Figur.

b) Berechne den Umfang der zusammengesetzten Figur.

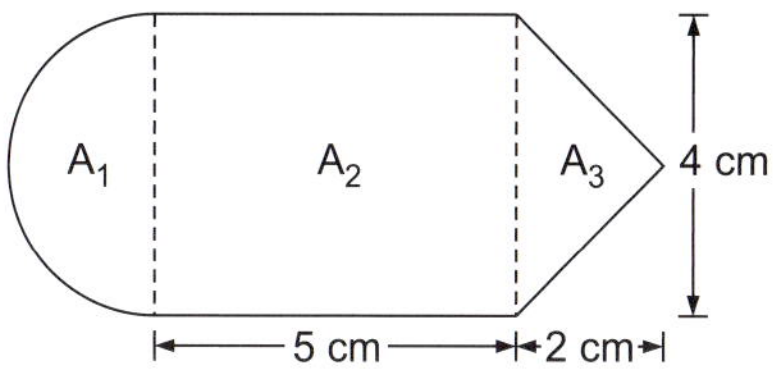

Maßstab 1 : 2

Lösung:

a) Die Figur wird in einen Halbkreis (A_1), ein Rechteck (A_2) und ein Dreieck (A_3) zerteilt.

A_1 vom Halbkreis:

$$A_1 = \frac{\pi \cdot r^2}{2}$$

$$A_1 = \frac{\pi \cdot (2\text{ cm})^2}{2}$$

$$A_1 \approx 6{,}28\text{ cm}^2$$

A_2 vom Rechteck:

$$A_2 = a \cdot b$$

$$A_2 = 5\text{ cm} \cdot 4\text{ cm}$$

$$A_2 = 20\text{ cm}^2$$

A_3 vom Dreieck:

$$A_3 = \frac{g \cdot h}{2}$$

$$A_3 = \frac{4\text{ cm} \cdot 2\text{ cm}}{2}$$

$$A_3 = 4\text{ cm}^2$$

$$A_{gesamt} = A_1 + A_2 + A_3$$

$$A_{gesamt} = 6{,}28\text{ cm}^2 + 20\text{ cm}^2 + 4\text{ cm}^2$$

$$A_{gesamt} = 30{,}28\text{ cm}^2$$

b) Berechnung des Umfangs:
Fehlende Seitenlänge des Dreiecks mit dem Satz des Pythagoras berechnen:

$$a^2 + b^2 = c^2$$

$$(2\text{ cm})^2 + (2\text{ cm})^2 = c^2$$

$$4\text{ cm}^2 + 4\text{ cm}^2 = c^2 \quad |\sqrt{}$$

$$2{,}83\text{ cm} \approx c$$

$$u = \text{Halbkreisbogen} + 5\text{ cm} + 2{,}83\text{ cm} + 2{,}83\text{ cm} + 5\text{ cm}$$

$$u = \frac{\pi \cdot d}{2} + 10\text{ cm} + 5{,}66\text{ cm}$$

$$u = \frac{\pi \cdot 4\text{ cm}}{2} + 10\text{ cm} + 5{,}66\text{ cm}$$

$$u \approx 6{,}28\text{ cm} + 10\text{ cm} + 5{,}66\text{ cm}$$

$$u \approx 21{,}94\text{ cm}$$

Aufgaben

192 Bestimme den Flächeninhalt der Figuren (alle Maße in cm).

a)

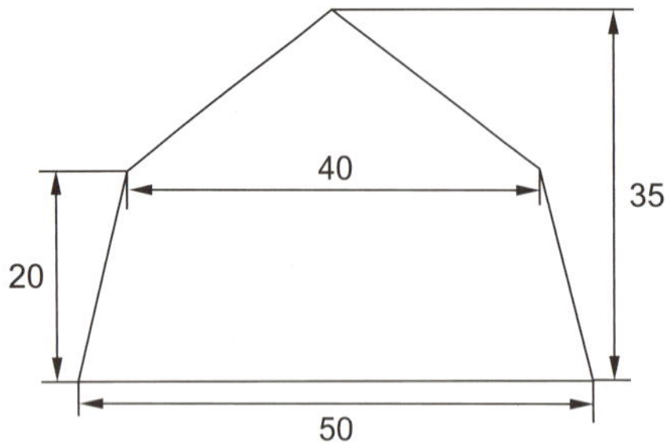

b)

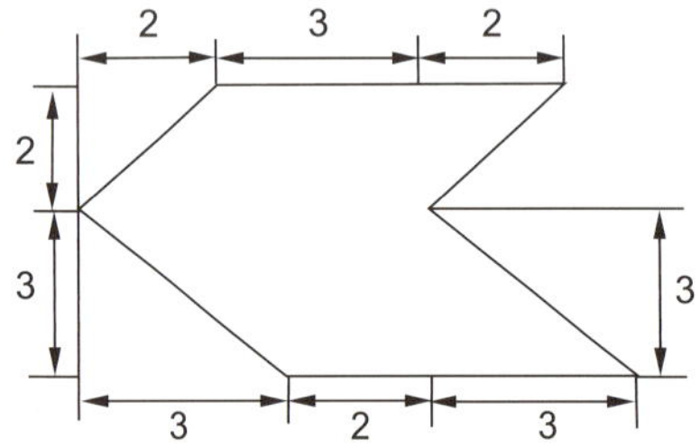

193 Ein Stadtpark hat die Form eines rechtwinkligen Dreiecks mit den Seitenlängen 285 m, 380 m und 475 m.

a) Um den Stadtpark führt ein Weg. Berechne die Gesamtlänge dieses Weges.

b) Berechne den Flächeninhalt des Stadtparks.

Der Stadtpark wird erweitert, wie in der Abbildung angegeben.

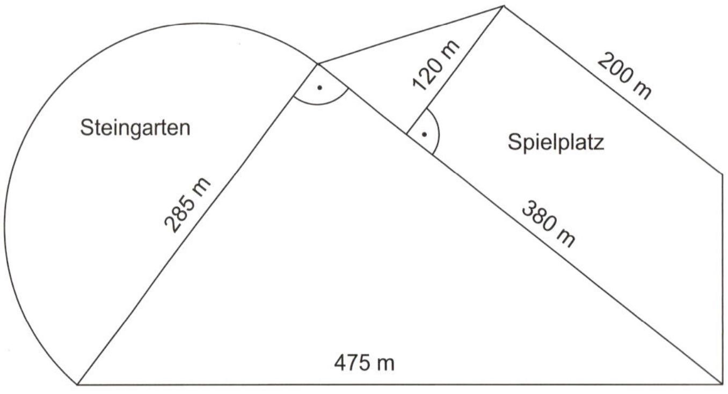

c) Berechne den Flächeninhalt des Spielplatzes.

d) Welchen Flächeninhalt hat der Steingarten?

e) Um wie viel Prozent nimmt die Fläche des Stadtparks durch die Erweiterung zu?

194 Berechne die graue Fläche. *Hinweis:* Die Figur ist achsensymmetrisch.

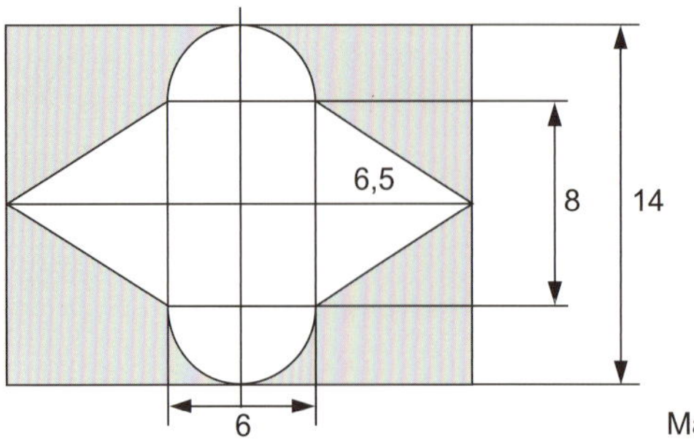

Maße in cm

195 Der Freizeitraum einer Schule hat die nebenstehende Form. Die Schüler*innenvertretung hat beschlossen, im gesamten Raum Laminat zu verlegen.

a) Zeichne den Grundriss des Freizeitraums im Maßstab 1 : 100.

b) Wie viele Quadratmeter Laminat sollte die Schüler*innenvertretung im Baumarkt kaufen?

c) Wie viele Meter Fußleisten müssen gekauft werden?

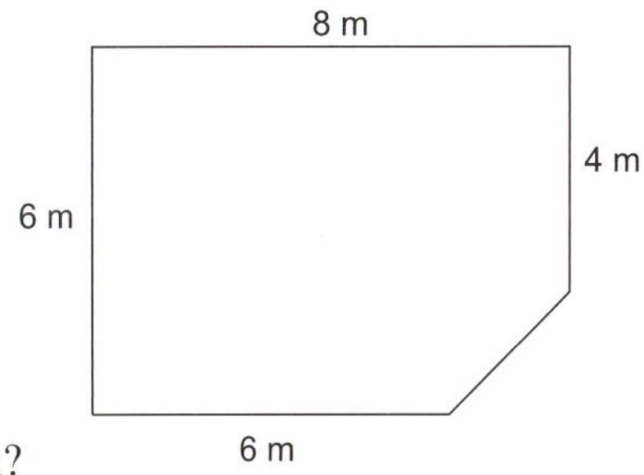

8.2 Berechnungen am Kreis

Ausgehend von den Formeln für den Flächeninhalt $A_{Kreis} = \pi \cdot r^2$ und den Umfang $u_{Kreis} = \pi \cdot d$ (mit $\pi \approx 3{,}14$) für den vollen Kreis kann man auch die Fläche eines Kreisrings, die Fläche eines Kreissektors (Kreisausschnittes) und die Länge eines Kreisbogens bestimmen.

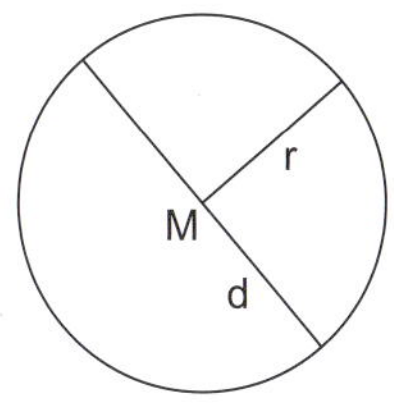

Merke

Flächeninhalt des Kreisrings:
$A_{Ring} = \pi \cdot r_a^2 - \pi \cdot r_i^2$

Umfang des Kreisrings:
$u = \pi \cdot (d_a + d_i)$

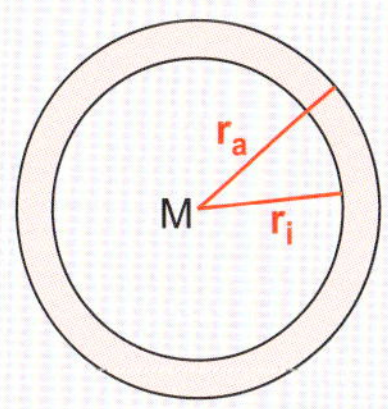

Flächeninhalt des Kreissektors: ⊕
$A_{Sektor} = \pi \cdot r^2 \cdot \frac{\alpha}{360°}$

Länge des Kreisbogens: ⊕
$b = \pi \cdot d \cdot \frac{\alpha}{360°}$

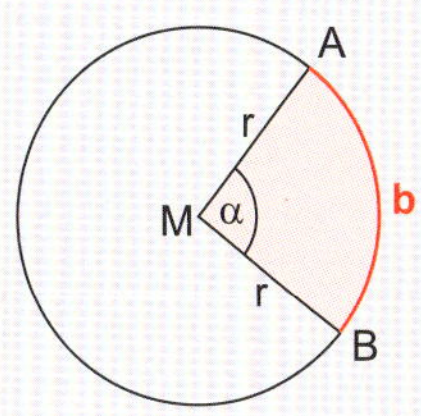

Beispiele

1. Um ein kreisrundes Beet mit dem Radius 4 m soll ein 50 cm breiter Weg gebaut werden. Berechne die Fläche des Weges.

   Lösung:
   Man berechnet die Differenz zwischen dem äußeren Ring (mit $r_a = 4{,}5$ m) und dem inneren Ring ($r_i = 4$ m).

   $A_{Ring} = \pi \cdot (4{,}5\text{ m})^2 - \pi \cdot (4\text{ m})^2$
   $A_{Ring} = \pi \cdot 20{,}25\text{ m}^2 - \pi \cdot 16\text{ m}^2$
   $A_{Ring} \approx 63{,}62\text{ m}^2 - 50{,}27\text{ m}^2$
   $A_{Ring} \approx 13{,}35\text{ m}^2$

   Die Fläche des Weges beträgt $13{,}35\text{ m}^2$.

2. Berechne den Flächeninhalt des Kreissektors (Kreisausschnittes).⊕

$A_{Sektor} = \pi \cdot r^2 \cdot \frac{\alpha}{360°}$

$A_{Sektor} = \pi \cdot (5\,cm)^2 \cdot \frac{115°}{360°}$

$A_{Sektor} \approx \pi \cdot 25\,cm^2 \cdot 0{,}32$

$A_{Sektor} \approx 25{,}13\,cm^2$

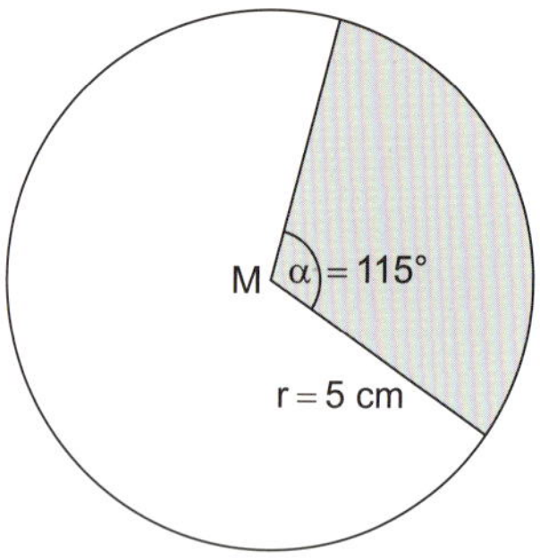

3. Bestimme die Länge des Kreisbogens zum Kreissektor aus Beispiel 2.⊕

$b = \pi \cdot d \cdot \frac{\alpha}{360°}$

$b = \pi \cdot 10\,cm \cdot \frac{115°}{360°}$

$b \approx \pi \cdot 3{,}19\,cm$

$b \approx 10{,}02\,cm$

Aufgaben

196 Berechne den Flächeninhalt und den Umfang der grauen Flächen im Kopf. Rechne mit $\pi = 3$.

a) 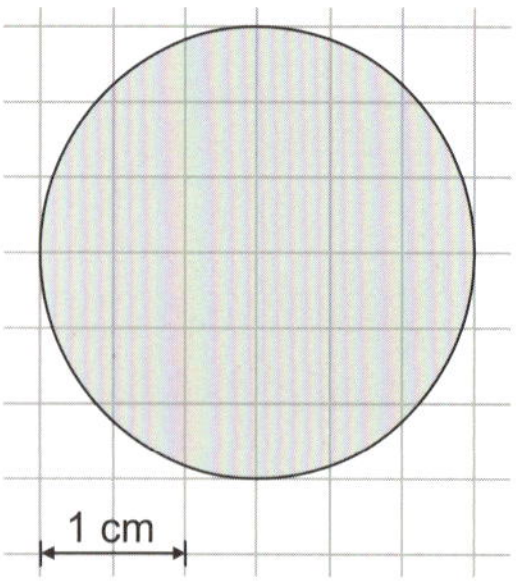

b) 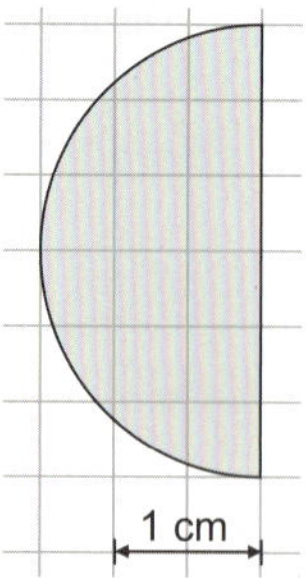

c) 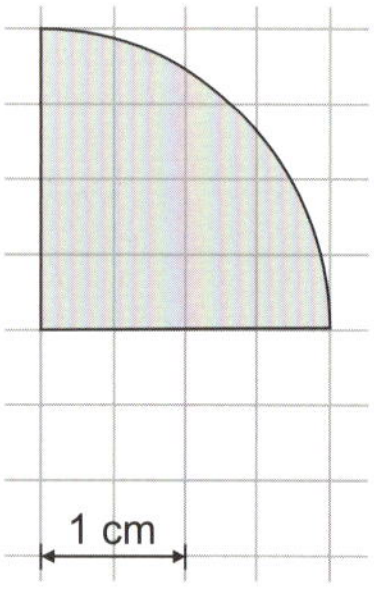

d) 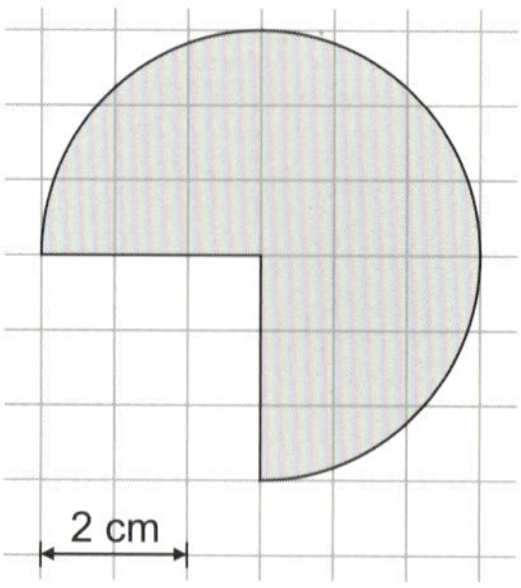

197 Berechne jeweils die fehlenden Werte für einen Kreisring.

	Radius r_a	Radius r_i	Umfang u	Flächeninhalt A
a)	7 dm	4 dm		
b)	6 cm		56,55 cm	
c)		15 m		311,02 m^2

198 Berechne jeweils den Flächeninhalt und den Umfang der grau gefärbten Figuren.

a)

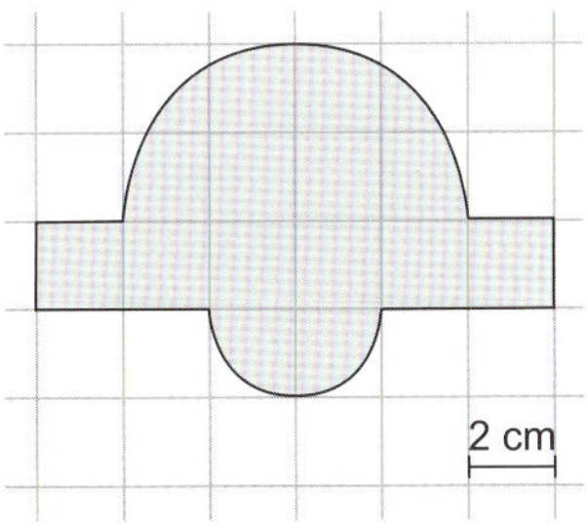

b)

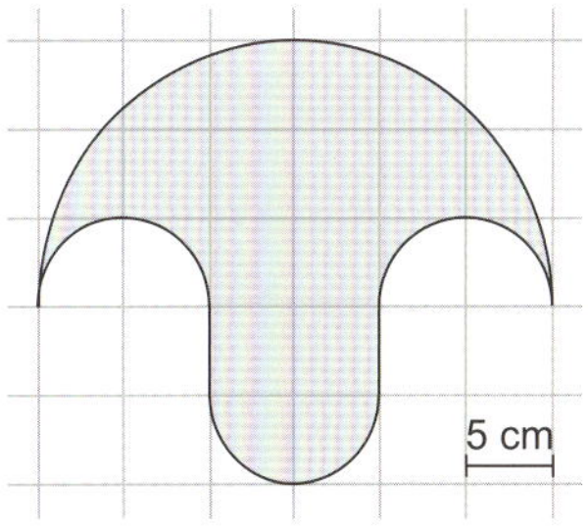

⊕199 Berechne die Fläche des Kreissektors.

a) $r = 6$ cm und $\alpha = 216°$

b) $r = 3{,}5$ cm und $\alpha = 108°$

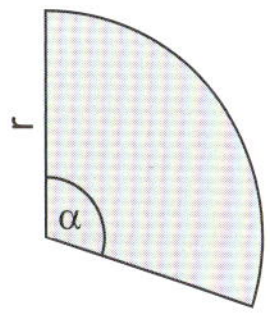

⊕200 Berechne jeweils die fehlenden Werte für einen Kreisausschnitt.

	Radius r	Winkel α	Kreisbogen b	Flächeninhalt A
a)	5 cm	45°		
b)		20°	6,28 cm	
c)		180°		88,36 dm²

⊕201 Die Fläche eines Kreissektors mit einem Radius von 4 cm beträgt 20,11 cm². Berechne den Mittelpunktswinkel.

202 In einem Garten wird ein zylinderförmiges Schwimmbecken angelegt. Das Becken hat einen Umfang von 37,70 m. Um das Becken führt ein 90 cm breiter Weg.

a) Lege eine Skizze an.

b) Berechne die Grundfläche des Beckens.

c) Berechne die Fläche des Weges.

d) Berechne den Umfang des äußeren Wegrandes.

203

a) Bestimme durch Schätzung den Radius und den Durchmesser der beiden gestrichelten Linien des Kreisverkehrs.

b) Berechne den Flächeninhalt des asphaltierten Kreisrings, der durch die beiden Linien nach innen und außen begrenzt wird.

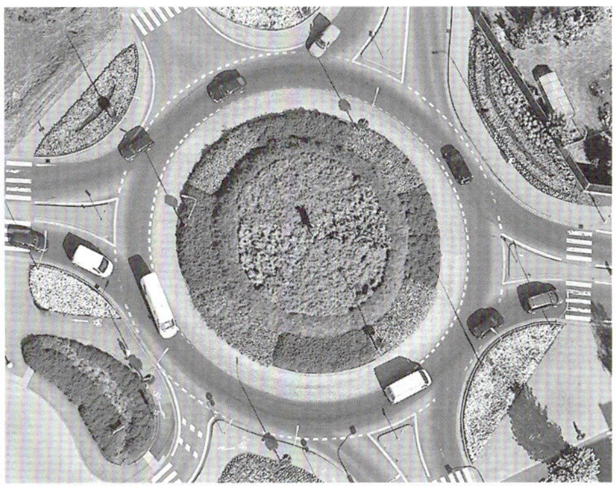

204 Viele Schallplatten haben einen Durchmesser von 30 cm. Bis auf einen inneren Bereich mit einem Radius von 5 cm kann die gesamte Platte zur Speicherung von Musik verwendet werden. Nimm vereinfacht an, dass die äußerste Tonspur ganz am Rand der Schallplatte liegt, die innerste ganz am Rand des nicht beschreibbaren Bereiches.

a) Wie lang ist die Tonspur auf dem innersten für Musik verwendbaren Ring?
Wie lang ist die Tonspur auf dem äußersten verwendbaren Ring?

b) Berechne die Fläche des mit Musik beschreibbaren Bereiches der Schallplatte.

⊕205 Löse die folgenden Formeln nach den in Klammern gegebenen Größen auf.

a) Fläche des Kreisausschnitts (Winkel α)

b) Fläche des Kreisausschnitts (Radius r)

c) Länge des Kreisbogens (Durchmesser d)

206 Stelle für einen Kreisring mit $r_a = 3r_i$ die Flächen- und Umfangsformel in Abhängigkeit von r_i auf. Vereinfache soweit wie möglich.

9 Körper

Bei den einfachen Körpern unterscheiden wir zwischen Prismen (z. B. Quader, Dreiecks- und Trapezprisma), dem Zylinder, Spitzkörpern (Pyramiden und Kegeln) und der Kugel. Bei komplexeren Objekten können diese dann kombiniert werden.

9.1 Körper zeichnerisch darstellen: Schrägbilder und Netze

Merke

Körpernetze

Faltet man einen geometrischen Körper entlang seiner Kanten auseinander, erhält man das Netz des Körpers.

Beispiele

1. Zeichne das Netz eines Quaders mit den Kantenlängen a = 1,5 cm, b = 1 cm und c = 2 cm und beschrifte es.

   Lösung:

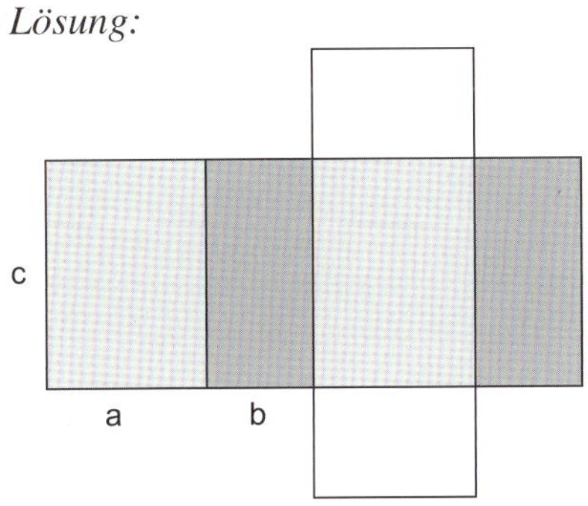

Das Netz eines Quaders besteht aus sechs Rechtecken, von denen je zwei gleich groß sind.
Die Flächen müssen so angeordnet werden, dass sich die gleichen Flächen beim Zusammenfalten gegenüberliegen.
Ansonsten ist man jedoch bei der Anordnung der Seitenflächen frei, sodass es unterschiedliche Möglichkeiten gibt, das Netz eines Körpers zu zeichnen.

2. Netze von Dreiecksprisma, Zylinder und Pyramide:

   Dreiecksprisma:

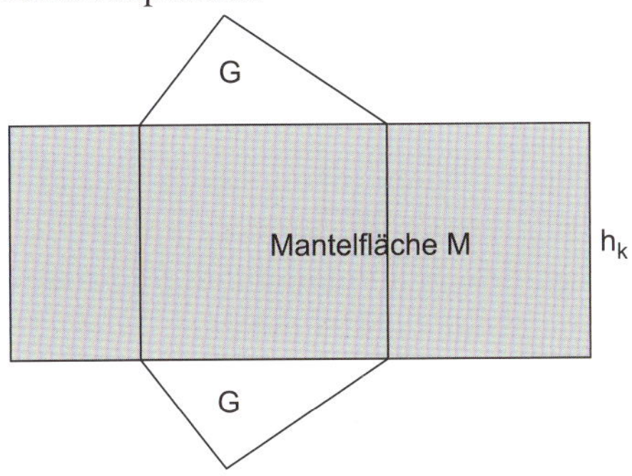

Zylinder:

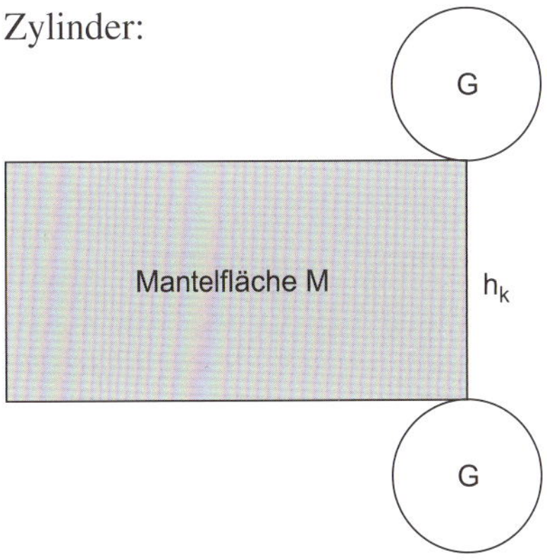

Pyramide:

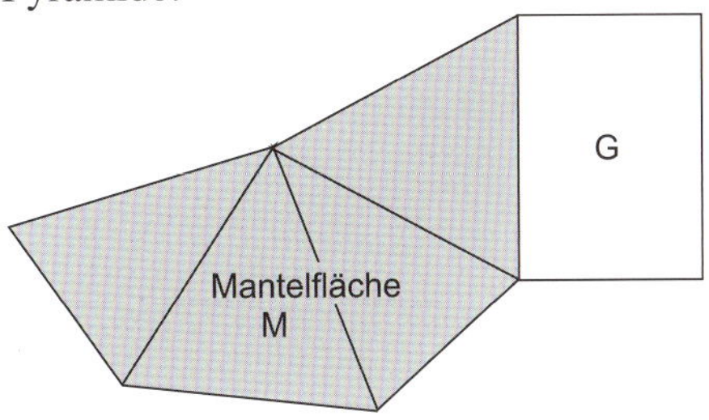

Aufgaben

207 Die Summe der Augenzahlen auf den gegenüberliegenden Seiten eines Spielwürfels ergibt immer 7. Überprüfe, ob diese Forderung bei folgenden Würfelnetzen erfüllt ist.

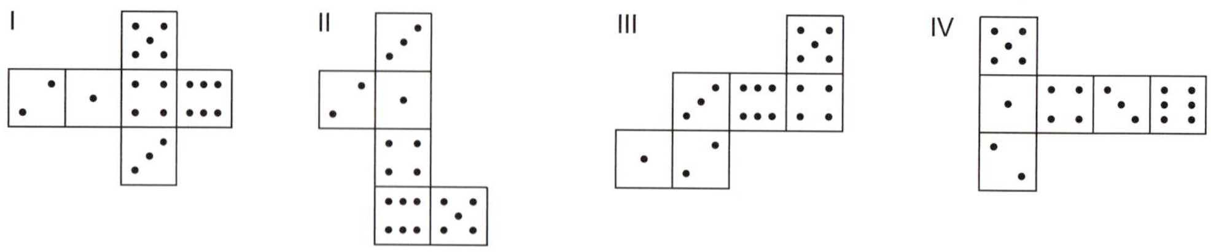

208 Zeichne die Netze der Quader in Originalgröße.
Kennzeichne in den Quadernetzen gegenüberliegende Flächen in der gleichen Farbe.

a)

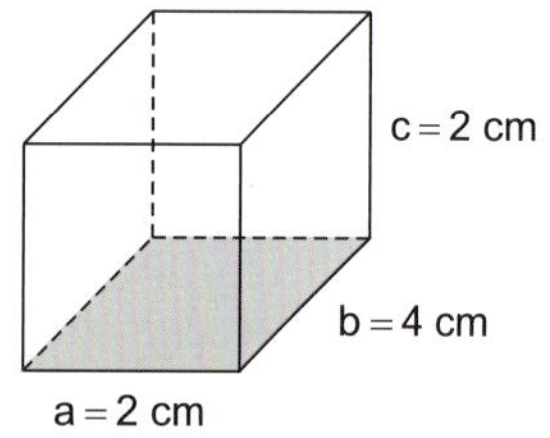

b)

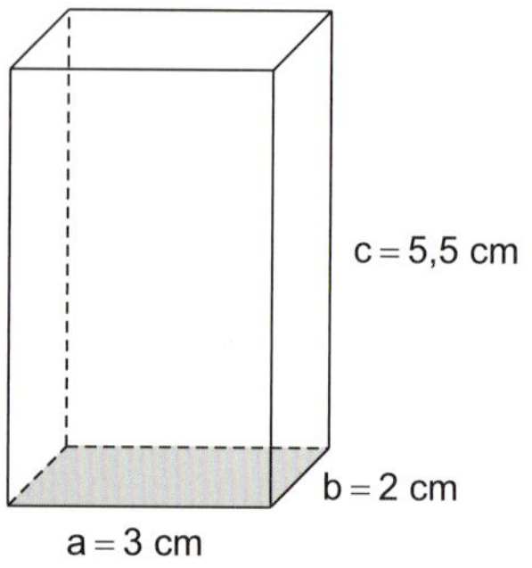

209 Übertrage die folgenden Netze von Dreiecksprismen in dein Heft und ergänze sie. Schraffiere jeweils die Grundflächen und markiere die Kanten, die sich beim Zusammenfalten treffen, in der gleichen Farbe.

a)

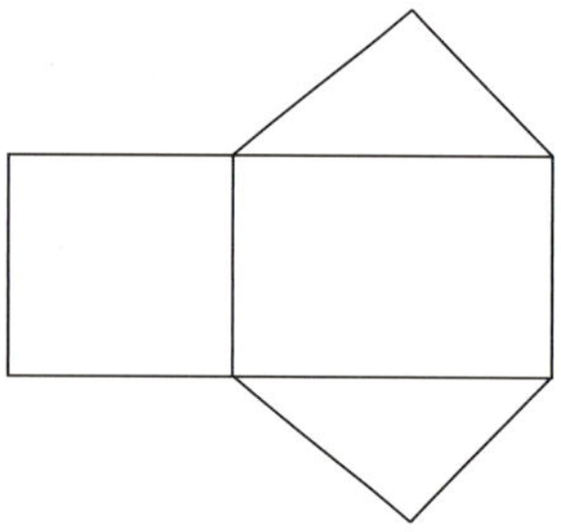

b)

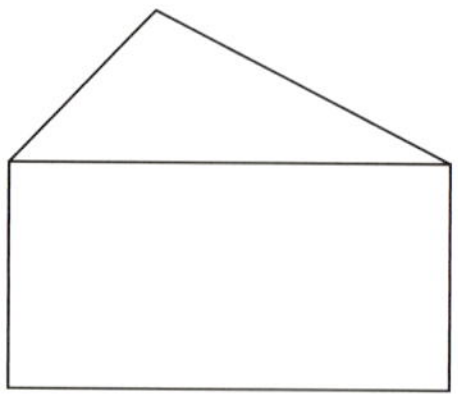

210 Zeichne das Netz einer quadratischen Pyramide. Die Seiten der Grundfläche sind 2 cm lang. Die Höhen der Seitenflächen sind 3 cm lang.

211 Das Volumen eines Würfels beträgt 512 dm^3.
Zeichne das Körpernetz in einem geeigneten Maßstab und berechne die Oberfläche des Würfels.

⊕212 Zeichne ein Netz des abgebildeten Zylinders in Originalgröße.

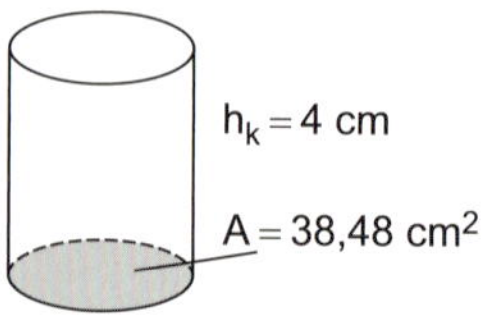

Merke

Schrägbilder

Mit einem Schrägbild kann ein Körper anschaulich dargestellt werden.

- Alle Strecken, die parallel zur Zeichenebene liegen, werden in **wahrer Länge** gezeichnet.
- Schräg nach hinten laufende Kanten werden unter einem **Winkel von 45°** gezeichnet. Zudem werden diese Kanten **um die Hälfte verkürzt**.
- Verdeckte Kanten werden durch eine **gestrichelte Linie** dargestellt.

Beispiele

1. Zeichne das Schrägbild eines Quaders mit a = 3 cm, b = 1,5 cm und c = 1 cm.

Lösung:

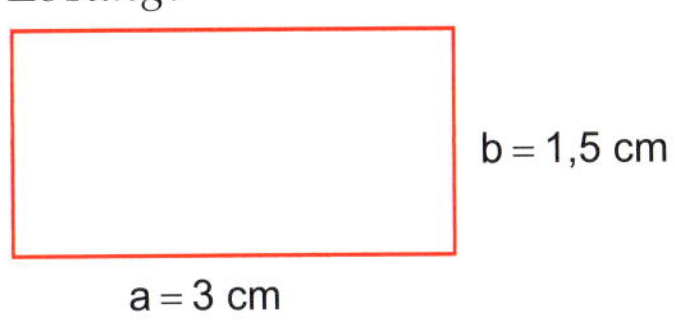

Zeichne zuerst die vordere Seite des Quaders.

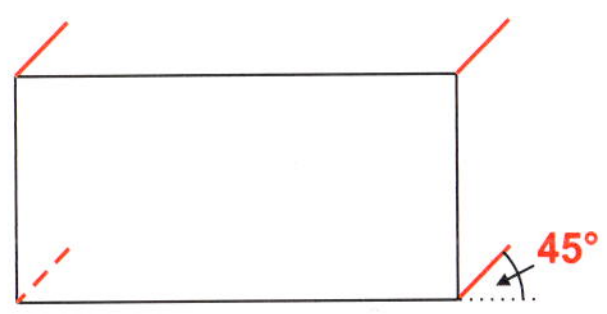

Zeichne nach hinten verlaufende Kanten unter einem Winkel von 45° und um die Hälfte verkürzt.

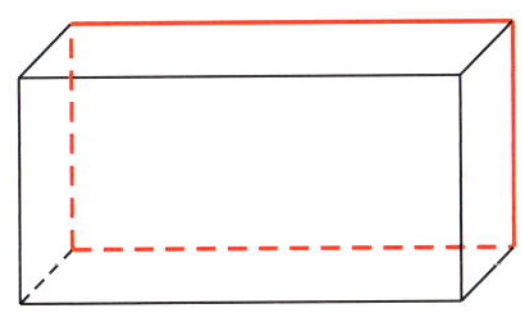

Verbinde die Streckenenden.
Achte darauf, verdeckte Kanten zu stricheln.

2. Zeichne die quadratische Pyramide mit a = 2,6 cm und h_k = 2 cm im Schrägbild.⊕

Lösung:

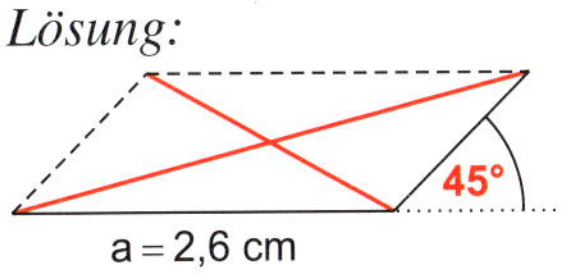

Beginne mit der Grundfläche und zeichne die Diagonalen als Hilfslinien ein.

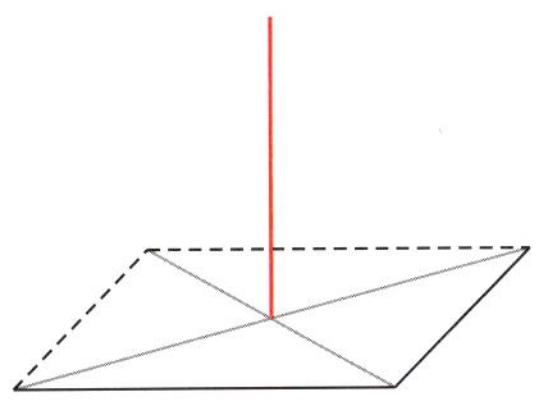

Errichte die Körperhöhe h_k am Schnittpunkt der Diagonalen.

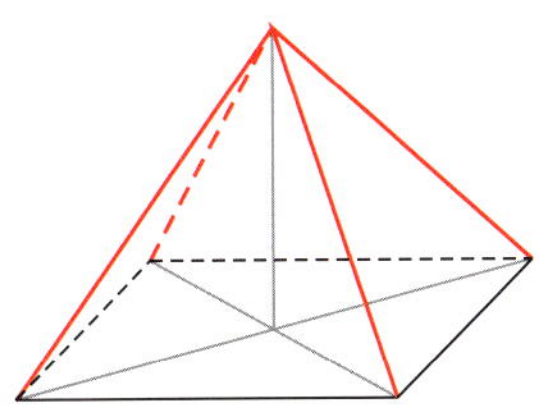

Verbinde den Endpunkt der Höhe mit den Ecken der Grundfläche.

3. Zeichne die Schrägbilder eines Zylinders und eines Kegels.⊕

Lösung:

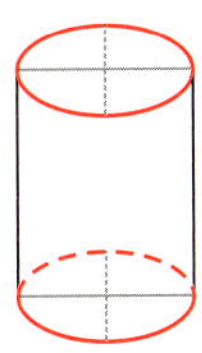

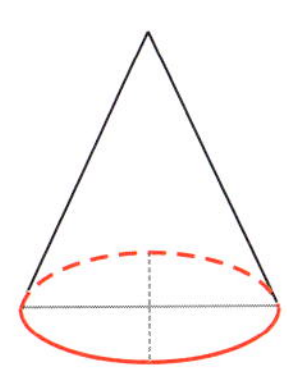

Bei runden Körpern werden Grund- und Deckflächen nur skizziert.
Trage den halben Durchmesser senkrecht zum Durchmesser in wahrer Länge ein, um die Grund- bzw. Deckfläche zu skizzieren.

Aufgaben

213 Zeichne die Schrägbilder der Körper in Originalgröße (angegebene Maße in cm).

a) 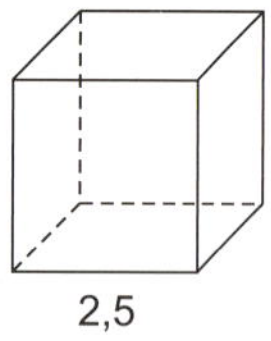

b) 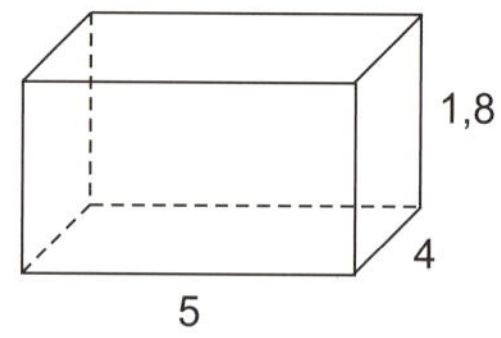

214 Der Quader wird um 90° nach vorne gekippt.
Zeichne das neue Schrägbild.
Die Maße kannst du der Zeichnung entnehmen.

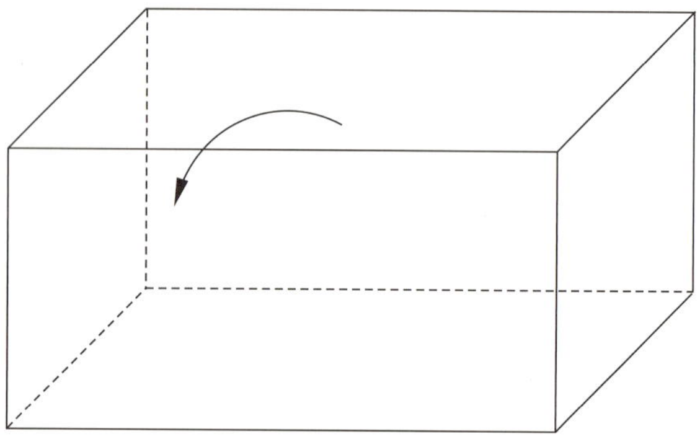

⊕215 Vervollständige das Schrägbild der Pyramide.
Strichle unsichtbare Kanten.

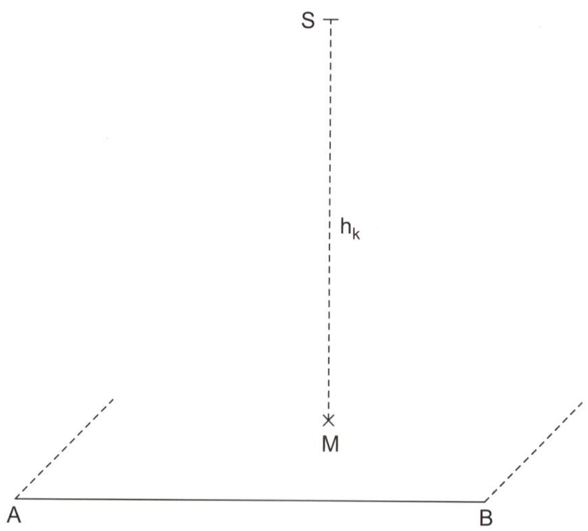

216 Die Grundfläche eines Prismas ist ein rechtwinkliges Dreieck mit den Katheten $b = 4$ cm und $c = 4$ cm. Das Prisma ist 6 cm hoch.
Zeichne den Körper im Schrägbild.

⊕217 Zeichne von folgenden Zylindern ein Schrägbild.

a) $d = 4$ cm; $h_k = 5{,}5$ cm

b) $d = 25$ mm; $h_k = 40$ mm

218 Die Kantenlänge eines Würfels beträgt 2,2 m.
Zeichne ein Schrägbild des Würfels in einem passenden Maßstab und berechne sein Volumen und die Oberfläche.

9.2 Prismen

Merke

Prismen

Prismen haben **zwei deckungsgleiche parallele Grundflächen**.
Der Abstand zwischen den beiden Flächen ist die **Körperhöhe h_k**.

Volumen:

$V = G \cdot h_k$ (G: Grundfläche; h_k: Körperhöhe)

Mantelfläche M:

Die Mantelfläche ist gleich der Summe aller Seitenflächen. Es gilt:
$M = u_{Grundfläche} \cdot h_k$

Oberfläche:

Die Oberfläche ist die Summe aller Außenflächen. Es gilt:
$O = 2 \cdot G + M$

Beispiele

1. Berechne das Volumen und die Oberfläche des **Dreiecksprismas** mit g = 4 cm; b = 2,2 cm; c = 2 cm; h = 2 cm und $h_k = 3$ cm.

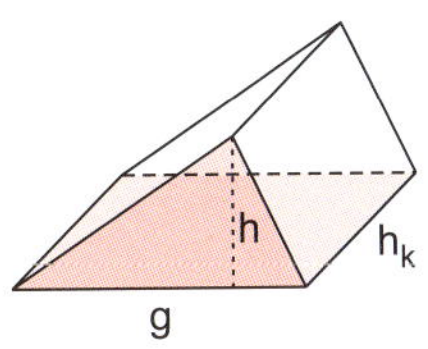

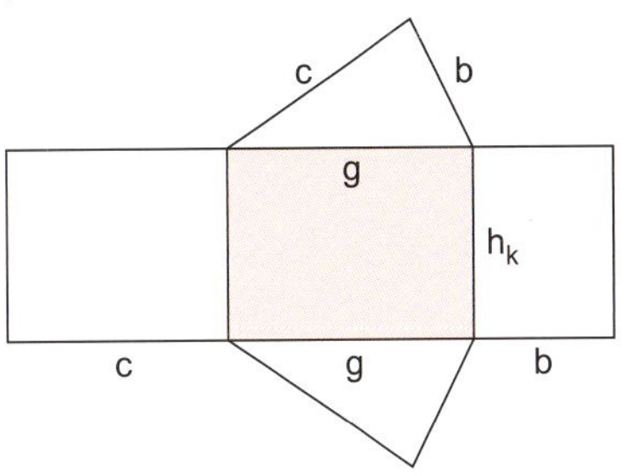

Volumen:

$V = \mathbf{G} \cdot h_k$

$V = \frac{\mathbf{g \cdot h}}{\mathbf{2}} \cdot h_k$

$V = \frac{\mathbf{4\,cm \cdot 2\,cm}}{\mathbf{2}} \cdot 3\,cm$

$V = \mathbf{4\,cm^2} \cdot 3\,cm$

$V = 12\,cm^3$

Oberfläche:

$O = 2 \cdot \mathbf{G} + M$

$O = 2 \cdot \frac{\mathbf{g \cdot h}}{\mathbf{2}} + u_{Dreieck} \cdot h_k$

$O = 2 \cdot \frac{\mathbf{4\,cm \cdot 2\,cm}}{\mathbf{2}} + (4\,cm + 2,2\,cm + 2\,cm) \cdot 3\,cm$

$O = 2 \cdot \mathbf{4\,cm^2} + 8,2\,cm \cdot 3\,cm$

$O = 32,6\,cm^2$

2. Berechne das Volumen und die Oberfläche des **Trapezprismas** mit $a = 4$ cm; $b = 2{,}2$ cm; $c = 2$ cm; $d = 2{,}2$ cm; $h_a = 2$ cm und $h_k = 3$ cm.

Lösung:

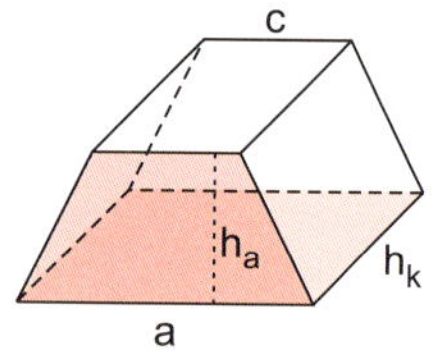

Volumen:

$V = \mathbf{G} \cdot h_k$

$V = \dfrac{\mathbf{(a+c)}}{\mathbf{2}} \cdot \mathbf{h_a} \cdot h_k$

$V = \dfrac{\mathbf{(4\,cm + 2\,cm)}}{\mathbf{2}} \cdot \mathbf{2\,cm} \cdot 3\,cm$

$V = \mathbf{6\,cm^2} \cdot 3\,cm$

$V = 18\,cm^3$

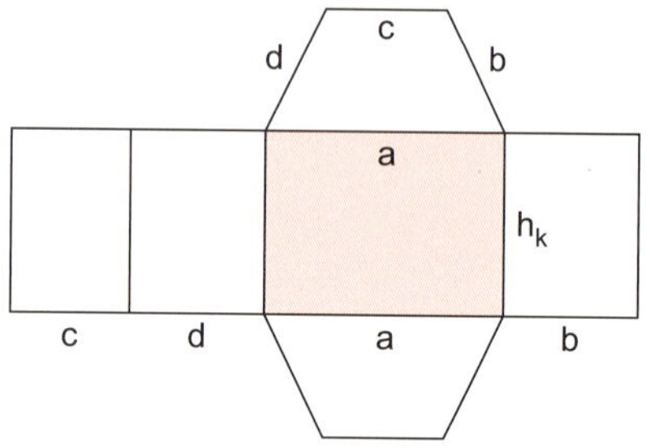

Oberfläche:

$O = 2 \cdot \mathbf{G} + M$

$O = 2 \cdot \dfrac{\mathbf{(a+c)}}{\mathbf{2}} \cdot \mathbf{h_a} + u_{Trapez} \cdot h_k$

$O = 2 \cdot \mathbf{6\,cm^2} + (4\,cm + 2{,}2\,cm + 2\,cm + 2{,}2\,cm) \cdot 3\,cm$

$O = 12\,cm^2 + 10{,}4\,cm \cdot 3\,cm$

$O = 43{,}2\,cm^2$

Aufgaben

219 Ein Prisma hat ein Dreieck mit den Seitenlängen $a = 4$ cm; $b = 2{,}4$ cm und $c = 3{,}3$ cm als Grundfläche. Seine Körperhöhe ist $h_k = 3$ cm.

a) Berechne das Volumen des Dreiecksprismas. Verwende dazu $h_a = 2$ cm.

b) Berechne die Oberfläche des Dreiecksprismas.

220

a) Berechne das Volumen des skizzierten Körpers (alle Maße in cm).

b) Zeichne ein Netz des skizzierten Köpers.

c) Berechne die Oberfläche des skizzierten Körpers.
Tipp: Berechne fehlende Seitenlängen mit dem Satz des Pythagoras.

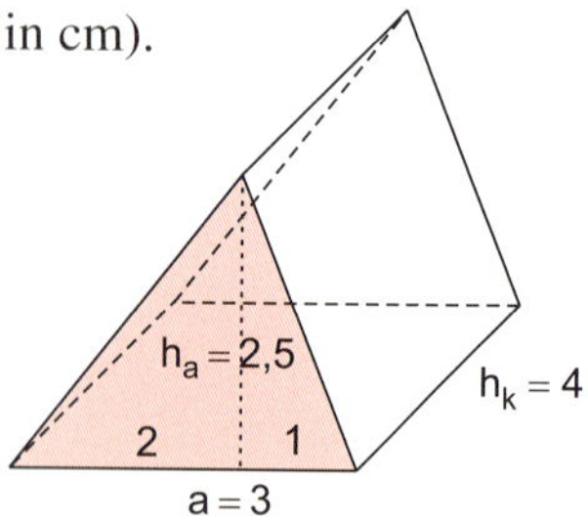

221

a) Berechne das Volumen des skizzierten Körpers (alle Maße in cm).

b) Zeichne ein Netz des skizzierten Körpers.

c) Berechne die Oberfläche des skizzierten Körpers.

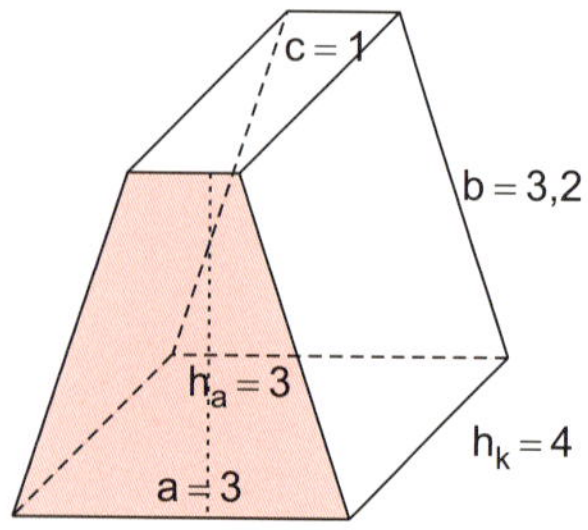

9.3 Zylinder

Merke

Zylinder

Die Grundfläche des Zylinders ist ein Kreis mit dem Radius r und dem Flächeninhalt $A = \pi \cdot r^2$.

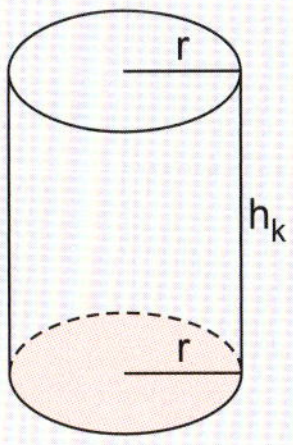

Volumen:

$V = \mathbf{G} \cdot h_k$

$V = \boldsymbol{\pi \cdot r^2} \cdot h_k$

Der Mantel des Zylinders ist ein Rechteck mit den Seiten Zylinderhöhe h_k und Kreisumfang $u = \pi \cdot d$.

Die Zylinderoberfläche besteht aus den zwei Kreisflächen und dem Mantel.

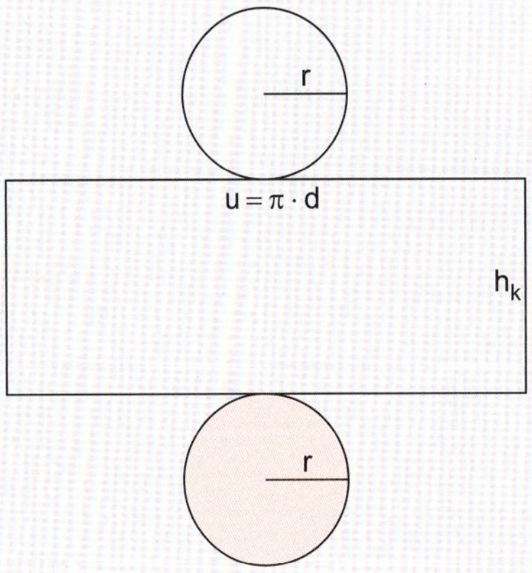

Mantelfläche:

$M = u \cdot h_k$

$M = \pi \cdot d \cdot h_k$

Oberfläche:

$O = 2 \cdot G \quad + M$

$O = 2 \cdot \pi \cdot r^2 + \pi \cdot d \cdot h_k$

Beispiele

1. Gegeben ist cin Zylinder mit $r = 3$ cm und $h_k = 7$ cm.

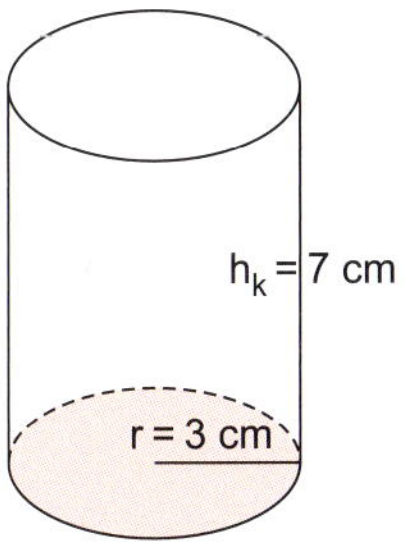

a) Berechne das Volumen des Zylinders.

Lösung:

$V = \mathbf{G} \cdot h_k$

$V = \boldsymbol{\pi \cdot r^2} \cdot h_k$

$V = \boldsymbol{\pi \cdot (3\ cm)^2} \cdot 7\ cm$

$V \approx \mathbf{28{,}27\ cm^2} \cdot 7\ cm$

$V \approx 197{,}89\ cm^3$

b) Berechne die Oberfläche des Zylinders.

Lösung:

$O = 2 \cdot \mathbf{G} + M$

$O = 2 \cdot \boldsymbol{\pi \cdot r^2} + \pi \cdot d \cdot h_k$

$O \approx 2 \cdot \mathbf{28{,}27\ cm^2} + \pi \cdot 6\ cm \cdot 7\ cm$

$O \approx 56{,}54\ cm^2 + 131{,}95\ cm^2$

$O \approx 188{,}49\ cm^2$

2. Ein Zylinder hat ein Volumen von 2 010,62 cm^3 und eine Körperhöhe h_k von 10 cm.
Berechne den Radius des Zylinders.

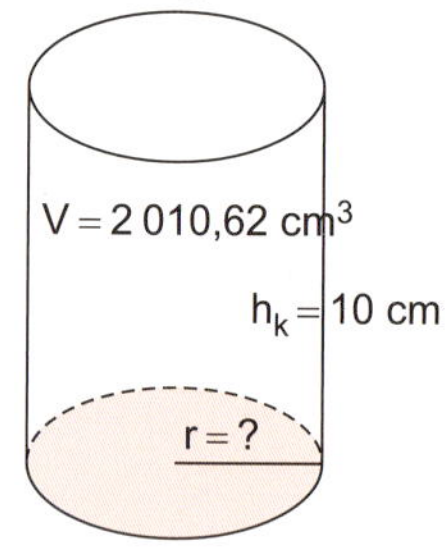

Lösung:

$$V = G \cdot h_k$$
$$V = \pi \cdot r^2 \cdot h_k$$

Gegebene Werte in die Formel einsetzen.

$$2010{,}62\ cm^3 = \pi \cdot r^2 \cdot 10\ cm \quad |:10\ cm : \pi$$

Formel umstellen.

$$\frac{2010{,}62\ cm^3}{\pi \cdot 10\ cm} = r^2$$
$$64\ cm^2 = r^2 \quad |\sqrt{\ }$$
$$8\ cm = r$$

Aufgaben

222 a) Vergleiche das Fassungsvermögen der Dosen.
b) Welche Dose hat die größere Mantelfläche?

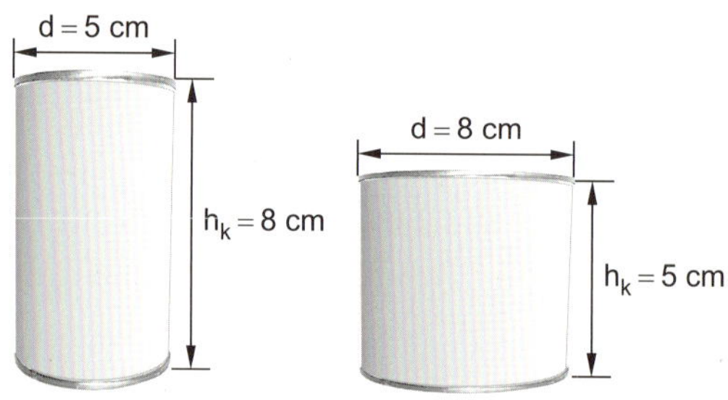

223 Das Volumen eines Wassertanks beträgt bei einer Körperhöhe von 8 m 100 000 Liter. Erstelle eine Planskizze und berechne den Radius des zylinderförmigen Tanks.

224 Zu Werbezwecken soll eine Cola-Dose einen Radius von 5 cm und ein Fassungsvermögen von einem Liter haben. Berechne die Höhe der Dose.

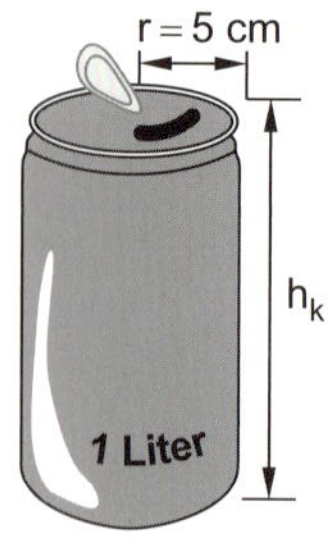

225 Ein Wasserglas hat eine Höhe von 12 cm und einen Radius von 4 cm.
Wie viel *ml* Wasser passen in das Glas noch hinein, wenn es bereits zu 60 % gefüllt ist?

226 Berechne das Volumen der abgebildeten Körper (alle Maße in cm).

a)

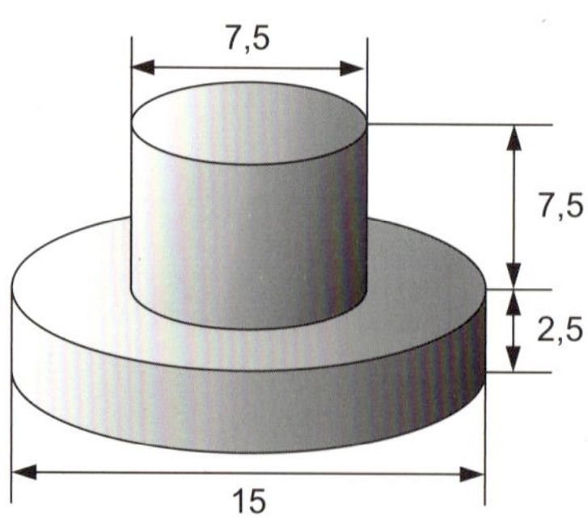

b)

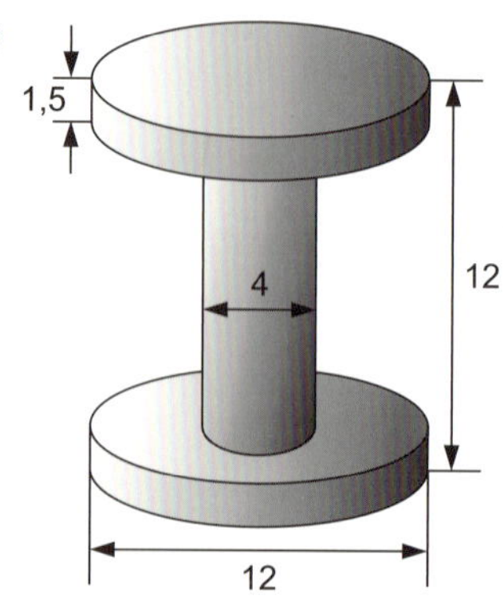

9.4 Spitzkörper

Bei den Spitzkörpern unterscheiden wir zwischen Pyramiden und Kegeln.
Das Volumen eines Spitzkörpers passt genau dreimal in ein Prisma mit gleicher Grundfläche und gleicher Körperhöhe. Die Volumenformeln von Prismen und Spitzkörpern unterscheiden sich daher nur durch den Faktor $\frac{1}{3}$ bei den Spitzkörpern.

Merke

Spitzkörper

Die **Oberfläche** eines Spitzkörpers besteht aus der Grundfläche G und der Mantelfläche M.

Pyramide:

Volumen: $V = \frac{1}{3} \cdot \mathbf{G} \cdot h_k$

Oberfläche: $O = \mathbf{G} + M$

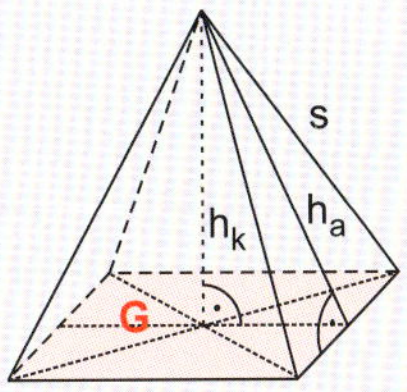

Kegel:

Volumen: $V = \frac{1}{3} \cdot \mathbf{G} \cdot h_k = \frac{1}{3} \cdot \boldsymbol{\pi \cdot r^2} \cdot h_k$

Oberfläche: $O = \mathbf{G} + M = \boldsymbol{\pi \cdot r^2} + \pi \cdot r \cdot s$

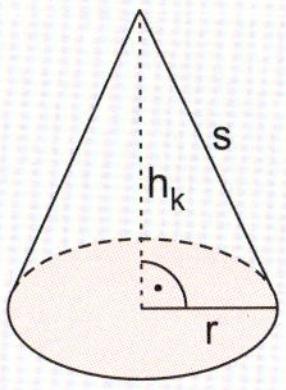

Beispiele

1. a) Berechne das Volumen der Pyramide mit einem gleichseitigen Dreieck als Grundfläche.

Lösung:

$V = \frac{1}{3} \cdot \mathbf{G} \cdot h_k$

$V = \frac{1}{3} \cdot \frac{\mathbf{g \cdot h}}{\mathbf{2}} \cdot h_k$

$V = \frac{1}{3} \cdot \frac{\mathbf{(6\,cm \cdot 5{,}2\,cm)}}{\mathbf{2}} \cdot 9\text{ cm}$

$V = \frac{1}{3} \cdot \mathbf{15{,}6\,cm^2} \cdot 9\text{ cm}$

$V = 46{,}8\text{ cm}^3$

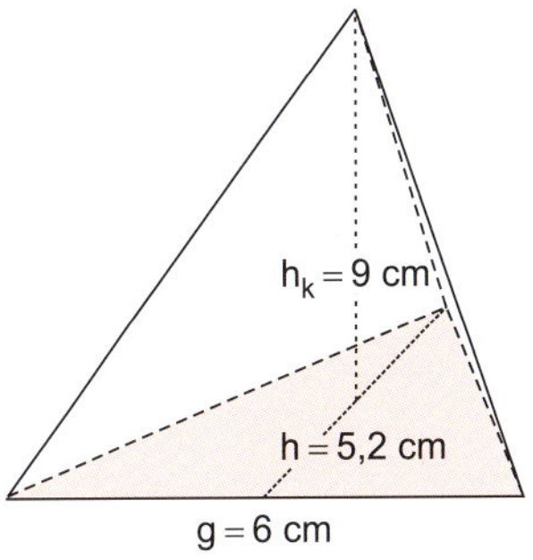

b) Berechne die Oberfläche der gleichen Pyramide. Die Höhe einer Seitenfläche beträgt 9,2 cm.

Lösung:

$O = \mathbf{G} + M$

$O = \frac{\mathbf{g \cdot h}}{\mathbf{2}} + 3 \cdot \left(\frac{g \cdot h_s}{2}\right)$

$O = \frac{\mathbf{(6\,cm \cdot 5{,}2\,cm)}}{\mathbf{2}} + 3 \cdot \left(\frac{6\text{ cm} \cdot 9{,}2\text{ cm}}{2}\right)$

$O = \mathbf{15{,}6\,cm^2} + 82{,}8\text{ cm}^2$

$O = 98{,}4\text{ cm}^2$

2. a) Berechne die Körperhöhe h_k des Kegels.

Lösung:

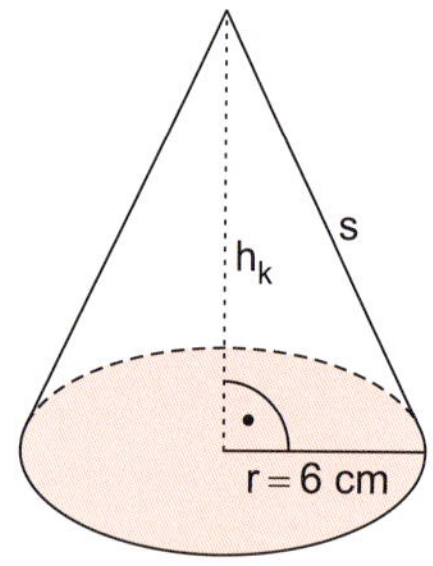

$$V = \frac{1}{3} \cdot \mathbf{G} \cdot h_k$$

$$V = \frac{1}{3} \cdot \boldsymbol{\pi \cdot r^2} \cdot h_k \qquad \text{Gegebene Werte einsetzen.}$$

$$452{,}39\ cm^3 = \frac{1}{3} \cdot \boldsymbol{\pi \cdot (6\ cm)^2} \cdot h_k$$

$$452{,}39\ cm^3 \approx \frac{1}{3} \cdot \mathbf{113{,}1\ cm^2} \cdot h_k \quad |:113{,}1\ cm^2 \qquad \text{Umstellen.}$$

$$4\ cm \approx \frac{1}{3} \cdot h_k \quad | \cdot 3$$

$$12\ cm \approx h_k$$

b) Berechne die Oberfläche des Kegels.

Lösung:

Um die Oberfläche des Kegels zu berechnen, musst du zunächst s mit dem Satz des Pythagoras bestimmen.

$$s^2 = h_k^2 + r^2$$

$$s^2 = (12\ cm)^2 + (6\ cm)^2$$

$$s^2 = 144\ cm^2 + 36\ cm^2$$

$$s^2 = 180\ cm^2 \quad |\sqrt{\ }$$

$$s \approx 13{,}42\ cm$$

Nun kannst du mit s und r die Oberfläche des Kegels berechnen.

$$O = \mathbf{G} + M$$

$$O = \boldsymbol{\pi \cdot r^2} + \pi \cdot r \cdot s$$

$$O = \boldsymbol{\pi \cdot (6\ cm)^2} + \pi \cdot 6\ cm \cdot 13{,}42\ cm$$

$$O \approx \mathbf{113{,}1\ cm^2} + 253{,}0\ cm^2$$

$$O \approx 366{,}1\ cm^2$$

Aufgaben

227 Gegeben ist eine quadratische Pyramide mit $a = 3$ cm und $h_k = 4$ cm.

⊕a) Zeichne das Schrägbild der Pyramide.

b) Berechne das Volumen der Pyramide.

c) Skizziere das passende Netz.

d) Berechne die Oberfläche.
Tipp: Bestimme zuerst h_a.

228 Berechne das Volumen der rechteckigen Pyramide.

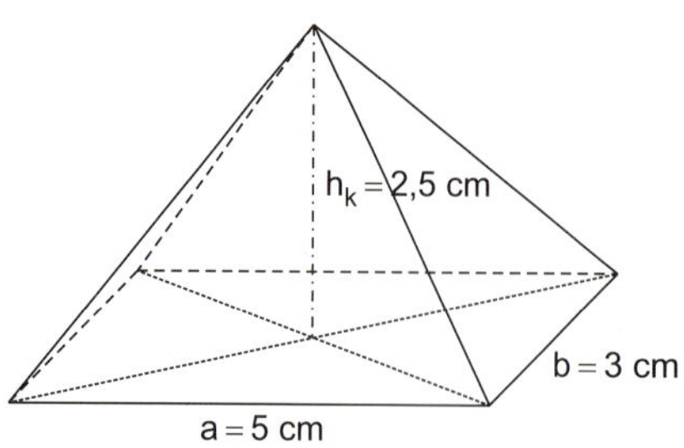

229 Leon möchte sich für die Faschingsparty einen kegelförmigen Hut basteln. Sein Kopfumfang beträgt 45 cm. Damit er auf der Feier auch auffällt, sollte der Hut einen Meter hoch sein.
Welches Volumen hat der Faschingshut?

230 Berechne jeweils die fehlende Größe der Kegel.

a) $V = 123\ cm^3$
$r = 2{,}8\ cm$
$h_k = ?$

b) $V = 254\ cm^3$
$h_k = 9\ cm$
$r = ?$

c) $M = 25{,}1\ cm^2$
$s = 4\ cm$
$r = ?$

d) $O = 70{,}7\ dm^2$
$r = 3\ dm$
$s = ?$

231 Eine Kerze hat die Form einer Pyramide mit einem gleichseitigen Dreieck als Grundfläche.
Wie viel Kubikzentimeter Wachs benötigt man zur Herstellung der Kerze?

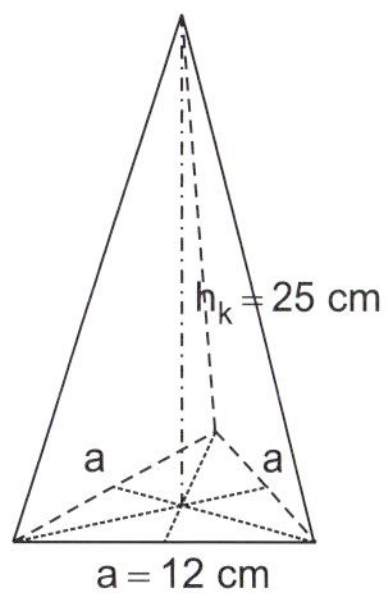

232 Eine quadratische Pyramide hat eine Grundfläche von $4\ dm^2$ und ist 4 dm hoch. Fertige eine Planskizze an und berechne die Seitenhöhe h_a, die Oberfläche und das Volumen der Pyramide.

233 Wie verhält sich das Volumen einer quadratischen Pyramide, wenn sich …

a) … die Körperhöhe verdoppelt?

b) … die Grundseite verdoppelt?

9.5 Kugel

Merke

Kugel

Volumen einer Kugel:

$V = \frac{4}{3} \cdot \pi \cdot r^3$

Oberfläche einer Kugel:

$O = 4 \cdot \pi \cdot r^2$

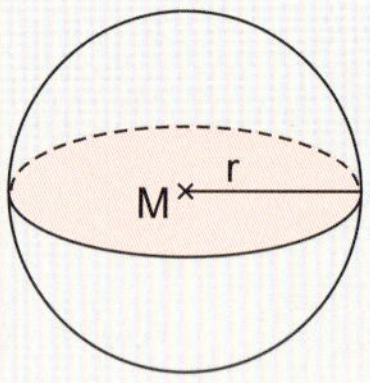

Beispiel

Berechne das Volumen und die Oberfläche einer Kugel mit dem Radius r = 3,5 cm.

Lösung:

$V = \frac{4}{3} \cdot \pi \cdot (3{,}5\ \text{cm})^3$ — Setze r = 3,5 cm in die Volumenformel der Kugel ein.

$V = \frac{4}{3} \cdot \pi \cdot 42{,}875\ \text{cm}^3$

$V \approx 179{,}59\ \text{cm}^3$

$O = 4 \cdot \pi \cdot (3{,}5\ \text{cm})^2$ — Setze r = 3,5 cm in die Oberflächenformel der Kugel ein.

$O = 4 \cdot \pi \cdot 12{,}25\ \text{cm}^2$

$O \approx 153{,}94\ \text{cm}^2$

Aufgaben

234 Berechne jeweils das Volumen und die Oberfläche der Kugeln mit …

a) … r = 15 cm. b) … d = 9 m.

235 Eine Eispackung enthält einen Liter Eis.
Wie viele Kugeln kann man daraus formen, wenn eine Kugel einen Durchmesser von 3,5 cm haben soll?

236 Ein Tischtennisball wird aus Zelluloid hergestellt. Ein Ball hat einen Durchmesser von 40 mm und eine Wandstärke von 0,25 mm.
Wie viel Zelluloid benötigt man für eine 6er-Packung Bälle?

237 Nora möchte ihre 120 Murmeln in eine würfelförmige Schachtel mit der Kantenlänge a = 4 cm verpacken. Die Murmeln haben jeweils einen Durchmesser von 0,8 cm.
Passen die Murmeln in die Schachtel? Begründe.

238 Berechne jeweils den Radius der Kugeln mit …

a) … $V = 268\ \text{cm}^3$. b) … $O = 113\ \text{cm}^2$.

239 Wie verhält sich das Volumen einer Kugel, wenn sich der Radius …

a) … verdoppelt? b) … vervierfacht?

9.6 Zusammengesetzte Körper und Hohlkörper

Merke

Zusammengesetzte Körper und Hohlkörper

- Ist ein komplexer Körper aus bekannten Grundkörpern **zusammengesetzt**, entspricht sein Volumen der **Summe** der Volumen der einzelnen Grundkörper.
- Wird ein Körper aus einem anderen ausgeschnitten (**Hohlkörper**), berechnet sich das Volumen als die **Differenz** der Grundkörper.
- Verbindungsflächen zwischen den Teilkörpern zählen **nicht** zur Oberfläche.

Beispiele

1. Berechne das Volumen und die Oberfläche des abgebildeten Körpers. Zerlege ihn dazu in bekannte Teilkörper (alle Maße in cm).

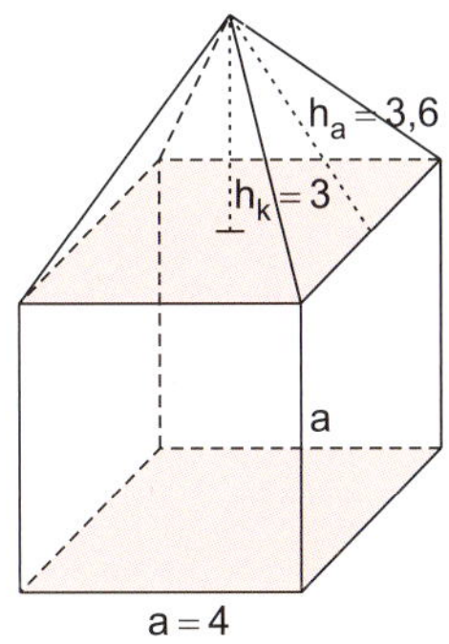

Lösung:

Volumen:

$V = V_{Würfel} + V_{Pyramide}$

$V = a^3 + \frac{1}{3} \cdot a^2 \cdot h_k$

$V = (4\text{ cm})^3 + \frac{1}{3} \cdot (4\text{ cm})^2 \cdot 3\text{ cm}$

$V = 64\text{ cm}^3 + 16\text{ cm}^3$

$V = 80\text{ cm}^3$

Oberfläche:

$O = 5 \cdot a^2 + 4 \cdot \frac{a \cdot h_a}{2}$

$O = 5 \cdot (4\text{ cm})^2 + 4 \cdot \frac{4\text{ cm} \cdot 3,6\text{ cm}}{2}$

$O = 80\text{ cm}^2 + 28,8\text{ cm}^2$

$O = 108,8\text{ cm}^2$

Zur Oberfläche gehören hier vier Seitendreiecke und fünf Quadrate des Würfels.
Die Grundfläche der Pyramide und die Oberseite des Würfels zählen **nicht** zur Oberfläche des zusammengesetzten Körpers.

2. Aus einem Zylinder wird ein Kegel ausgeschnitten. Bestimme Oberfläche und Volumen (alle Maße in cm).

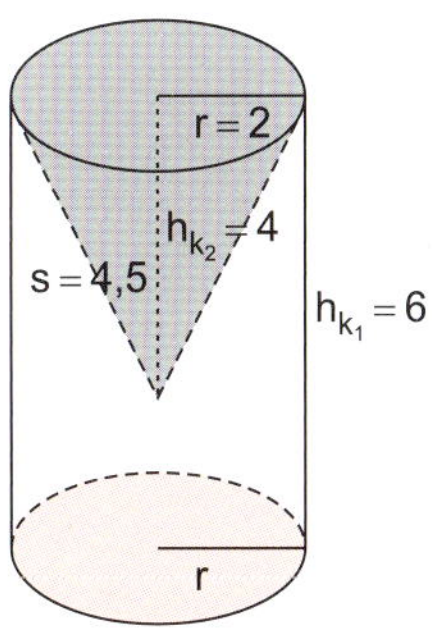

Lösung:

Volumen:

Hier müssen die Volumina voneinander abgezogen werden, da der Kegel ausgeschnitten wird.

$V = V_{Zylinder} - V_{Kegel}$

$V = r^2 \cdot \pi \cdot h_{k_1} - \frac{1}{3} \cdot r^2 \cdot \pi \cdot h_{k_2}$

$V = (2\text{ cm})^2 \cdot \pi \cdot 6\text{ cm} - \frac{1}{3} \cdot (2\text{ cm})^2 \cdot \pi \cdot 4\text{ cm}$

$V \approx 75,40\text{ cm}^3 - 16,76\text{ cm}^3 \approx 58,64\text{ cm}^3$

Oberfläche:

$O = G + M_{Zylinder} + M_{Kegel}$

$O = r^2 \cdot \pi + 2 \cdot \pi \cdot r \cdot h_{k_1} + \pi \cdot r \cdot s$

$O = (2\text{ cm})^2 \cdot \pi + 2 \cdot \pi \cdot 2\text{ cm} \cdot 6\text{ cm} + \pi \cdot 2\text{ cm} \cdot 4,5\text{ cm}$

$O \approx 12,57\text{ cm}^2 + 75,40\text{ cm}^2 + 28,27\text{ cm}^2$

$O \approx 116,24\text{ cm}^2$

Zur Oberfläche gehört der Mantel des Kegels, der Mantel des Zylinders und **nur eine** Grundfläche des Zylinders. Die Grundfläche des Kegels und die Deckfläche des Zylinders zählen **nicht** zur Oberfläche.

Aufgaben

240 Berechne den Rauminhalt der skizzierten Körper.

a)

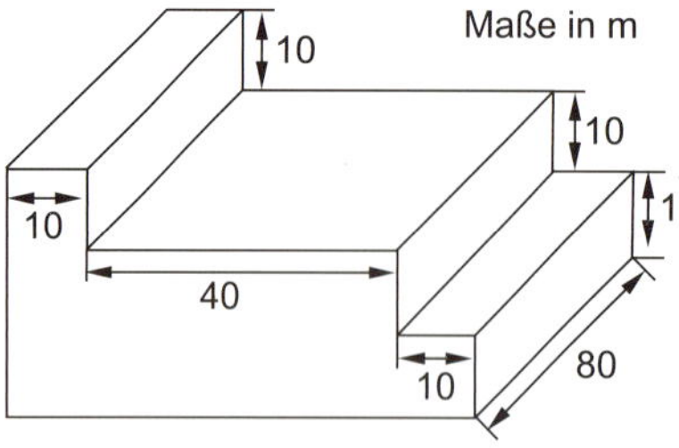

b)

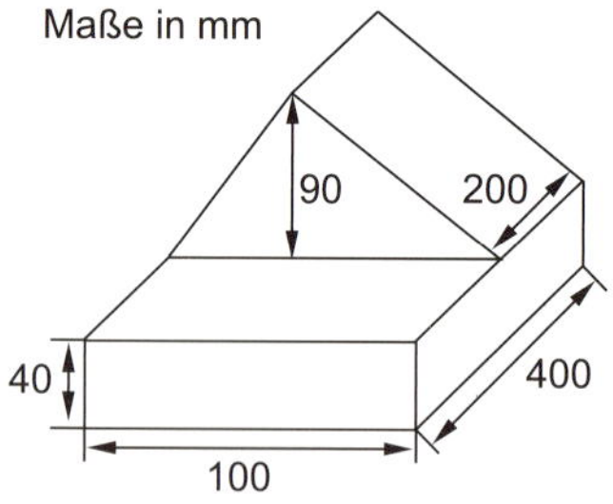

241 Ein Aluminiumwürfel mit der Kantenlänge $a = 32$ cm wird durchbohrt (siehe Skizze).
Der Durchmesser des Lochs beträgt $d = 18$ cm.
Wie viele Kilogramm wiegt der Würfel nach der Bearbeitung, wenn die Dichte des Materials $2{,}6\,\frac{\text{kg}}{\text{dm}^3}$ ist?
Runde das Ergebnis auf drei Dezimalstellen.
Hinweis: Es gilt: Masse = Dichte · Volumen

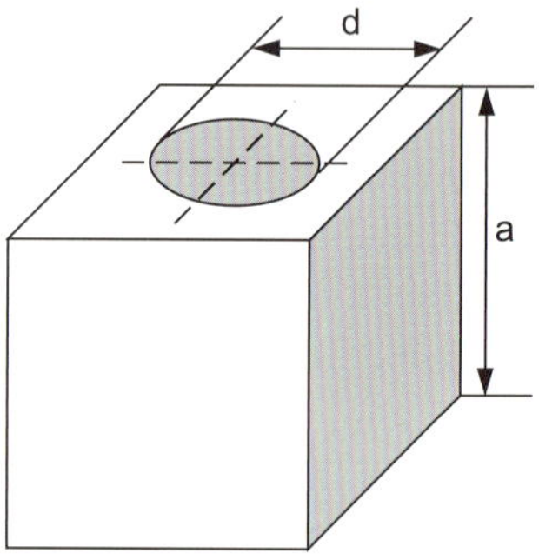

242 Aus je einem Holzquader mit den Maßen 40 cm, 8 cm und 8 cm werden im Werkunterricht die folgenden beiden Werkstücke hergestellt.

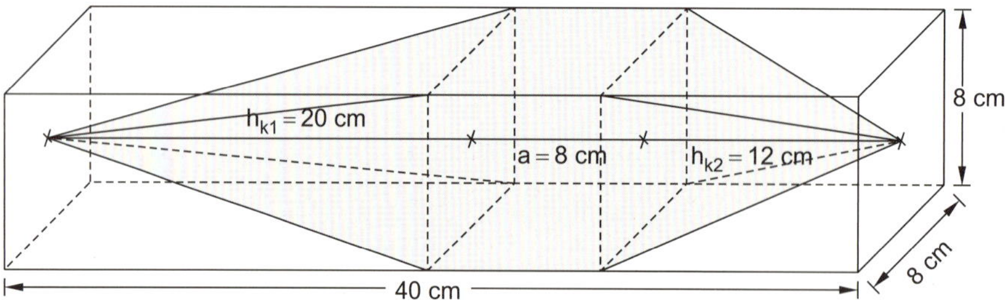

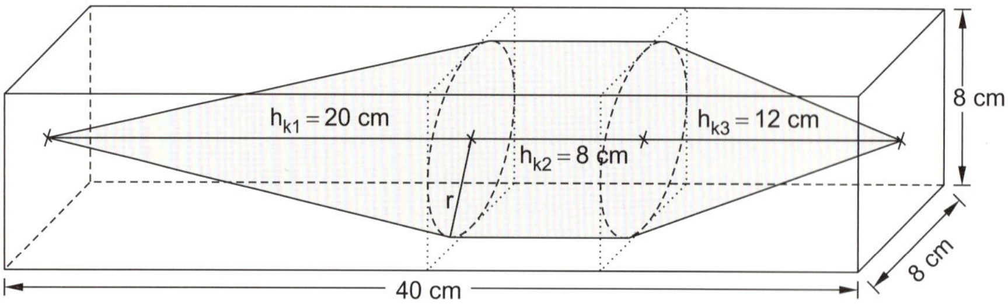

a) Berechne das Volumen des oberen Werkstücks.

b) Bestimme das Volumen des unteren Werkstücks und vergleiche.

⊕c) Bestimme die Oberfläche des oberen Werkstücks.

⊕d) Bestimme die Oberfläche des unteren Werkstücks.

⊕e) Hat die Oberfläche im Vergleich zum Ausgangsquader jeweils zu- oder abgenommen?

9.7 Modellieren mit Körpern⊕

Merke

Unregelmäßig geformte Körper

Um das Volumen von unregelmäßig geformten Körpern zu berechnen, hilft dir folgender **Lösungsplan**:

- Zerlege den Körper in **ähnliche Teilkörper**, die du kennst und berechnen kannst.
- Berechne dann das Volumen der Teilkörper.
- Wenn bei einer Aufgabe keine Maße angegeben sind, musst du sie über eine bekannte **Bezugsgröße** selbst ermitteln.
- Prüfe zum Schluss dein Ergebnis. Ist der gegebene Körper größer oder kleiner als in deinen Berechnungen? Berücksichtige dies beim Endergebnis.

Beispiel

Wie viele Liter Luft sind im Luftballon?
Begründe deine Vorgehensweise.

Lösung:

Um das Volumen des Luftballons annähernd zu bestimmen, kann man ihn in zwei Teilkörper zerlegen:

- Halbkugel
- Kegel

Als Bezugsgröße dient die Schulterbreite der Frau:

- Halbkugel:
  $d \approx 32\text{ cm} \quad \Rightarrow \quad r \approx 16\text{ cm}$
- Kegel:
  $d \approx 32\text{ cm} \quad \Rightarrow \quad r \approx 16\text{ cm}$
  $h_k \approx d \quad \Rightarrow \quad h_k \approx 32\text{ cm}$

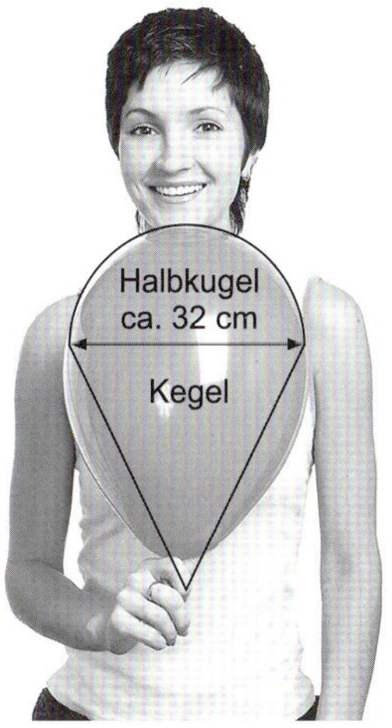

Volumen der Halbkugel:

$$V_{\text{Halbkugel}} = \frac{1}{2} \cdot \frac{4}{3} \cdot \pi \cdot r^3$$

$$V_{\text{Halbkugel}} = \frac{2}{3} \cdot \pi \cdot (16\text{ cm})^3$$

$$V_{\text{Halbkugel}} \approx 8\,579\text{ cm}^3$$

Volumen des Kegels:

$$V_{\text{Kegel}} = \frac{1}{3} \cdot \pi \cdot r^2 \cdot h_k$$

$$V_{\text{Kegel}} = \frac{1}{3} \cdot \pi \cdot (16\text{ cm})^2 \cdot 32\text{ cm}$$

$$V_{\text{Kegel}} \approx 8\,579\text{ cm}^3$$

Volumen des Luftballons:

$$V_{\text{Luftballon}} = 8\,579\text{ cm}^3 + 8\,579\text{ cm}^3$$

$$V_{\text{Luftballon}} = 17\,158\text{ cm}^3$$

$$V_{\text{Luftballon}} \approx 18\text{ dm}^3 = 18\ \ell$$

Runde entgegen der Rundungsregeln auf, denn der Körper ist größer als in den Berechnungen.

Im Luftballon sind in etwa 18 Liter.

Aufgaben

243 Bestimme das Volumen des Zeltes.

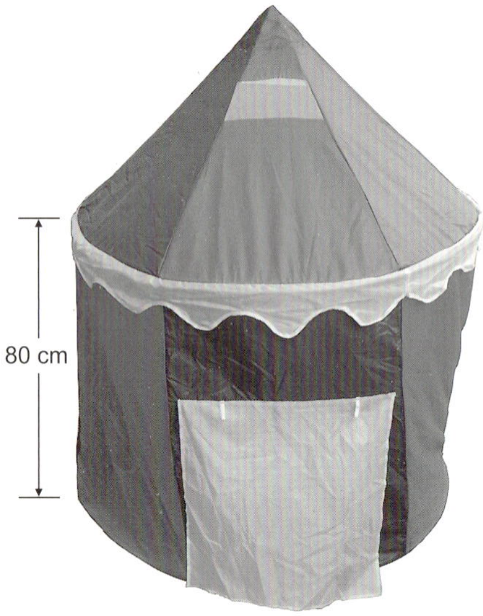

244 Was wiegt die Kerze, wenn 1 cm^3 Wachs eine Masse von 0,95 g hat?

245 Bestimme das Volumen des Ballons.

10 Daten und Zufall

10.1 Statistische Grundbegriffe

Mit den folgenden statistischen Grundbegriffen kannst du Umfragen, Stichproben, Experimente und andere Datenerhebungen auswerten.

Merke

Urliste:	ungeordnete Liste der erfassten Daten
Rangliste:	nach Größe geordnete Liste der erfassten Daten
Minimum:	der niedrigste Wert der erfassten Daten
Maximum:	der höchste Wert der erfassten Daten
Spannweite:	die Differenz zwischen dem Maximum und Minimum
Ausreißer:	ein Wert, der nicht zu den anderen Werten passt, meist ein besonders hoher oder besonders niedriger Wert
Stichprobe:	eine Auswahl von Werten oder Personen, stellvertretend für eine große Anzahl von Werten oder Personen
Häufigkeitstabelle:	Auflistung der erfassten Daten und ihrer absoluten Häufigkeit in einer Tabelle
Strichliste:	Häufigkeitstabelle, bei der die absolute Häufigkeit mit Strichen angegeben wird
Absolute Häufigkeit:	gibt an, wie oft ein bestimmter Wert vorkommt
Relative Häufigkeit:	Anteil der absoluten Häufigkeit an der Gesamtzahl der erhobenen Daten (Angabe meist als Prozentwert): $\text{relative Häufigkeit} = \frac{\text{absolute Häufigkeit}}{\text{Gesamtzahl}}$
arithmetisches Mittel: (Mittelwert)	Die Summe aller Werte dividiert durch ihre Anzahl: $\text{arithmetisches Mittel} = \frac{\text{Summe der Werte}}{\text{Anzahl der Daten}}$

Beispiel

Schüler*innen einer Klasse wurden gefragt, wie viele Stunden sie in der Woche Sport treiben. Bestimme die statistischen Grundbegriffe zur Urliste:
4; 2; 6; 4; 2; 5; 4; 2; 6; 2; 2; 2; 4; 6; 5

Lösung:

Rangliste: 2; 2; 2; 2; 2; 2; 4; 4; 4; 4; 5; 5; 6; 6; 6 (oder absteigend)
Minimum: 2
Maximum: 6
Spannweite: $6-2=4$

Strichliste:

Stunden Sport	2	3	4	5	6
Schüler*innen	𝍸 I	–	IIII	II	III

Arithmetisches Mittel:

$$\frac{(2+2+2+2+2+2+4+4+4+4+5+5+6+6+6)}{15}=\frac{55}{15}\approx 3{,}67 \text{ Stunden}$$

Häufigkeitstabelle:

Stunden Sport	Absolute Häufigkeit	Relative Häufigkeit	Relative Häufigkeit in %
2	6	$\frac{6}{15} = 0{,}4$	40 %
3	0	$\frac{0}{15} = 0$	0 %
4	4	$\frac{4}{15} \approx 0{,}27$	27 %
5	3	$\frac{3}{15} = 0{,}2$	20 %
6	2	$\frac{2}{15} \approx 0{,}13$	13 %
Insgesamt	15	1	100 %

Aufgaben

246 Björn befragt für die Schülerzeitung Mitschüler*innen nach der Länge ihres Schulwegs. Er notiert sich folgende Antworten (alle Angaben in km):

2	4	3	4	1	2	6	5	2	1	3	3	2	2	1	4
6	5	4	3	2	2	2	3	6	5	3	4	1	5	2	1

a) Wie viele Schüler*innen wurden befragt?

b) Lege für das Umfrageergebnis eine Strichliste an.

c) Übertrage das Ergebnis der Strichliste in eine Häufigkeitstabelle.

247 Eine Umfrage nach dem Alter der Schüler*innen in der 10 b ergab folgende Urliste:

15, 17, 18, 16, 17, 17, 18, 16, 16, 17, 15, 18, 17, 15, 17, 18, 16, 18, 16, 17

a) Erstelle eine geordnete Rangliste.

b) Bestimme das Minimum, das Maximum und die Spannweite.

c) Bestimme das arithmetische Mittel.

d) Erstelle eine Häufigkeitstabelle mit der absoluten und relativen Häufigkeit.

248 Werchojansk in Sibirien gehört zu den kältesten Orten der Welt. Die Tabelle zeigt die monatlichen Durchschnittstemperaturen:

Monat	Jan.	Feb.	März	April	Mai	Juni	Juli	Aug.	Sep.	Okt.	Nov.	Dez.
Temp. in °C	–49	–45	–30	–13	2	12	15	11	2	–14	–37	–46

Berechne die durchschnittliche Jahrestemperatur in Werchojansk.

249 Ein Kino ermittelte innerhalb einer Woche folgende Besucherzahlen:

Tag	Mo	Di	Mi	Do	Fr	Sa	So
Besucher*innen	164	157	193	348	425	413	298

a) Wie viele Besucher*innen kamen im Durchschnitt jeden Tag ins Kino? Runde das Ergebnis auf eine ganze Zahl.

b) Wie viele Besucher*innen hätten am Sonntag ins Kino kommen müssen, um eine durchschnittliche Besucherzahl von genau 300 zu erreichen?

10.2 Grafische Darstellung und Diagramme

Merke

Grafische Darstellung statistischer Daten

Zur grafischen Darstellung statistischer Daten verwendet man **Säulen-**, **Balken-**, **Streifen-** und **Kreisdiagramme**.

Mithilfe der unterschiedlichen Diagrammarten kann man entweder die **absoluten** Werte oder die **relativen** Häufigkeiten darstellen.

Beispiel

Die Notenverteilung einer Prüfung ist in folgender Tabelle aufgeführt:

Note	1	2	3	4	5	6
Anzahl	6	7	5	3	2	2

Stelle die Notenverteilung mithilfe der verschiedenen Diagramme dar.

Lösung:

Säulendiagramm

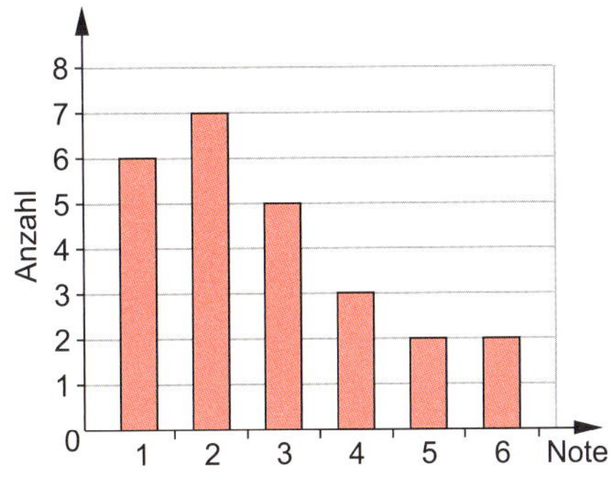

Balkendiagramm

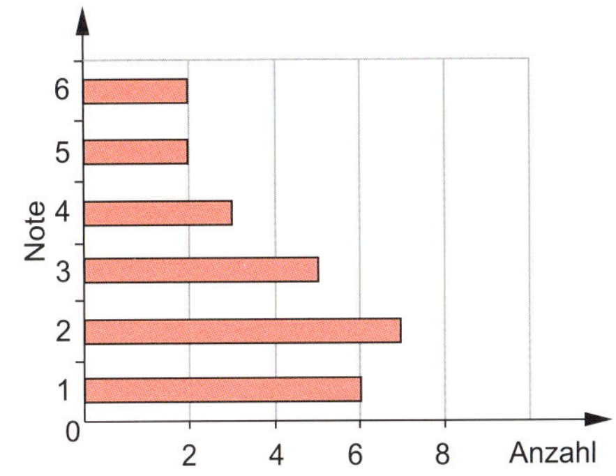

Streifendiagramm

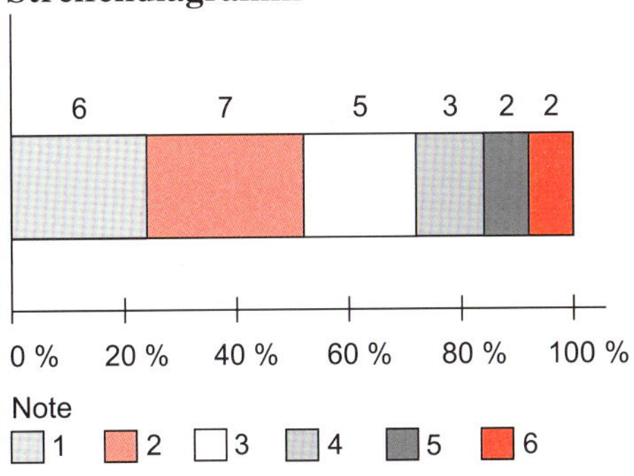

Prozentwerte:

25 Schüler*innen ≙ 100 %

1 Schüler*in ≙ $100\,\% : 25 = 4\,\%$

6 Schüler*innen ≙ $4\,\% \cdot 6 = 24\,\%$ Note 1

7 Schüler*innen ≙ $4\,\% \cdot 7 = 28\,\%$ Note 2

5 Schüler*innen ≙ $4\,\% \cdot 5 = 20\,\%$ Note 3

3 Schüler*innen ≙ $4\,\% \cdot 3 = 12\,\%$ Note 4

2 Schüler*innen ≙ $4\,\% \cdot 2 = 8\,\%$ Note 5

2 Schüler*innen ≙ $4\,\% \cdot 2 = 8\,\%$ Note 6

Kreisdiagramm

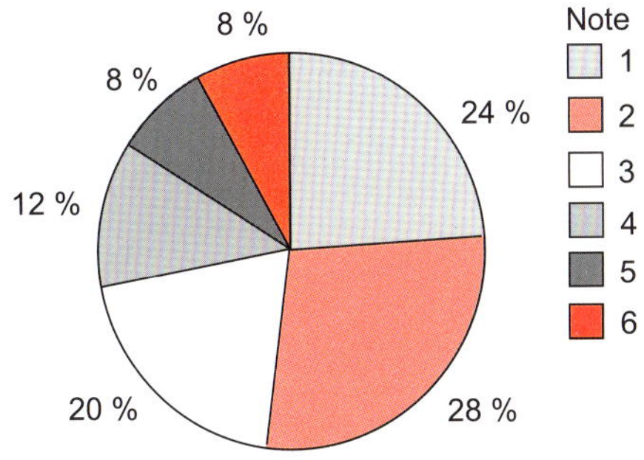

Winkel:

100 % ≙ 360°

1 % ≙ 3,6°

24 % ≙ $3{,}6° \cdot 24 = 86{,}4°$ Note 1

28 % ≙ $3{,}6° \cdot 28 = 100{,}8°$ Note 2

20 % ≙ $3{,}6° \cdot 20 = 72°$ Note 3

12 % ≙ $3{,}6° \cdot 12 = 43{,}2°$ Note 4

8 % ≙ $3{,}6° \cdot 8 = 28{,}8°$ Note 5

8 % ≙ $3{,}6° \cdot 8 = 28{,}8°$ Note 6

Aufgaben

250 Im Säulendiagramm ist das Ergebnis einer Befragung nach dem Alter der Schüler*innen einer Realschule grafisch dargestellt.

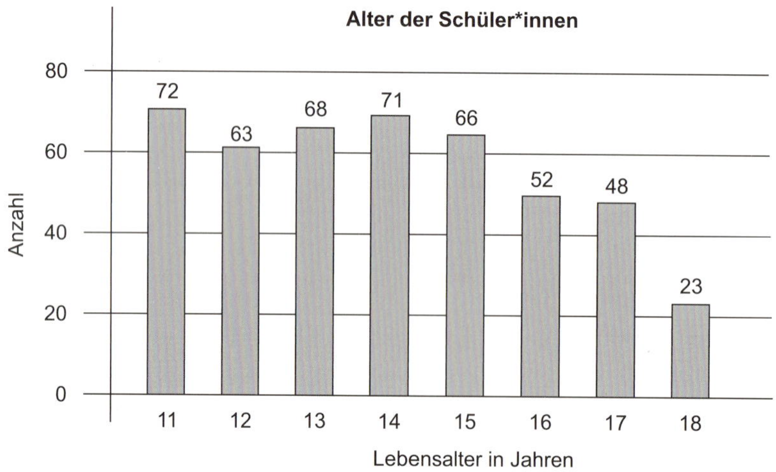

a) Wie viele Schüler*innen besuchen die Realschule?

b) Berechne das Durchschnittsalter an der Realschule.

c) Berechne die relativen Häufigkeiten der einzelnen Altersgruppen und stelle das Ergebnis in einem Säulendiagramm dar. Runde auf ganze Prozentsätze. Diagrammhöhe: 1 cm ≙ 5 %

251 Der Jahrgang 10 der Goethe-Realschule untersucht die Bildschirmzeiten seiner digitalen Endgeräte innerhalb einer Woche:

	Handy	Spielekonsole	TV	Tablet	Computer	insgesamt
Durchschnitt Klasse 10 a	20 h	12 h	6 h	8 h	4 h	
Durchschnitt Klasse 10 b	28 h	4 h	8 h	8 h	2 h	

a) Bestimme die gesamte Bildschirmzeit aller digitalen Endgeräte innerhalb einer Woche.

b) Bestimme die durchschnittliche Bildschirmzeit pro Tag.

c) Bestimme die relative Häufigkeit der Bildschirmzeiten an den einzelnen Endgeräten.

d) Vergleiche die relativen Häufigkeiten für beide Klassen in einem Säulendiagramm.

252 So kommen die Schüler*innen einer Realschule zur Schule:

Verkehrsmittel	Anzahl
zu Fuß	卌 卌
Fahrrad	卌 卌 卌 卌 卌 卌 卌 卌 卌 卌 卌 卌 卌 卌 卌 |||
Bus/U-Bahn/S-Bahn	卌 ||
Mofa/Roller	卌 卌 卌 卌 卌 卌 卌 卌 卌 卌 卌 卌 卌 卌 卌
Pkw	卌 卌 卌 卌

a) Trage die absoluten und die relativen Häufigkeiten in eine Häufigkeitstabelle ein.

b) Erstelle mithilfe der relativen Häufigkeiten ein Balken-, ein Streifen- und ein Kreisdiagramm. Wähle geeignete Einheiten.

c) Welches Diagramm gibt deiner Meinung nach den Sachverhalt am besten wieder? Begründe deine Entscheidung!

Merke

Faule Grafiken

Bei der **Auswertung von Grafiken** musst du gut aufpassen. Viele Grafiken vermitteln ein **verzerrtes Bild** der Wirklichkeit. Prüfe deshalb genau, ob die Grafik wirklich das aussagt, was sie aussagen soll. Folgende Fragen helfen dir bei der richtigen Interpretation einer grafischen Darstellung:

- Was zeigt die **Rechtsachse**, was zeigt die **Hochachse**?
- Beginnen die Achsen **bei null**? Sind sie **gleichmäßig eingeteilt**?
- Passt die **Größe der gewählten Symbole** wirklich zur Größe der dargestellten Werte?

Aufgaben

253 Zwei Diagramme zeigen die Umsätze eines Supermarkts.
Worin unterscheiden sich die Diagramme ganz wesentlich?
Was bewirken diese Unterschiede?

Diagramm 1

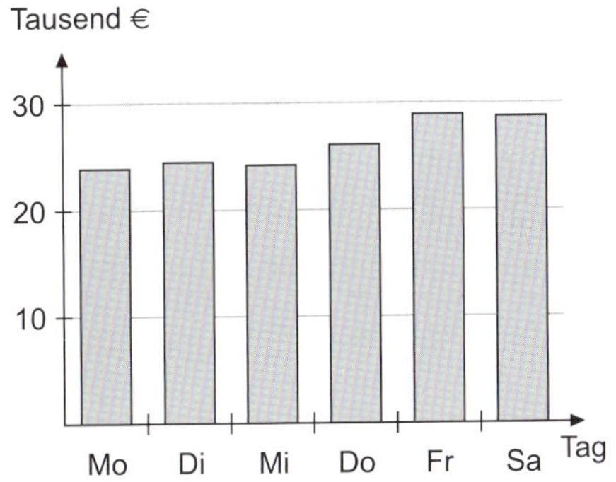

Diagramm 2

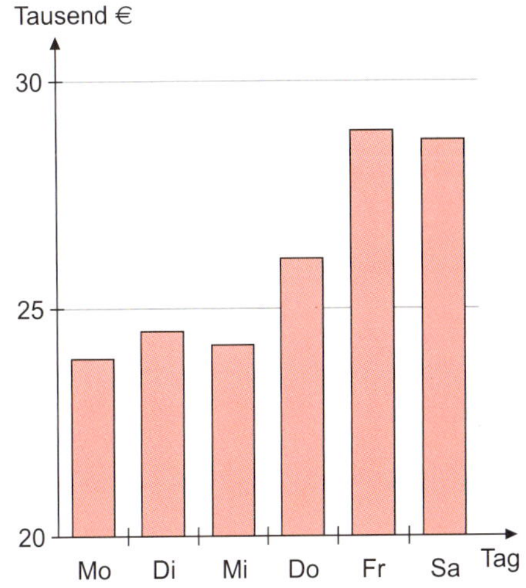

254 Ein privates Geldinstitut plant eine Sonderaktion für seine Kundschaft. Der Marketing-Leitung liegen für die Werbeaktion zwei Entwürfe vor.

Entwurf 1

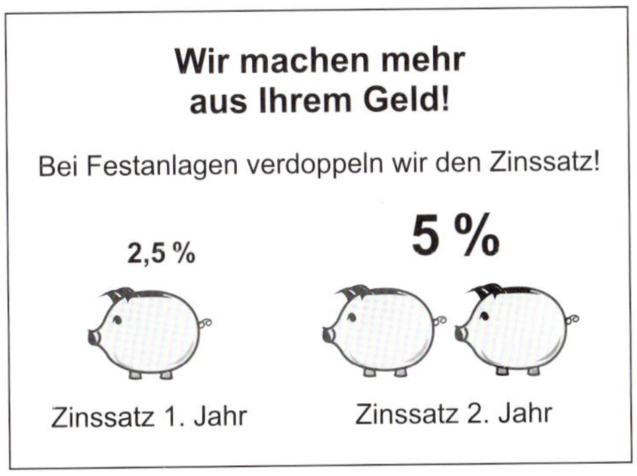

Entwurf 2

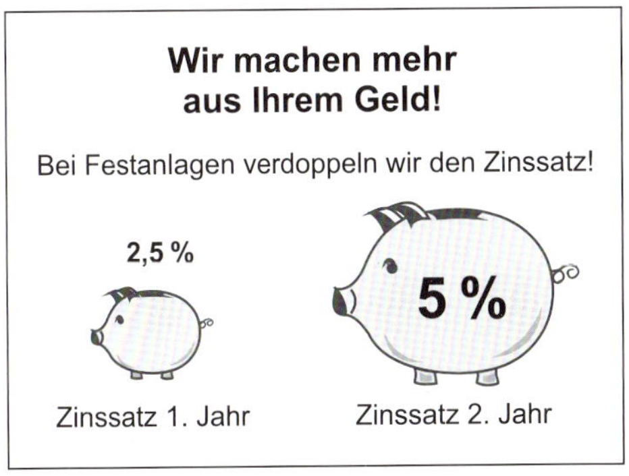

Für welchen Entwurf wird sich das Marketing wahrscheinlich entscheiden und warum?

10.3 Wahrscheinlichkeitsrechnung (einstufige Zufallsexperimente)

Merke

Zufallsversuch und Wahrscheinlichkeit

Man spricht von einem **Zufallsversuch**, wenn sich das Ergebnis eines solchen Versuchs auch nach einer Vielzahl von Wiederholungen nicht vorhersagen lässt. Im Folgenden werden ausschließlich Zufallsversuche betrachtet, bei denen **alle Ergebnisse gleich wahrscheinlich** sind.

Man kann mehrere Ergebnisse zu einem **Ereignis** zusammenfassen.
Die Wahrscheinlichkeit, dass ein Ereignis eintritt, lässt sich wie folgt bestimmen:

$$\text{Wahrscheinlichkeit } P = \frac{\text{Anzahl der günstigen Ergebnisse}}{\text{Anzahl aller möglichen Ergebnisse}}$$

Beispiele

1. **Münze**

Beim Münzwurf sind **Zahl** und **Wappen** gleich wahrscheinlich.

Würfel

Beim Spielen mit dem Würfel sind die Augenzahlen **1**, **2**, **3**, **4**, **5** und **6** gleich wahrscheinlich.

Urne

Beim Ziehen einer Kugel aus der Urne sind die Kugeln von **1 bis 49** gleich wahrscheinlich.

Glücksrad

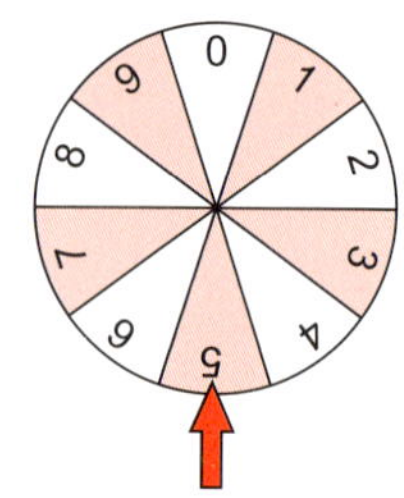

Beim Drehen des Glücksrads sind die Zahlen von **0 bis 9** gleich wahrscheinlich.

2. Julia spielt mit einem Würfel.
Wie groß ist die Wahrscheinlichkeit dafür, dass sie eine ungerade Augenzahl würfelt?

Lösung:
Anzahl der günstigen Ergebnisse: 3 (1; 3; 5)
Anzahl aller möglichen Ergebnisse: 6 (1; 2; 3; 4; 5; 6)

$$\text{Wahrscheinlichkeit } P = \frac{\text{Anzahl der günstigen Ergebnisse}}{\text{Anzahl aller möglichen Ergebnisse}} = \frac{3}{6} = \frac{1}{2} = 0{,}5 = 50\,\%$$

Die Wahrscheinlichkeit für das Ereignis „ungerade Zahl" beträgt $\frac{1}{2} = 0{,}5 = 50\,\%$.

3. In einem nicht einsehbaren Behälter befinden sich sieben schwarze und drei weiße Kugeln.
Wie groß ist die Wahrscheinlichkeit dafür, eine weiße Kugel zu ziehen?

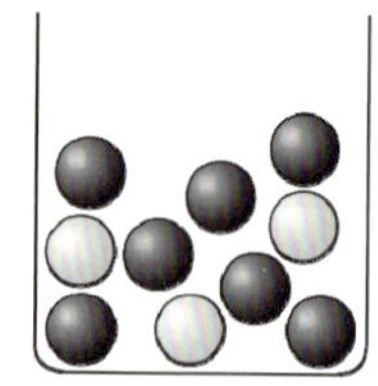

Lösung:
Anzahl der günstigen Ergebnisse: 3 (weiße Kugeln)
Anzahl aller möglichen Ergebnisse: 10 (alle Kugeln)

$$\text{Wahrscheinlichkeit } P = \frac{\text{Anzahl der günstigen Ergebnisse}}{\text{Anzahl aller möglichen Ergebnisse}} = \frac{3}{10} = 0{,}3 = 30\,\%$$

Die Wahrscheinlichkeit für das Ereignis „weiße Kugel" beträgt $\frac{3}{10} = 0{,}3 = 30\,\%$.

Aufgaben

255 Nina spielt mit einem Würfel.
Gib die Wahrscheinlichkeit für folgende Ereignisse an:

a) Die Augenzahl ist gerade.
b) Die Augenzahl ist größer als 3.
c) Nina würfelt eine Primzahl.

256 Peter und Tanja spielen mit einem Würfel. Sie vereinbaren folgende Regeln:
- Tanja erhält einen Punkt, wenn die Augenzahl kleiner als 3 ist.
- Peter erhält einen Punkt, wenn die Augenzahl größer als 3 ist.
- Gewonnen hat, wer zuerst zehn Punkte erreicht.

Wer hat die besseren Gewinnchancen? Begründe deine Antwort.

257 Auf einem Glücksrad sind die Zahlen 1 bis 24.
- Dennis gewinnt, wenn eine durch 3 teilbare Zahl erscheint, die größer als 3 ist.
- Julia gewinnt, wenn das Glücksrad eine Primzahl anzeigt.

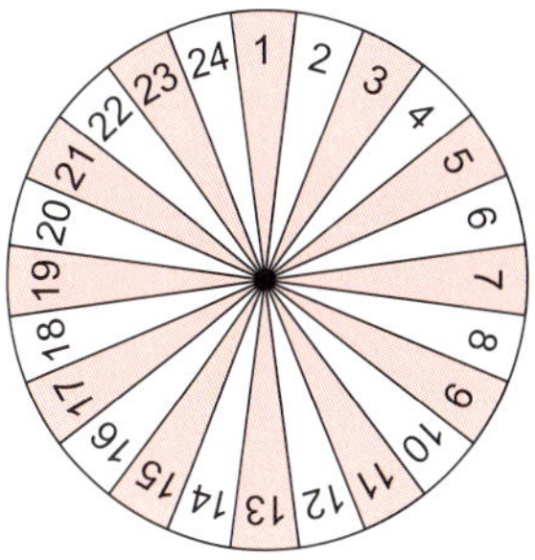

a) Bei welchen Zahlen gewinnt Dennis?
b) Bei welchen Zahlen gewinnt Julia?
c) Wie groß ist die Wahrscheinlichkeit dafür, dass beim Drehen des Glücksrades keiner von beiden gewinnt?

258 In einem Behälter befinden sich schwarze und weiße Kugeln. Stelle dir vor, du sollst eine Kugel aus dem Behälter ziehen – ohne dabei in den Behälter hineinzusehen.

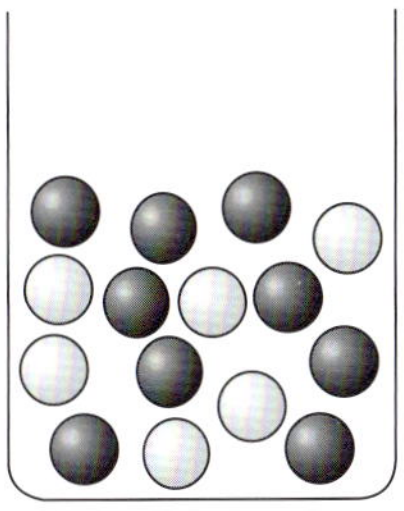

a) Bestimme die Wahrscheinlichkeit dafür, eine schwarze Kugel zu ziehen.
b) Bestimme die Wahrscheinlichkeit dafür, eine weiße Kugel zu ziehen.

Gib das Ergebnis jeweils als gekürzten Bruch, als Dezimalzahl und in Prozent an.

259 In einem Behälter (in den man nicht hineinsehen kann) liegen weiße und schwarze Kugeln. Zusammen sind es 48 Kugeln. Die Wahrscheinlichkeit, eine weiße Kugel zu ziehen, beträgt $\frac{2}{3}$.
Bestimme die Anzahl der weißen und schwarzen Kugeln.

260 In einem Behälter (in den man nicht hineinsehen kann) befinden sich zwölf rote, acht blaue und vier gelbe Kugeln.
Wie groß ist die Wahrscheinlichkeit, keine blaue Kugel zu ziehen?
Gib das Ergebnis jeweils als gekürzten Bruch, als Dezimalzahl und in Prozent an.

10.4 Mehrstufige Zufallsexperimente

Merke

Mehrstufiges Zufallsexperiment

- Wird ein Zufallsexperiment mehrfach nacheinander (zweimal, dreimal oder öfter) ausgeführt, so spricht man von einem **mehrstufigen Zufallsexperiment**.
- Die Ergebnisse lassen sich in einem **Baumdiagramm** darstellen. Dabei kann ein **Ergebnis als Pfad** veranschaulicht werden.

Zur Berechnung der Wahrscheinlichkeiten sind folgende **Pfadregeln** wichtig:

- **Produktregel:** Die Wahrscheinlichkeit eines Ergebnisses ergibt sich aus dem **Produkt** der Wahrscheinlichkeiten der einzelnen Ereignisse entlang des Pfades.
- **Summenregel:** Führen mehrere Pfade zu einem gewünschten Ereignis, so werden die Wahrscheinlichkeiten dieser Ereignisse **addiert**.

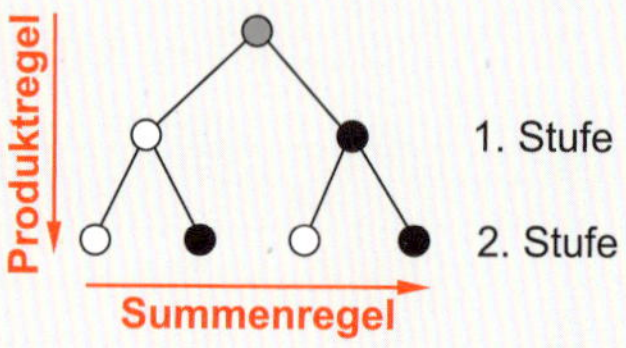

Beispiel

Jede Stufe eines Baumdiagramms steht in diesem Beispiel für einen Münzwurf:

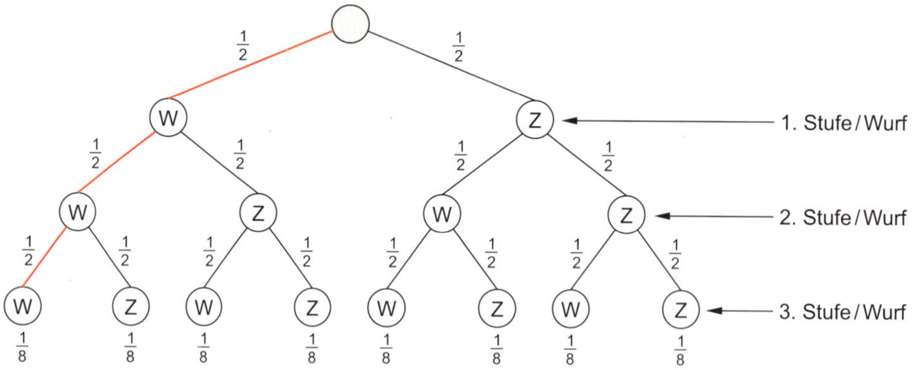

a) Berechne die Wahrscheinlichkeit, dass bei allen drei Würfen Wappen (W) fällt.

Lösung:

Der für dieses Ereignis günstige Pfad ist im Diagramm rot eingezeichnet.

$$P(WWW) = \frac{1}{2} \cdot \frac{1}{2} \cdot \frac{1}{2}$$ Produktregel

$$P(WWW) = \frac{1}{8} = 0{,}125 = 12{,}5\,\%$$

b) Wie groß ist die Wahrscheinlichkeit, dass beim dreimaligen Werfen der Münze zweimal hintereinander Zahl (Z) fällt?

Lösung:

Es gibt drei günstige Möglichkeiten, also drei verschiedene Pfade:
(Z; Z; Z) (W; Z; Z) (Z; Z; W)

Für jeden dieser drei Pfade beträgt die Wahrscheinlichkeit:

$$P(ZZZ) = P(WZZ) = P(ZZW) = \frac{1}{2} \cdot \frac{1}{2} \cdot \frac{1}{2} = \frac{1}{8}$$ Produktregel

Die Wahrscheinlichkeiten der drei Pfade müssen nun addiert werden:

$$P = P(ZZZ) + P(WZZ) + P(ZZW) = \frac{1}{8} + \frac{1}{8} + \frac{1}{8} = \frac{3}{8} = 0{,}375 = 37{,}5\,\%$$ Summenregel

Merke

Mehrstufige Zufallsexperimente ohne Zurücklegen

Beim Ziehen ohne Zurücklegen **ändern** sich die Wahrscheinlichkeiten mit jeder Stufe. Pfade können entfallen, falls alle entsprechenden Objekte (z. B. Kugeln) bereits gezogen wurden.

Beispiel

Ein Behälter enthält eine graue (g), drei schwarze (s) und vier rote (r) Kugeln. Es wird eine Kugel gezogen und dann, ohne die erste Kugel zurückzulegen, eine zweite Kugel gezogen.

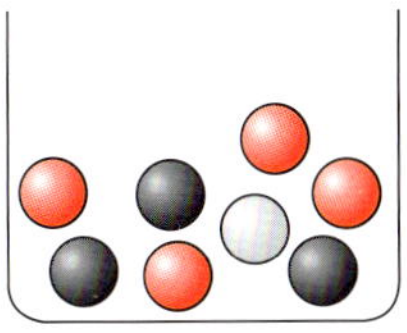

a) Erstelle dazu ein passendes Baumdiagramm.

Lösung:

Beim ersten Ziehen (in der ersten Stufe) hat man noch acht mögliche Ergebnisse (im Nenner steht 8), weil noch alle acht Kugeln in der Urne sind. Beim zweiten Ziehen in der zweiten Stufe sind nur noch sieben Kugeln in der Urne. Es gibt also nur noch sieben mögliche Ergebnisse (im Nenner steht 7).

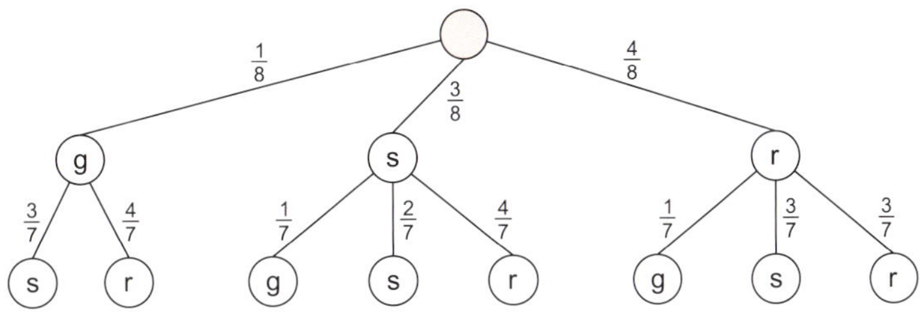

b) Berechne die Wahrscheinlichkeit, zweimal hintereinander schwarz zu ziehen.

Lösung:

$P(s; s) = \frac{3}{8} \cdot \frac{2}{7} = \frac{6}{56} = \frac{3}{28} \approx 0{,}107 = 10{,}7\ \%$ Produktregel

c) Berechne die Wahrscheinlichkeit, dass beim zweiten Ziehen eine graue Kugel gezogen wird.

Lösung:

Hier führen zwei Pfade zum Erfolg: (s; g) und (r; g)

$P(s; g) = \frac{3}{8} \cdot \frac{1}{7} = \frac{3}{56}$ Produktregel

$P(r; g) = \frac{4}{8} \cdot \frac{1}{7} = \frac{4}{56}$ Produktregel

Da beide Pfade zum Erfolg führen, muss man die Wahrscheinlichkeiten addieren:

$P = \frac{3}{56} + \frac{4}{56} = \frac{7}{56} = \frac{1}{8} = 0{,}125 = 12{,}5\ \%$ Summenregel

d) Berechne die Wahrscheinlichkeit, dass höchstens eine rote Kugel gezogen wird.

Lösung:

Alle Pfade, bei denen keine oder eine rote Kugel gezogen wird, führen zum Erfolg. Statt die einzelnen Wahrscheinlichkeiten für alle sieben günstigen Pfade zu berechnen und anschließend zu addieren, kannst du mit dem **Gegenereignis** rechnen:

Der Pfad (r; r) führt als einziger nicht zum Erfolg. Berechne seine Wahrscheinlichkeit und ziehe sie von 1 (Summe aller möglichen Pfade) ab:

$P(\text{höchstens einmal rot}) = 1 - P(r; r) = 1 - \frac{4}{8} \cdot \frac{3}{7} = 1 - \frac{12}{56} = \frac{44}{56} = \frac{11}{14}$

Aufgaben

261 In einem Behälter befinden sich drei schwarze und zwei weiße Kugeln. Es wird zweimal gezogen.

a) Zeichne ein passendes Baumdiagramm, wenn die erste Kugel wieder zurückgelegt wird.

b) Zeichne ein passendes Baumdiagramm, wenn die erste Kugel **nicht** wieder zurückgelegt wird.

c) Berechne die Wahrscheinlichkeit, zwei weiße Kugeln zu ziehen, wenn die erste Kugel wieder zurückgelegt wird.

d) Wie groß ist die Wahrscheinlichkeit, zwei weiße Kugeln zu ziehen, wenn die erste Kugel **nicht** wieder zurückgelegt wird?

e) Berechne die Wahrscheinlichkeit, genau eine schwarze Kugel zu ziehen, wenn die erste Kugel nicht zurückgelegt wird.

262 Das Glücksrad wird zweimal hintereinander gedreht.

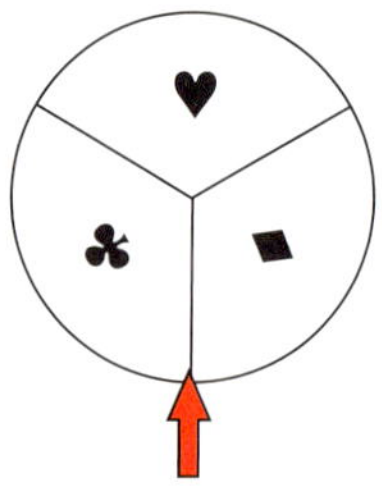

a) Erstelle ein passendes Baumdiagramm.

Berechne die Wahrscheinlichkeiten für folgende Ereignisse bei zweimaligem Drehen:

b) Es wird zweimal ♥ gedreht.

c) Es wird mindestens einmal ♥ gedreht.

d) Beim zweiten Drehen wird ein ♥ gedreht.

263 Erin würfelt zweimal hintereinander und addiert die gewürfelten Augenzahlen.

a) Erstelle ein passendes Baumdiagramm.
Tipp: Du kannst dein Blatt auch quer nehmen, um ausreichend Platz zu haben.

b) Berechne die Wahrscheinlichkeit, dass Erin insgesamt die Augenzahl 12 würfelt.

c) Wie groß ist die Wahrscheinlichkeit, dass Erin insgesamt die Augenzahl 5 würfelt?

d) Welche Augensumme ist am wahrscheinlichsten? Begründe deine Entscheidung.

264 Ein Glücksrad weist folgende Wahrscheinlichkeiten auf:
schwarz: 25 %, weiß: 25 % und grau: 50 %

a) Zeichne das Glücksrad.

b) Das Glücksrad wird dreimal hintereinander gedreht.
Zeichne ein passendes Baumdiagramm.

265 Ein Kartenspiel besteht aus vier Damen, vier Königen und einem Ass.
Nina zieht nacheinander zwei Karten.
Wie groß ist die Wahrscheinlichkeit, dass Nina einen König und ein Ass zieht, wenn …

a) … sie die erste Karte wieder zurücklegt?

b) … sie die erste Karte nicht zurücklegt?

266 Jonas muss auf seinem Schulweg über zwei Ampeln gehen. Die erste hat eine Grünphase von 50 Sekunden und eine Rotphase von 30 Sekunden. Die zweite hat eine Grünphase von 40 Sekunden und eine Rotphase von 60 Sekunden.
Wie groß ist die Wahrscheinlichkeit, dass Jonas auf dem Schulweg nicht warten muss?

10.5 Kombinatorik

Merke

Kombinationen

Gibt es für eine Auswahl **x** Möglichkeiten und für eine weitere Auswahl **y** Möglichkeiten, so ergeben sich für die kombinierte Auswahl zusammen **x · y Kombinationsmöglichkeiten.**

Beispiele

1. Lena hat ein rotes (r), grünes (g) und weißes (w) T-Shirt und eine blaue (b) und schwarze (s) Hose mit in den Urlaub genommen. Wie viele Kombinationsmöglichkeiten hat sie?

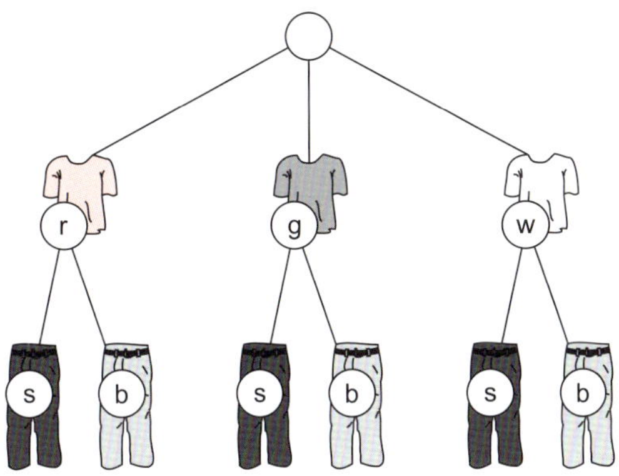

Lösung:
$3 \cdot 2 = 6$ Kombinationsmöglichkeiten

2. Der Pausenverkauf bietet Mohn- (M), Kürbiskern- (K), Roggen- (R) und Vollkornbrötchen (V) an. Jedes Brötchen kann mit Frischkäse (F), Thunfisch (T) oder Schinken (S) belegt werden.

   a) Stelle alle möglichen Kombinationen in einem Baumdiagramm dar.

   Lösung:
   Auswahl aus vier Brötchen und drei Belägen:

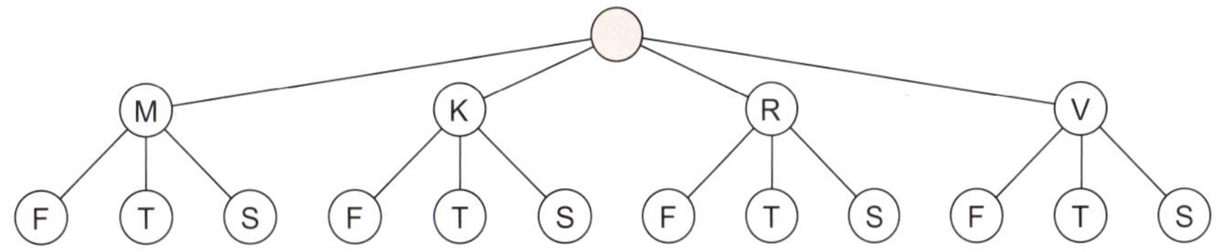

   $4 \cdot 3 = 12$ Kombinationsmöglichkeiten

   b) Florian mag keine Mohnbrötchen und keinen Frischkäse. Wie viele Kombinationsmöglichkeiten bleiben für ihn?

   Lösung:
   Auswahl aus drei Brötchen und zwei Belägen:

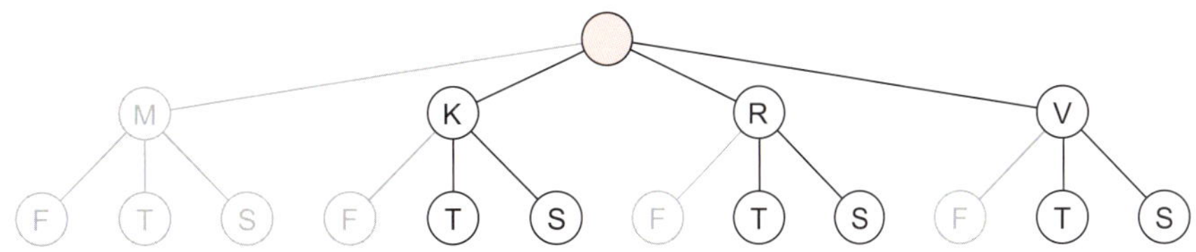

   Florian kann aus $3 \cdot 2 = 6$ Möglichkeiten wählen.

c) Florian kauft außerdem noch ein Getränk. Er hat die Wahl zwischen Wasser, Apfelschorle und Zitronenlimonade. Wie viele Möglichkeiten hat er jetzt?

Lösung:

Es gibt drei verschiedene Getränke: $6 \cdot 3 = 18$

Florian kann aus insgesamt 18 Möglichkeiten wählen.

Aufgaben

267 Ella packt in ihren Urlaubskoffer fünf T-Shirts, zwei Hosen und zwei Paar Schuhe. Wie lange könnte Ella im Urlaub bleiben, wenn sie täglich die Kleiderkombination wechseln will?

268 Lucas hat die dreistellige Zahlenkombination für sein Fahrradschloss vergessen.

a) Wie viele Zahlenkombinationen sind möglich?

b) Wie viele Zahlenkombinationen sind möglich, wenn die erste Zahl keine Null sein darf?

269 Ein chinesisches Restaurant wirbt mit folgendem Slogan für sein Mittagstischangebot:

Nimm zu diesem Angebot Stellung.

Aufgabe im Stil der Abschlussprüfung

Aufgabe im Stil der Abschlussprüfung
Niedersachsen – Mathematik

Hauptteil I

1. Berechne.

2 Punkte a) $8 \cdot 5 + 4 \cdot 3 =$ ______ b) $5 \cdot (6 - 4) =$ ______

2 Punkte c) $3 \cdot \frac{1}{4} =$ ______ d) $54{,}674 \cdot 100 =$ ______

2. Rechne in die vorgegebene Einheit um.

1 Punkt a) 1,5 km = ______ m b) 200 kg = ______ t

1 Punkt c) $4\frac{1}{2}$ Tage = ______ h d) $\frac{1}{8}\,\text{dm}^3 =$ ______ cm^3

3. Schreibe die Zahlen als Zehnerpotenz:

2 Punkte a) 488 000 = ______ b) 2,8 Millionen = ______

2 Punkte 4. Welche Schreibweisen sind gleichwertig zu 20 %? Kreuze an.

☐ $\frac{20}{100}$ ☐ 2,0 ☐ $\frac{1}{2}$

☐ 0,2 ☐ $\frac{2}{10}$ ☐ $\frac{1}{5}$

1 Punkt 5. Gib an, wie viel Prozent der Fläche grau gefärbt sind.

______ %

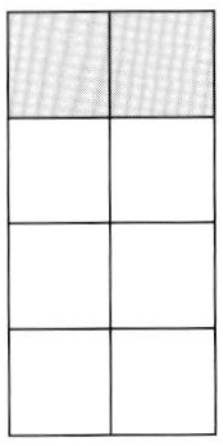

2 Punkte 6. a) Bestimme die Anzahl der Ecken, Kanten und Flächen des Zylinders.

Ecken: ______

Kanten: ______

Flächen: ______

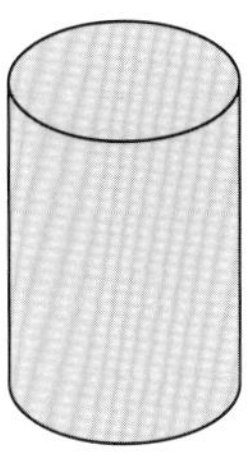

1 Punkt b) Skizziere das Netz des Zylinders.

7. Stelle jeweils einen Term zur Berechnung des Umfangs der achsensymmetrischen Figuren auf und fasse soweit wie möglich zusammen.

2 Punkte a)

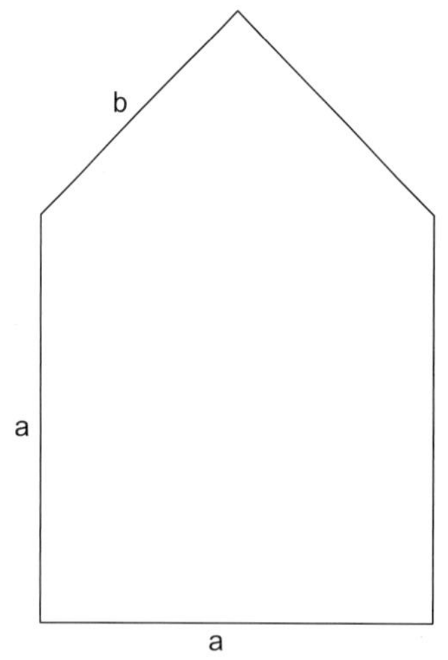

u = ______________________

b)

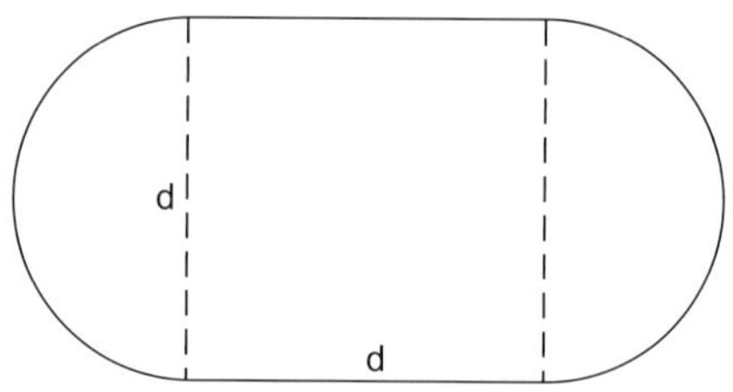

u = ______________________

2 Punkte 8. Gegeben ist ein gleichschenkliges Dreieck mit dem Winkel $\gamma = 70°$.

Gib die Größe von α und β an.

$\alpha =$ __________

$\beta =$ __________

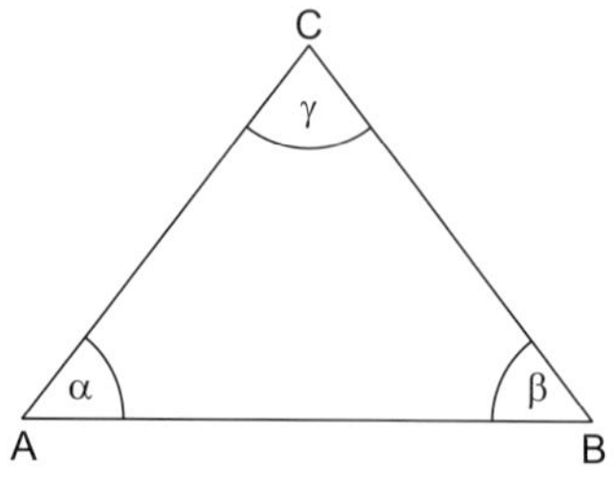

2 Punkte 9. Vier Pumpen benötigen sechs Stunden, um ein Schwimmbecken zu füllen. Berechne, wie lange sechs Pumpen benötigen.

Sechs Pumpen benötigen ______ Stunden, um das Schwimmbecken zu füllen.

2 Punkte 10. Löse die Gleichung.

$8x - 12 = 4x - 4$

11. Beantworte folgende Fragen mithilfe des Diagramms.

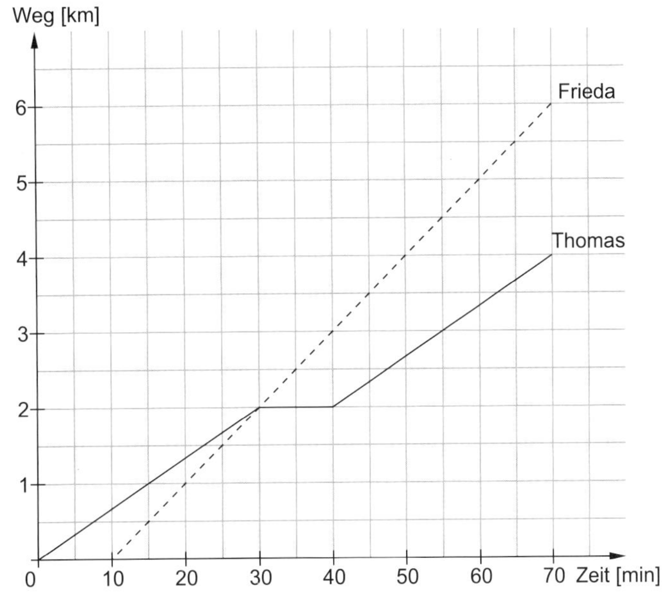

1 Punkt a) Wer macht wann eine Pause?

1 Punkt b) Wer überholt wann wen?

1 Punkt c) Wer geht später los?

1 Punkt b) Anna startet 20 Minuten nach Frieda und legt bei konstanter Geschwindigkeit in einer halben Stunde 2 km zurück.
Zeichne den passenden Graphen ins Koordinatensystem.

1 Punkt 12. Ergänze eine Note, sodass das arithmetische Mittel 3 beträgt.

Noten: 4; 5; 2; 3; 3; _____

1 Punkt 13. In einem Behälter liegen schwarze und weiße Kugeln.
Zeichne noch weitere Kugeln in den Behälter, sodass die Wahrscheinlichkeit, eine weiße Kugel zu ziehen, $\frac{3}{7}$ ist.

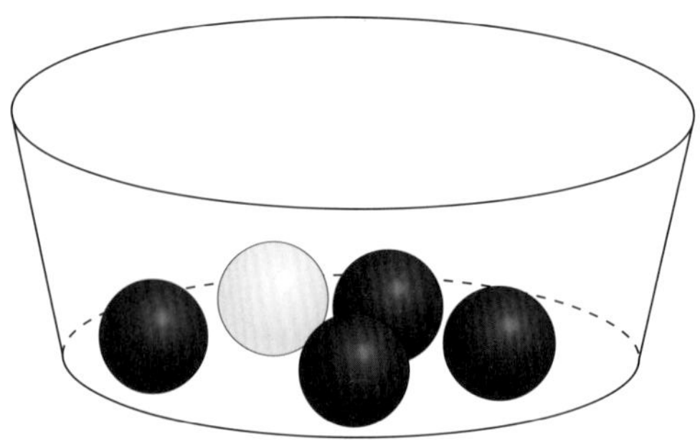

Hauptteil II mit Wahlaufgaben

Wichtige Hinweise für alle Aufgaben:
Runde Endergebnisse auf 2 Nachkommastellen, sofern nichts anderes angegeben ist.
Schreibe deine Lösungswege ausführlich auf.

Aufgabe 1

2 Punkte a) Bestimme die Länge der Seite x.

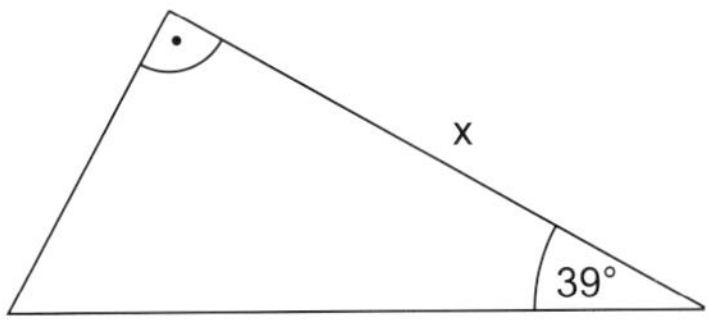

Abbildung nicht maßstäblich

1 Punkt b) Gib an, wie du die dritte Seite im Dreieck berechnen kannst.

Aufgabe 2

Taxifahren ist teuer. In Hannover beträgt die Grundgebühr 3,90 €. Pro mit dem Taxi zurückgelegtem Kilometer entstehen zusätzliche Kosten von 2,30 €.

2 Punkte a) Stelle den Sachverhalt in einem Koordinatensystem dar. Berücksichtige Fahrten bis zu 10 km.

1 Punkt b) Gib eine Funktionsgleichung an, die diesen Sachverhalt beschreibt.

2 Punkte

Aufgabe 3

Bestimme die Lösungsmenge der quadratischen Gleichung.

$x^2 + 8x + 16 = 25$

2 Punkte

Aufgabe 4

Zwei 6-seitige Würfel werden gleichzeitig geworfen und die beiden Augenzahlen werden miteinander addiert.
Paul behauptet, dass die Wahrscheinlichkeit, die Augensumme 6 zu würfeln, gleich der Wahrscheinlichkeit ist, die Augensumme 8 zu würfeln.

Hat Paul recht? Begründe deine Entscheidung.

Aufgabe 5

Bei einer Wahl entfallen von 83 500 Stimmen 40 % der Stimmen Partei A, 30 % der Stimmen auf Partei B, 25 % auf Partei C und die restlichen Stimmen auf die übrigen Parteien.

4 Punkte a) Stelle die prozentuale Stimmverteilung in einem Kreisdiagramm dar.

2 Punkte b) Berechne die Anzahl der Stimmen für Partei B und für die übrigen Parteien.

Aufgabe 6

Die Abbildung zeigt einen Kreisausschnitt mit dem Radius $r = 3$ cm und dem Mittelpunktswinkel $\gamma = 90°$.

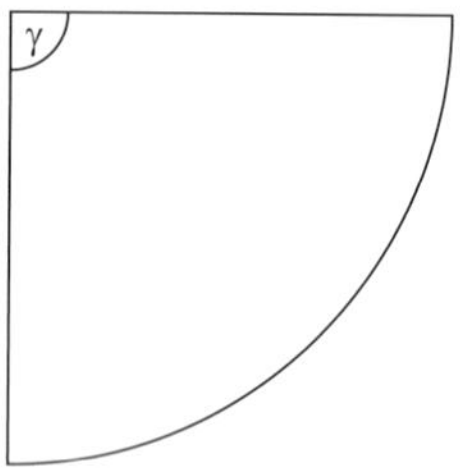

2 Punkte a) Bestimme den Flächeninhalt des Kreisausschnittes.

2 Punkte b) Bestimme den Umfang des Kreisausschnittes.

Aufgabe 7

Ein Zirkuszelt besteht aus einem zylinderförmigen Hauptraum und einem kegelförmigen Dach (siehe Abbildung).

3 Punkte a) Bestimme das Volumen des Zeltes.

2 Punkte b) Berechne die Mantellinie s des Zeltdachs.

3 Punkte c) Bestimme die Oberfläche des Zeltes.
(Solltest du Teilaufgabe b nicht gelöst haben, rechne mit $s = 12{,}9$ m weiter.)

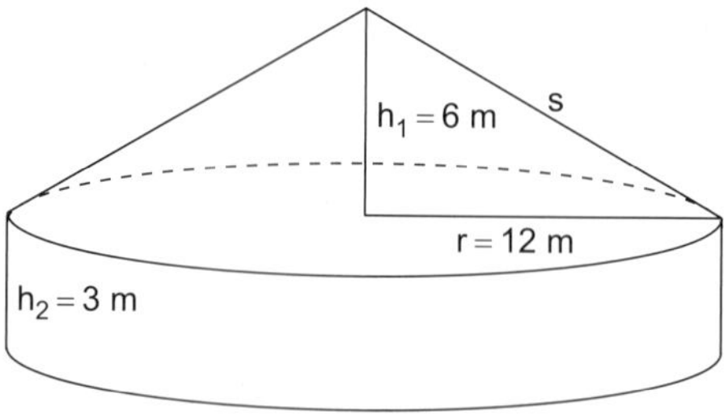

Abbildung nicht maßstäblich

Aufgabe 8

Ein Fahnenmast wirft einen 8,50 m langen Schatten.
Die Sonnenstrahlen treffen dabei unter einem Winkel von 41° auf den Boden.

1 Punkt a) Fertige eine Skizze an.

3 Punkte b) Berechne die Höhe des Fahnenmasts.

Aufgabe 9

Am Kiosk bezahlt Celina für zwei Eis und drei Cola 8,50 €.
Jessica bezahlt für ein Eis und zwei Cola 5 €.

2 Punkte a) Stelle ein passendes Gleichungssystem auf.

2 Punkte b) Berechne die Preise für ein Eis und eine Cola.

Wahlaufgabe 1

Gegeben ist folgendes Werkstück:

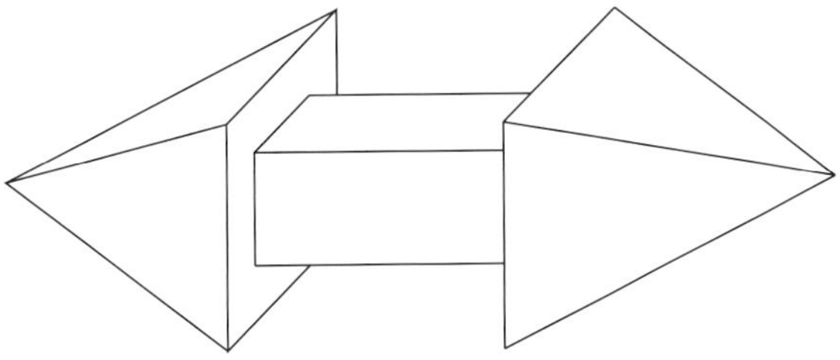

$h_k = 5$ cm	$h_k = 5$ cm	$h_k = 5$ cm
$a = b = 4$ cm	$a = b = 2$ cm	$a = b = 4$ cm

Skizze nicht maßstäblich

2 Punkte a) Gib an, aus welchen Körpern das Werkstück zusammengesetzt ist.

4 Punkte b) Bestimme das Volumen des Werkstücks.

2 Punkte c) Gib die Maße eines quaderförmigen Paketes an, in das das Werkstück genau hineinpasst.

Ein anderes Werkstück hat die Form eines Kegels. Sein Volumen beträgt 280 cm^3 und seine Körperhöhe $h_k = 15$ cm.

1 Punkt d) Erstelle eine Skizze des Werkstücks.

1 Punkt e) Bestimme den Radius r des Werkstücks.

Wahlaufgabe 2

Die Abbildung zeigt die Graphen der zwei Funktionen f(x) und g(x).

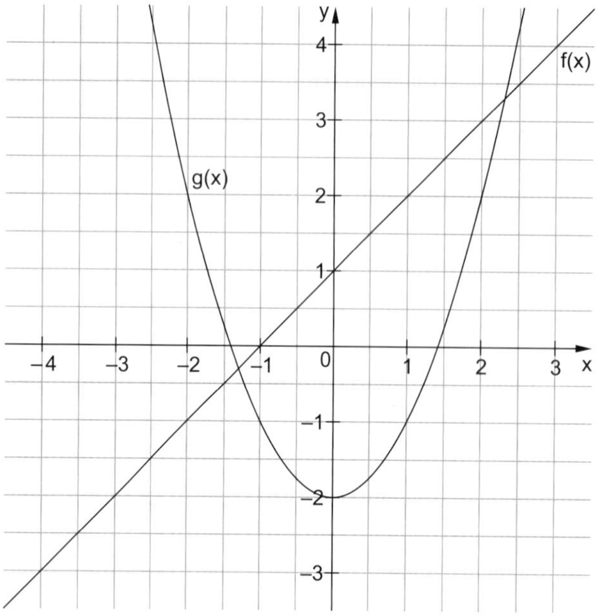

2 Punkte a) Gib an, um welche Art der Funktion (um welches Wachstum) es sich bei den Funktionen f(x) und g(x) handelt.

2 Punkte b) Bestimme die Funktionsgleichungen von f(x) und g(x).

1 Punkt c) Gib an, in welchen Punkten sich die Graphen der beiden Funktionen schneiden. Messe dazu die Koordinaten der Schnittpunkte in der Abbildung.

2 Punkte d) Der Graph der Funktion h(x) verläuft durch den Punkt (–2 | –4) und den Scheitelpunkt von g(x).
Gib die Funktionsgleichung von h(x) an. Was gilt für die Graphen von f(x) und h(x)?

1 Punkt e) Zeichne die Funktion $j(x) = (x+2)^2 - 1$ in das Koordinatensystem.

2 Punkte f) Bestimme rechnerisch die Nullstellen der Funktion $j(x) = (x+2)^2 - 1$.

Wahlaufgabe 3

Eine Algenart bedeckt zu Beginn der Beobachtung eine Fläche von 5 m^2.
Zum Verlauf ihres Wachstums gehen die Fachmeinungen auseinander.
Die Biologin Piotrowska ist der Meinung, dass die Fläche der Algen jede Woche um 30 % zunimmt.
Ihr Kollege Johann schätzt, dass sich die Fläche der Algen jede Woche um 3 m^2 vergrößert.

4 Punkte a) Berechne die Fläche der Algen nach beiden Theorien nach 1, 2, 5 und 8 Wochen. Vervollständige die Tabelle.

Woche	0	1	2	5	8
Algenfläche nach Piotrowska	5 m^2				
Algenfläche nach Johann	5 m^2				

3 Punkte b) Stelle das voraussichtliche Algenwachstum nach beiden Theorien in einem übersichtlichen Koordinatensystem dar.

1 Punkt c) Erkläre anhand der Aufgabenstellung die Begriffe „lineares Wachstum“ und „exponentielles Wachstum“.

2 Punkte d) Eine 50 m^2 große Algenfläche verkleinert sich wöchentlich um 10 %. Bestimme, nach wie vielen Wochen sie unter 25 m^2 groß ist.

Wahlaufgabe 4

Piet hat auf seinem Smartphone eine Playlist mit drei deutschsprachigen, vier englischsprachigen und zwei türkischsprachigen Liedern. Zufällig lässt er zwei Lieder aus dieser Playlist abspielen. Ein Lied kann nicht zweimal gespielt werden.

4 Punkte a) Zeichne ein passendes Baumdiagramm für die zufällige Wiedergabe der ersten beiden Lieder. Notiere dabei auch die Wahrscheinlichkeiten an den einzelnen Pfaden.

2 Punkte b) Bestimme die Wahrscheinlichkeit, dass zwei englischsprachige Lieder hintereinander gespielt werden.

2 Punkte c) Bestimme die Wahrscheinlichkeit, dass unter den ersten beiden Liedern kein deutschsprachiges ist. Gib die Wahrscheinlichkeit in Prozent an.

2 Punkte d) Gib an, wie viele Lieder Piet mindestens abspielen muss, damit sicher ein deutschsprachiges Lied dabei ist. Begründe deine Entscheidung.

▶ Abschlussprüfung

Abschlussprüfung zum Realschulabschluss/Sekundarabschluss I
Niedersachsen – Mathematik 2019

Hauptteil I

1. Berechne.

2 Punkte
a) $240-65=$ b) $10{,}5+0{,}95=$

2 Punkte
c) $12\cdot(-6)=$ d) $\frac{5}{8}:2=$

2 Punkte
2. Berechne.

$95+5\cdot(20-5)=$

3. Gegeben ist der Term $2x+3y+4x-5y$.

1 Punkt
a) Fasse den Term so weit wie möglich zusammen.

1 Punkt
b) Berechne den Wert des Terms für $x=2$ und $y=-1$.

2 Punkte 4. Löse die Gleichung.

$2x + 5 = -4x + 17$

5. Abgebildet sind die ersten drei Figuren eines Musters.

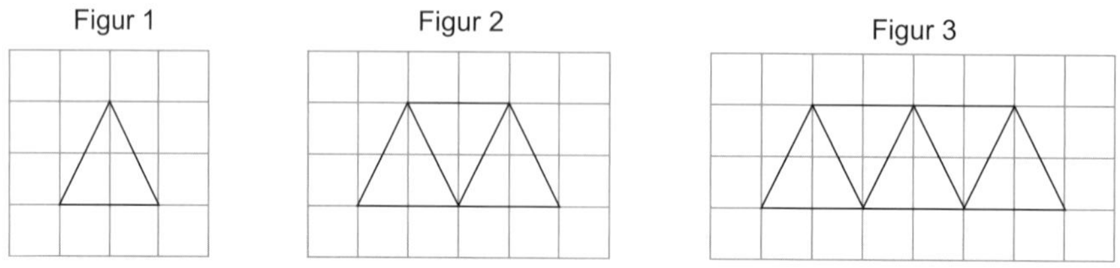

1 Punkt a) Zeichne die Figur 4 des Musters.

Figur 4

1 Punkt b) Gib die Anzahl der Dreiecke in der Figur 10 des Musters an.

Die Figur 10 besteht aus _____ Dreiecken.

Die Anzahl der Dreiecke einer beliebigen Figur x des Musters soll bestimmt werden.

1 Punkt c) Stelle einen allgemeinen Term in Abhängigkeit von x auf.

6. Ein Quadrat hat einen Umfang von 14 cm.

2 Punkte a) Zeichne das Quadrat.

1 Punkt

b) Kreuze die richtige Aussage an.
Wenn sich der Umfang des Quadrates verdoppelt, dann …

☐ verdoppelt sich der Flächeninhalt des Quadrates.

☐ vervierfacht sich der Flächeninhalt des Quadrates.

☐ verachtfacht sich der Flächeninhalt des Quadrates.

2 Punkte

7. Gib die Größe der Winkel α und β an.

$\alpha =$ ______ °

$\beta =$ ______ °

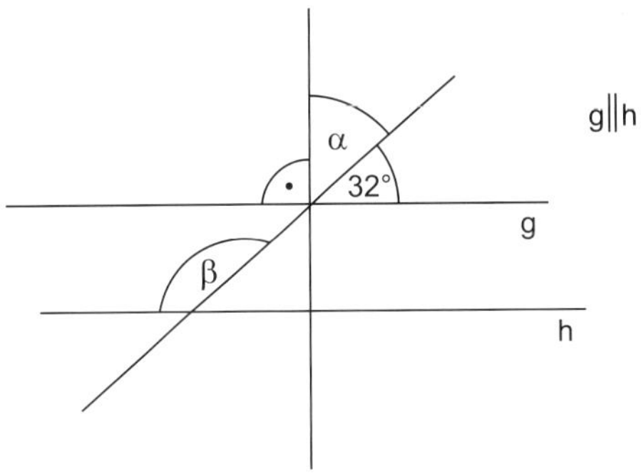

(Skizze nicht maßstäblich)

2 Punkte

8. Für einen Ausflug mieten 6 Personen einen Kleinbus zu einem Festpreis. Jeder muss 20 € bezahlen. Kurzfristig fahren 2 Personen mehr mit.
Berechne, wie viel jede Person jetzt bezahlen muss.

Jede Person muss jetzt ________ € bezahlen.

2 Punkte

9. Am Sportfest nahmen 400 Kinder teil. 80 Kinder erhielten eine Ehrenurkunde.
Berechne den prozentualen Anteil der Kinder, die eine Ehrenurkunde erhielten.

Eine Ehrenurkunde erhielten _______ % der Kinder.

10. Abgebildet ist ein Glücksrad.

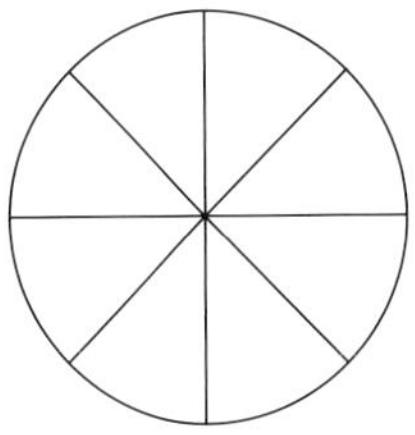

1 Punkt

a) Färbe auf dem Glücksrad so viele Felder grau, dass die Wahrscheinlichkeit für „grau“ $\frac{1}{4}$ beträgt.

Sabine möchte auf dem Glücksrad noch weitere Felder grau färben, sodass die Wahrscheinlichkeit für „grau" $\frac{1}{3}$ beträgt.

1 Punkt b) Begründe, dass Sabine das bei einem Glücksrad mit 8 Feldern nicht kann.

11. An einem Tag wurde stündlich die Niederschlagsmenge und die Temperatur gemessen.

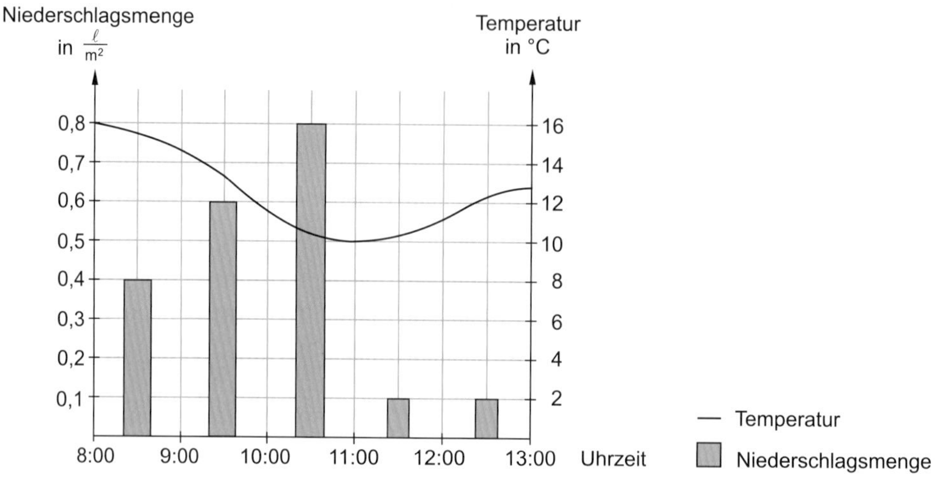

1 Punkt a) Gib an, zu welcher Uhrzeit die tiefste Temperatur gemessen wurde.

Die tiefste Temperatur wurde um ________ Uhr gemessen.

2 Punkte b) Berechne die durchschnittliche Niederschlagsmenge in dem dargestellten Zeitraum.

Die durchschnittliche Niederschlagsmenge beträgt ________ $\frac{\ell}{m^2}$.

1 Punkt c) Begründe, dass die Temperaturen als Kurve dargestellt werden dürfen.

Hauptteil II mit Wahlaufgaben

Wichtige Hinweise für alle Aufgaben:
Runde Endergebnisse auf 2 Stellen hinter dem Komma.
Schreibe deine Lösungswege ausführlich auf.

Aufgabe 1

Ein Fahrradhändler macht das nebenstehende Angebot.

2 Punkte a) Berechne den Preis des Fahrrades.

Auf alle bereits reduzierten Fahrräder gibt es noch einmal 15 % Preisnachlass. Leon behauptet: „Dann kann ich doch gleich 35 % abziehen."

2 Punkte b) Entscheide, ob Leon recht hat. Begründe deine Entscheidung.

Aufgabe 2

In einer Urne sind 2 grüne und 8 rote Kugeln. Marcel zieht zwei Kugeln, ohne sie zurückzulegen.

2 Punkte a) Ergänze im folgenden Baumdiagramm die fehlenden Wahrscheinlichkeiten. Verwende Brüche.

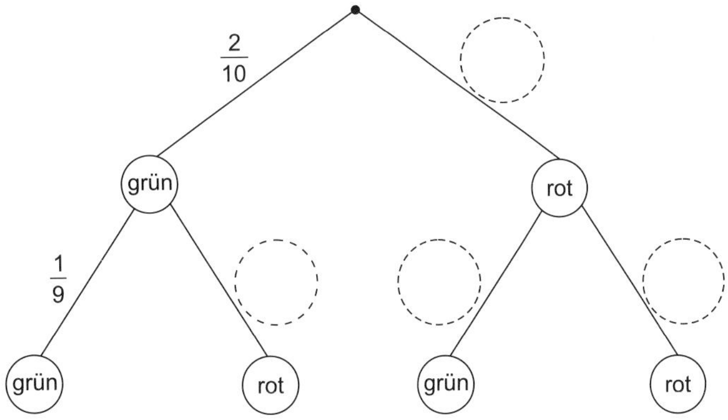

2 Punkte b) Berechne die Wahrscheinlichkeit, dass Marcel zwei grüne Kugeln zieht.

2 Punkte c) Berechne die Wahrscheinlichkeit, dass Marcel höchstens eine grüne Kugel zieht.

Aufgabe 3

Ein Glas enthält Tee mit einer Temperatur von 90 °C.

2 Punkte a) Die Temperatur des Tees nimmt pro Minute um 8 % ab. Berechne die Temperatur des Tees nach 10 min.

Im Kühlschrank hat der 90 °C heiße Tee nach 5 min eine Temperatur von 45 °C.

3 Punkte b) Berechne die prozentuale Temperaturabnahme des Tees pro Minute.

Aufgabe 4

Bei einem Schulfest werden Saft und Wasser verkauft. Annette bezahlt für 1 Glas Saft und 4 Gläser Wasser 13 €. Sandra bezahlt für 4 Gläser Saft und 2 Gläser Wasser 17 €.

2 Punkte a) Stelle ein lineares Gleichungssystem auf, mit dem du den Preis für ein Glas Saft und den Preis für ein Glas Wasser berechnen kannst.

3 Punkte b) Löse das Gleichungssystem und gib den Preis für ein Glas Saft und den Preis für ein Glas Wasser an.

(Solltest du Teilaufgabe a nicht gelöst haben, rechne mit $\left|\begin{array}{ll} \text{I} & 4x + y = 12 \\ \text{II} & 2x + 4y = 13 \end{array}\right|$ weiter.

Dabei ist x der Preis für ein Glas Saft und y der Preis für ein Glas Wasser.)

Aufgabe 5

Gegeben ist die quadratische Gleichung $x^2 - 6x + 5 = 0$.

3 Punkte a) Löse die Gleichung.

1 Punkt b) Gib den Zusammenhang zwischen den Lösungen der Gleichung und dem Graphen der Funktion $y = x^2 - 6x + 5$ an.

Aufgabe 6

Ein Rollstuhlfahrer muss eine 20 cm hohe Stufe überwinden. Dazu wird eine Rampe mit einem Steigungswinkel von 5° angelegt.

3 Punkte a) Berechne die Länge x der Rampe.

Aus Sicherheitsgründen darf die Steigung der Rampe höchstens 6 % betragen.

3 Punkte b) Überprüfe mit einer Rechnung, ob die Rampe lang genug ist.

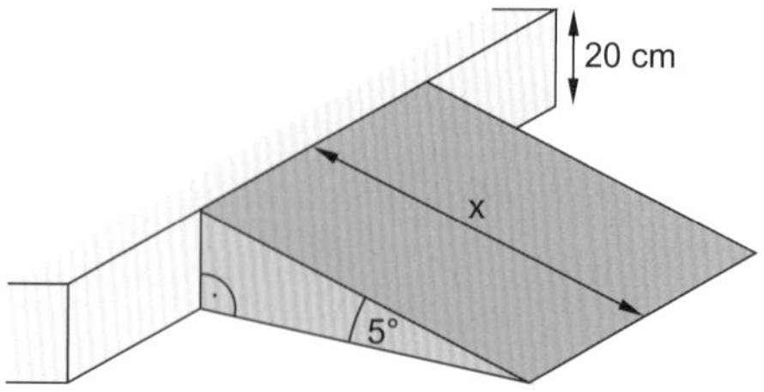

(Skizze nicht maßstäblich)

Aufgabe 7

Ein Oktaeder besteht aus zwei quadratischen Pyramiden.
Alle Kanten haben eine Länge von $a = 4$ cm.

3 Punkte a) Berechne die Höhe h_a einer Seitenfläche.

3 Punkte b) Berechne die Oberfläche des Oktaeders.

(Solltest du Teilaufgabe a nicht gelöst haben, rechne mit $h_a = 3{,}52$ cm weiter.)

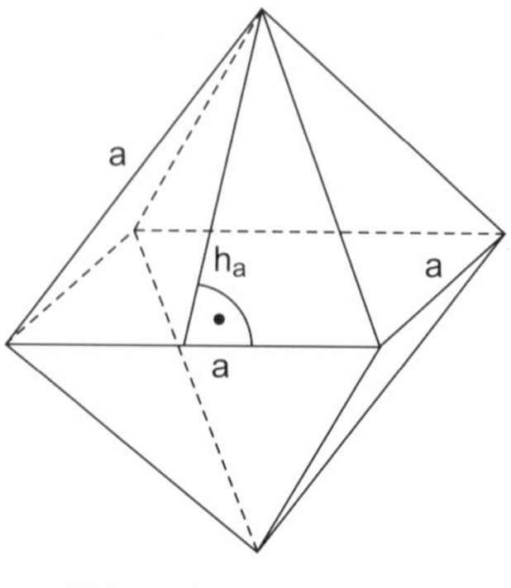

(Skizze nicht maßstäblich)

Wahlaufgabe 1

Justin steht auf dem Leuchtturm.
Er misst zwischen dem Hafen und einem Schiff den Winkel $\beta_1 = 44°$.

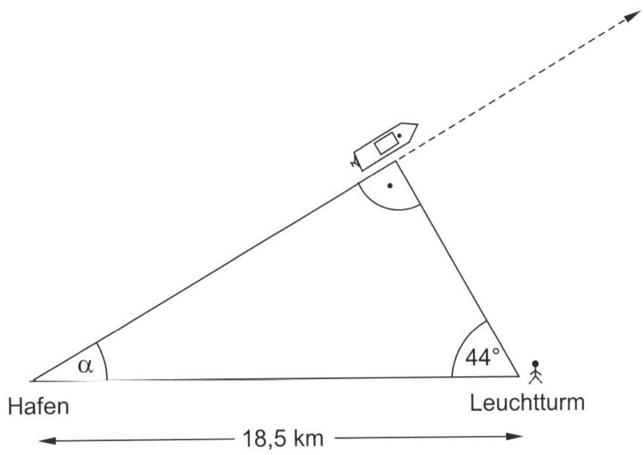

(Skizze nicht maßstäblich)

1 Punkt a) Berechne den Winkel α.

2 Punkte b) Berechne die Länge der Strecke vom Leuchtturm zum Schiff.

Das Schiff fährt auf geradem Kurs weiter. Justin misst den Winkel zwischen dem Hafen und der neuen Position des Schiffes. Der Winkel beträgt jetzt $\beta_2 = 78°$.

1 Punkt c) Skizziere in die Grafik die Strecke vom Leuchtturm zur neuen Position des Schiffes.

4 Punkte d) Berechne die neue Länge der Strecke vom Leuchtturm zum Schiff.

2 Punkte e) Stelle eine allgemeine Formel für die Berechnung der Länge der Strecke x vom Leuchtturm zum Schiff in Abhängigkeit vom Winkel β auf.

Wahlaufgabe 2

Eine Sanduhr besteht aus zwei annähernd kegelförmigen Glasgefäßen. Die Sanduhr ist insgesamt 24 cm hoch und hat oben und unten einen Durchmesser von 9 cm.
Zu Beginn ist der obere Teil 8 cm hoch mit Sand gefüllt.

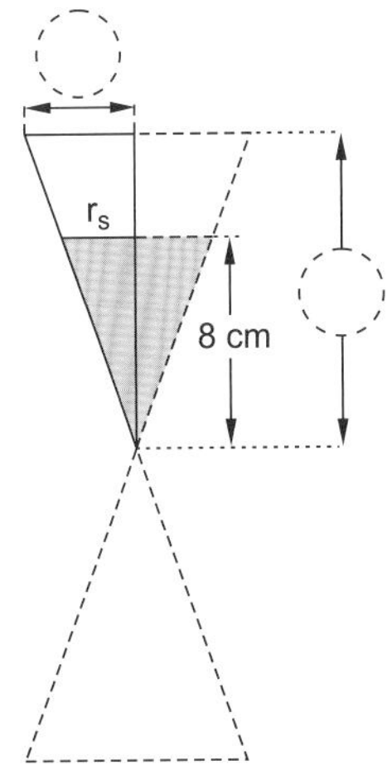

(Skizze nicht maßstäblich)

2 Punkte a) Ergänze in der nebenstehenden Abbildung die fehlenden Maße.

2 Punkte b) Berechne den Radius r_s des Sandkegels.

2 Punkte c) Berechne das Volumen des Sandkegels. (Solltest du Teilaufgabe b nicht gelöst haben, rechne mit $r_s = 4$ cm weiter.)

Sobald die Sanduhr läuft, entsteht unten ein weiterer Sandkegel. Zu einem bestimmten Zeitpunkt sind die Grundflächen des Sand- und des Glaskegels gleich groß. Der Winkel zwischen dem Radius r der Grundfläche und der Seitenlinie s des Sandkegels beträgt 30°.

2 Punkte d) Berechne die Höhe des Sandkegels zu diesem Zeitpunkt.

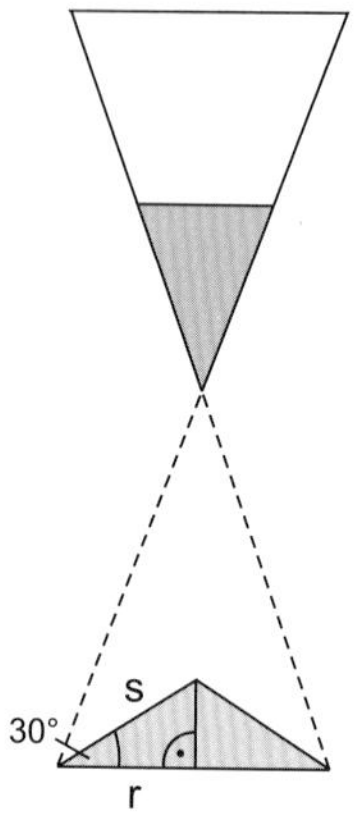

(Skizze nicht maßstäblich)

Bei einem anderen Sandkegel ist der Winkel zwischen dem Radius der Grundfläche und der Seitenlinie immer gleich groß. Lisa behauptet: „Verdoppelt sich der Radius des Sandkegels, dann ist der Sandkegel auch doppelt so hoch."

2 Punkte e) Hat Lisa recht? Begründe deine Aussage.

Wahlaufgabe 3

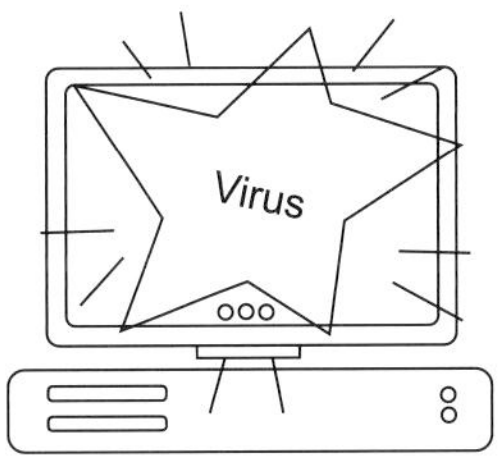

Der Computervirus *Minlock* verbreitet sich sehr schnell. Alle 2 Tage wächst die Anzahl der infizierten Computer um 40 %. Zurzeit sind 10 000 Computer infiziert.

2 Punkte a) Vervollständige die Tabelle.

Anzahl Tage x	0	2	4	6	8	10
Anzahl infizierte Computer y	10 000					53 782

3 Punkte b) Zeichne den Graphen in ein Koordinatensystem.
(Wähle bei der x-Achse 1 cm für 2 Tage und bei der y-Achse 1 cm für 10 000 Computer.)

1 Punkt c) Ermittle, nach wie vielen ganzen Tagen 45 000 Computer infiziert sind.

2 Punkte d) Berechne die Anzahl der infizierten Computer 4 Tage vor Beobachtungsbeginn. Runde dein Ergebnis sinnvoll.

Die Anzahl der infizierten Computer soll nicht für alle zwei Tage, sondern jeden Tag berechnet werden.

2 Punkte e) Entscheide, welche der beiden Funktionsgleichungen das tägliche Wachstum des Computervirus beschreibt. Begründe deine Entscheidung.

$y_1 = 10\,000 \cdot 1{,}4^{\frac{x}{2}}$ $\quad$ $y_2 = 10\,000 \cdot \left(\frac{1{,}4}{2}\right)^x$

Wahlaufgabe 4

Ein Torbogen hat annähernd die Form einer Parabel mit der Gleichung $y = -0{,}75x^2 + 5{,}25$.

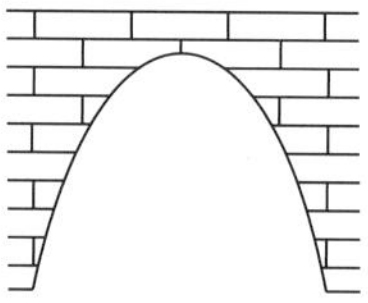

2 Punkte a) Vervollständige die Tabelle.

Breite x (in m)	–3	–2	–1	0	1	2	3
Höhe y (in m)	–1,5		4,5				–1,5

3 Punkte b) Zeichne den Graphen in ein Koordinatensystem. (Wähle bei den Achsen jeweils 1 cm für 1 m.)

Der Torbogen hat eine Höhe von 5,25 m.

1 Punkt c) Begründe, dass nur ein Teil des Graphen der Funktion $y = -0{,}75x^2 + 5{,}25$ den Torbogen abbildet.

Ein Lkw muss durch den Torbogen fahren. Der Lkw hat eine Höhe von 4 m und eine Breite von 2,50 m.

1 Punkt d) Skizziere den Lkw mit den angegebenen Maßen in deine Zeichnung.

3 Punkte e) Entscheide mithilfe einer Rechnung, ob der Lkw durch den Torbogen passt.

Abschlussprüfung zum Realschulabschluss/Sekundarabschluss I
Niedersachsen – Mathematik 2020

Hauptteil I

1. Vergleiche die Zahlen. Setze >, < oder = ein.

3 Punkte a) –7 ____ –5 b) $\frac{2}{3}$ ____ 0,6 c) 50 000 ____ 0,5 Millionen

2. Ergänze fehlende Zahlen.

3 Punkte a) ____ – ____ = –6 b) ____ · ____ = –6 c) $2^{\square} = 8$

2 Punkte 3. Überprüfe das Ergebnis mithilfe einer Überschlagsrechnung. Kreuze die zutreffende Aussage an.

Rechnung: 1,95 · 3 627 $\stackrel{?}{=}$ 70 726,5

Überschlagsrechnung: ____ · ____ = ____

Das Ergebnis ist …

☐ richtig.

☐ falsch.

4. In der Tabelle sind die ersten Stellen einer Zahlenfolge dargestellt.

Stelle 1	Stelle 2	Stelle 3	Stelle 4	Stelle 5	Stelle 6	…	Stelle x
0	2	6	12	20		…	?

1 Punkt a) Ergänze die Stelle 6 der Zahlenfolge in der Tabelle.

Eine beliebige Stelle x der Zahlenfolge soll berechnet werden.

1 Punkt b) Kreuze den richtigen Term zur Berechnung an.

$x \cdot (x+1)$ ☐ $x \cdot x - 1$ ☐ $x \cdot (x-1)$ ☐

5. Mert möchte sich ein Handy für 800 € kaufen. Er hat bereits $\frac{3}{4}$ des Geldes.

1 Punkt a) Bestimme $\frac{3}{4}$ von 800 €.

Mert hat bereits ____ €.

Das Handy kostet im Angebot 20 % weniger.

2 Punkte b) Entscheide mithilfe einer Rechnung, ob sich Mert das Handy kaufen kann.

Antwort: ______________________________

____

6. Melina hat für 10 Schokoriegel 3,50 € bezahlt. Lotti kauft 3 Schokoriegel von derselben Sorte.

2 Punkte a) Berechne den Preis, den Lotti bezahlen muss.

Lotti muss _______ € bezahlen.

Katinka hat 5,00 €.

2 Punkte b) Berechne die Anzahl der Schokoriegel, die sie sich höchstens kaufen kann.

Katinka kann sich höchstens _______ Schokoriegel kaufen.

1 Punkt c) Begründe, dass die Zuordnung proportional ist.

7. Sebastian wirft einen Würfel 100-mal. Er stellt jeweils die Anzahl der geworfenen Augenzahl in einem Säulendiagramm dar.

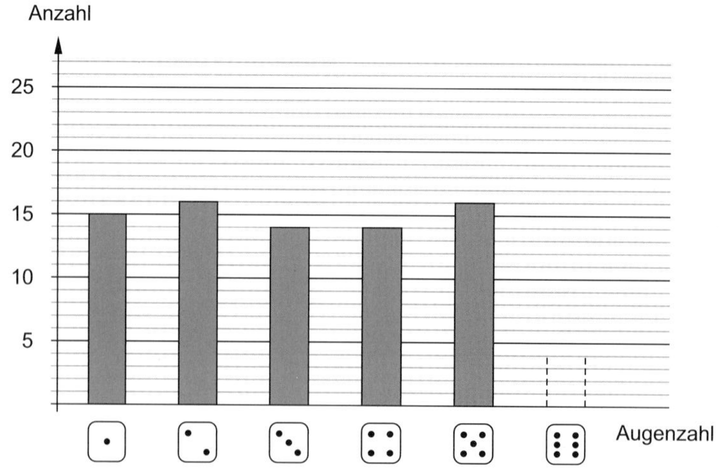

2 Punkte a) Bestimme die Anzahl für die Augenzahl ⚃ und vervollständige das Säulendiagramm.

1 Punkt b) Entscheide, ob es ein fairer Würfel ist. Begründe deine Entscheidung.

8. Von einem Dreieck ABC sind die Längen folgender Strecken gegeben:
$\overline{AB} = 56$ m; $\overline{AC} = 73$ m

1 Punkt a) Ergänze in der Skizze die gegebenen Längen.

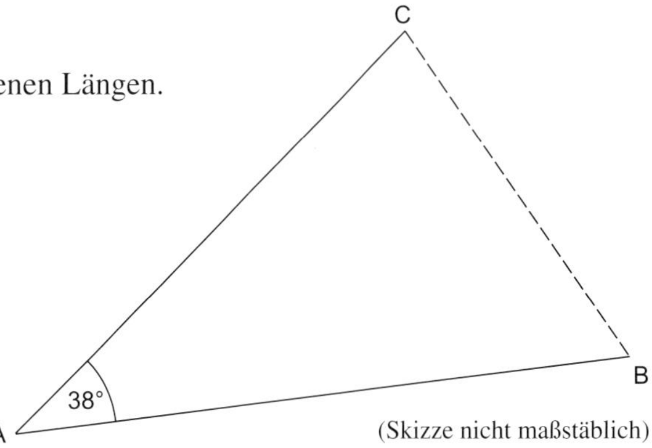

(Skizze nicht maßstäblich)

3 Punkte b) Konstruiere ein maßstabsgerechtes Dreieck und bestimme die Länge der Strecke $\overline{BC}$.

Die Länge der Strecke $\overline{BC}$ beträgt __________ m.

Peter möchte das Dreieck im Maßstab 1 : 100 in sein Heft konstruieren.

1 Punkt c) Begründe, dass dies nicht möglich ist.

9. Von den drei Aussagen über Vierecke ist nur eine richtig.

1 Punkt a) Kreuze die richtige Aussage an.

- [ ] Jedes Rechteck ist ein Quadrat.
- [ ] Jedes Rechteck ist ein Parallelogramm.
- [ ] Jeder Drachen ist eine Raute.

Timo behauptet: „Jedes Parallelogramm ist eine Raute.“

1 Punkt b) Begründe, dass Timos Behauptung falsch ist.

____

____

____

Hauptteil II mit Wahlaufgaben

Wichtige Hinweise für alle Aufgaben:
Runde Endergebnisse auf 2 Nachkommastellen, sofern nichts anderes angegeben ist.
Schreibe deine Lösungswege ausführlich auf.

Aufgabe 1

Ole legt 504 € auf einem Sparkonto mit einem festen Jahreszinssatz von 0,8 % für 6 Jahre an. In dieser Zeit nimmt er keine Ein- und Auszahlungen vor.

2 Punkte a) Berechne sein Kapital nach 6 Jahren.

Tim hat 806,40 € auf einem Sparkonto mit einem festen Jahreszinssatz von 0,8 %.
Im letzten Jahr hat er keine Ein- und Auszahlungen vorgenommen.

2 Punkte b) Berechne sein Kapital vor einem Jahr.

Aufgabe 2

In der Tabelle sind Wachstumsprozesse genannt.

3 Punkte a) Kreuze das zutreffende Wachstum an.

Wachstumsprozess	lineares Wachstum	quadratisches Wachstum	exponentielles Wachstum
Erhöhung des Kapitals mit Zinseszins → Kapital nach n Jahren			
Vergrößerung der Kraftstoffmenge → Kosten des Kraftstoffes			
Vergrößerung der Seitenlänge eines Quadrates → Flächeninhalt des Quadrates			

2 Punkte b) Peter behauptet: „Die Körpergröße eines Kindes im Alter von 10 bis 18 Jahren wächst linear.“
Entscheide, ob seine Behauptung richtig ist. Begründe deine Entscheidung.

Aufgabe 3

2 Punkte In dem Koordinatensystem sind die Graphen A, B, C und D verschiedener Funktionen dargestellt.

Ordne jedem Graphen die richtige Funktionsgleichung zu.

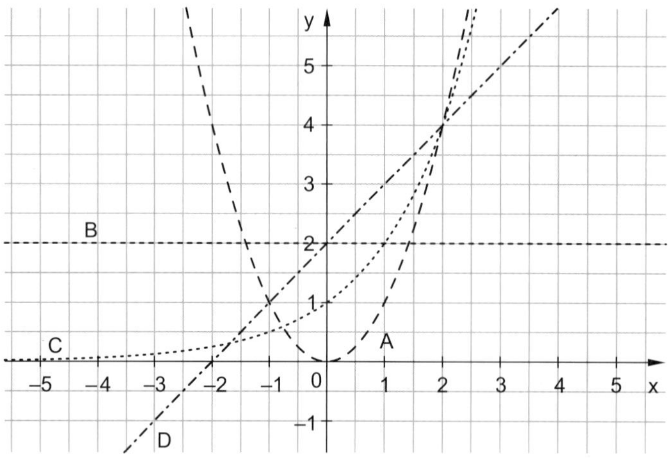

Funktions-gleichung	Graph
$y = x + 2$	
$y = x$	
$y = 2x$	
$y = 2$	
$y = x^2$	
$y = 2^x$	

Aufgabe 4

Eine Parabel hat die Funktionsgleichung $y = x^2 - 2x - 3$.

3 Punkte a) Zeichne die Parabel in ein Koordinatensystem.

3 Punkte b) Berechne die Nullstellen der Parabel.

2 Punkte c) Überprüfe mit einer Rechnung, ob der Punkt $P(5 \mid 12)$ auf der Parabel liegt.

Aufgabe 5

Ein Turm wirft zur Mittagszeit einen 36 m langen Schatten.

Eine 1,76 m große Frau wirft zur gleichen Zeit einen 1 m langen Schatten.

1 Punkt a) Ergänze in der Skizze die fehlenden Maße.

2 Punkte b) Berechne die Höhe des Turmes.

Der Sonneneinfallswinkel α beträgt zur Mittagszeit im Winter 16° und im Sommer 61°.
Beate behauptet: „Dann ist in der Skizze gerade Sommer."

2 Punkte c) Zeige mithilfe einer Rechnung, dass Beate recht hat.

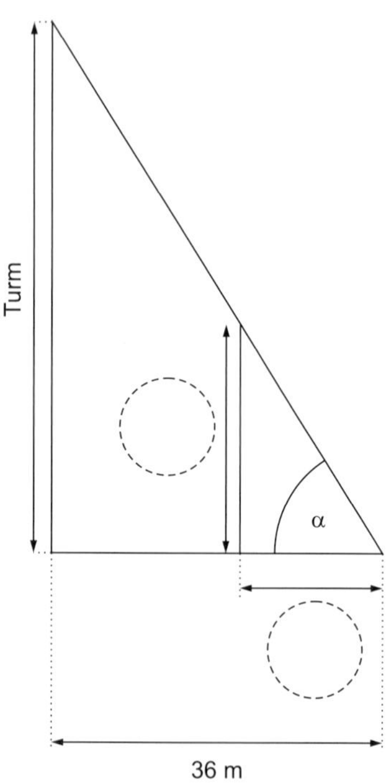

(Skizze nicht maßstäblich)

Aufgabe 6

Paul näht ein Zelt aus Stoff. Es hat die Form einer quadratischen Pyramide.

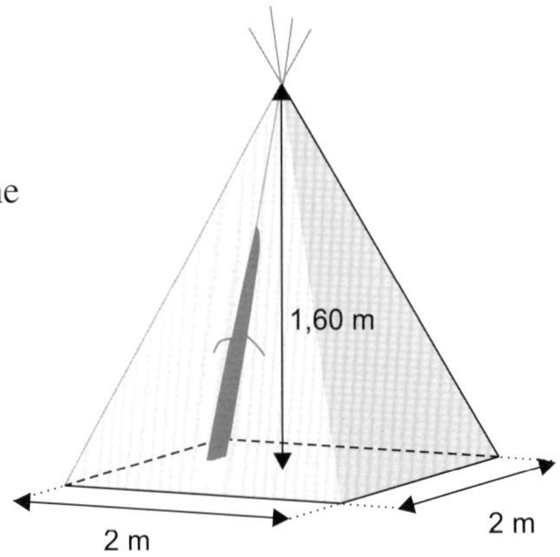

(Abbildung nicht maßstäblich)

2 Punkte a) Berechne die Länge der Höhe h_a einer Seitenfläche des Zeltes.

2 Punkte b) Berechne die Mantelfläche M des Zeltes.
(Solltest du Teilaufgabe a nicht gelöst haben, rechne mit $h_a = 1{,}83$ m weiter.)

Paul möchte alle Seitenflächen des Zeltes aus einem rechteckigen Stück Stoff schneiden. Der Stoff ist 4,20 m lang und 1,90 m breit.

2 Punkte c) Begründe mithilfe einer maßstabsgerechten Zeichnung, ob das Stück Stoff für alle Seitenflächen des Zeltes ausreicht.

Aufgabe 7

Bei einem Glücksspiel werden drei Münzen geworfen. Jede Münze hat die Seiten K und Z. In der Tabelle sind mögliche „Ereignisse" dargestellt.

1 Punkt a) Ergänze das fehlende Ereignis in der Tabelle.

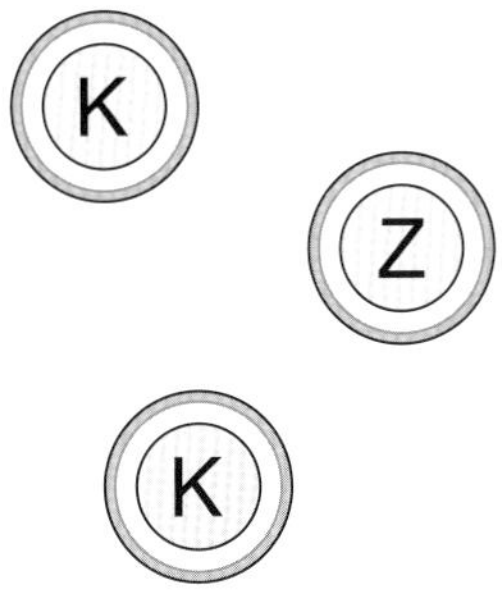

Münze 1	Münze 2	Münze 3
K	K	K
K	K	Z
K	Z	K
K	Z	Z
Z	K	K
Z	K	Z
Z	Z	K

1 Punkt b) Gib die Wahrscheinlichkeit für das Ereignis „KKK" an.

Du gewinnst, wenn „zwei der drei Münzen K" zeigen.

2 Punkte c) Bestimme die Wahrscheinlichkeit für dieses Ereignis.

Die Wahrscheinlichkeit für einen Gewinn soll 50 % betragen.

1 Punkt d) Gib ein passendes Ereignis an.

Die Wahrscheinlichkeit für einen Gewinn soll 60 % betragen.

1 Punkt e) Begründe, dass dies nicht möglich ist.

Wahlaufgabe 1

Die Skizze enthält ein Dreieck ABC.

2 Punkte a) Bestimme die Größe der Winkel β und γ.

3 Punkte b) Berechne die Länge der Strecke $\overline{BC}$.

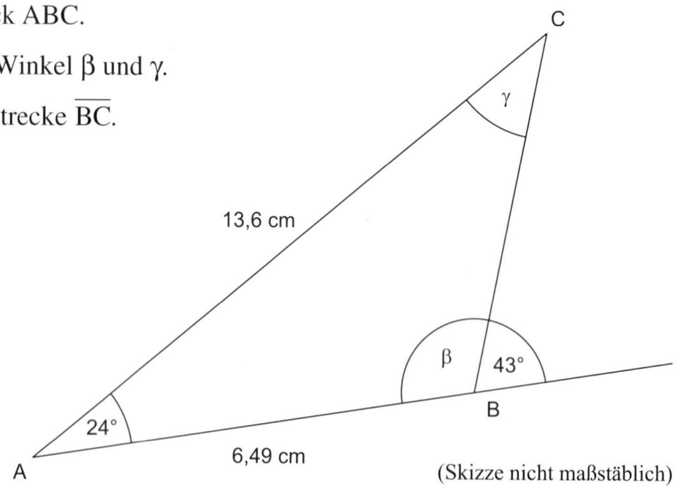

(Skizze nicht maßstäblich)

In einem zweiten Dreieck ABC sind folgende Größen bekannt:
$\overline{AB} = 6{,}49\text{ cm};\ \overline{AC} = 13{,}6\text{ cm};\ \alpha = 29°$

3 Punkte c) Berechne die Länge der Strecke $\overline{BC}$.

In einem dritten Dreieck ABC sind folgende Größen bekannt:
$\overline{AC} = 13{,}6\text{ cm};\ \overline{BC} = 8{,}5\text{ cm};\ \alpha = 24°$
Justus berechnet die Größe des Winkels $\beta = 40{,}6°$.

2 Punkte d) Zeige mithilfe einer Skizze, dass es zwei Ergebnisse für die Größe des Winkels β gibt.

Wahlaufgabe 2

Das Foto zeigt eine Eisverpackung.
In der Skizze ist die Grundfläche der Eisverpackung abgebildet.

© Unilever

2 Punkte a) Ergänze in der Skizze die fehlenden Maße.

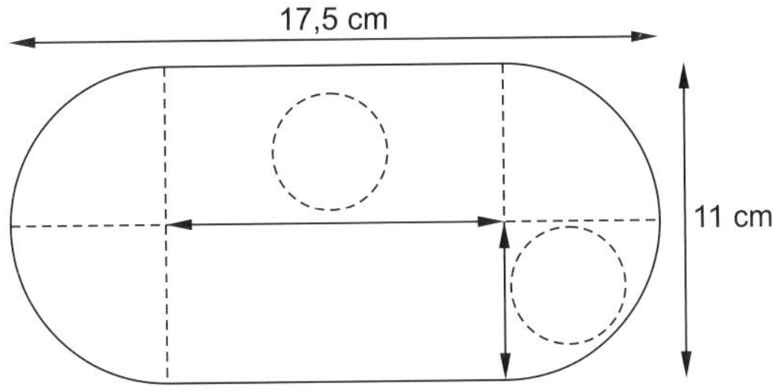

(Skizze nicht maßstäblich)

2 Punkte b) Berechne die Grundfläche G der Eisverpackung.

Die Eisverpackung ist 7 cm hoch.

1 Punkt c) Berechne das Volumen V der Eisverpackung.
(Solltest du Teilaufgabe b nicht gelöst haben, rechne mit $G = 160\ \text{cm}^2$ weiter.)

Aus 1 Liter Eis werden Eiskugeln mit dem Radius von 2 cm geformt.

3 Punkte d) Berechne die maximale Anzahl der geformten Eiskugeln.

Der Radius einer Eiskugel wird auf 90 % verringert.

2 Punkte e) Erkläre mithilfe der folgenden Formel, dass das Volumen dieser Eiskugel auf 72,9 % verringert wird.

$$V = \frac{4}{3}\pi(0{,}9r)^3$$

Wahlaufgabe 3

Eine Ferienwohnung kostet pro Tag 75 €. Die Endreinigung kostet 50 €.

1 Punkt a) Bestimme die Kosten der Ferienwohnung für 7 Tage.

2 Punkte b) Stelle eine Funktionsgleichung in der Form $y = mx + b$ auf, mit der die Kosten der Ferienwohnung für x Tage berechnet werden können.

Die Kosten für zwei andere Ferienwohnungen werden durch das folgende Gleichungssystem dargestellt.

$$\left| \begin{array}{ll} \text{I} & y = 64x + 35 \\ \text{II} & y = 59x + 80 \end{array} \right|$$

3 Punkte c) Löse das Gleichungssystem.

2 Punkte d) Gib an, für wie viele Tage welche Ferienwohnung aus c) günstiger ist.

2 Punkte e) Ergänze das folgende Gleichungssystem, so dass es keine Lösung gibt.

$$\left| \begin{array}{ll} \text{I} & y = 50x + \_\_\_\_ \\ \text{II} & y = \_\_\_\_\, x + 75 \end{array} \right|$$

Wahlaufgabe 4

In einer Urne befinden sich 8 weiße (w) und 2 schwarze (s) Kugeln.

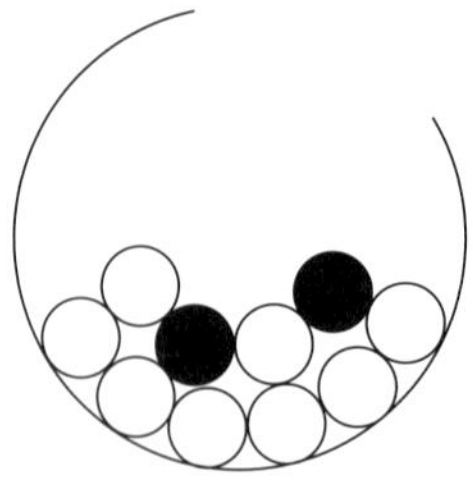

1 Punkt a) Bestimme die Wahrscheinlichkeit für das Ziehen einer weißen Kugel in Prozent.

Es werden nacheinander zwei Kugeln gezogen. Die erste Kugel wird sofort wieder zurückgelegt.

3 Punkte b) Zeichne ein Baumdiagramm mit allen Wahrscheinlichkeiten an den Pfaden. Verwende Brüche.

2 Punkte c) Berechne die Wahrscheinlichkeit, dass zwei schwarze Kugeln gezogen werden.

Es werden wieder zwei Kugeln gezogen. Die erste Kugel wird jetzt nicht in die Urne zurückgelegt.

2 Punkte d) Berechne die Wahrscheinlichkeit, dass jetzt zwei schwarze Kugeln gezogen werden.

Es werden nacheinander drei Kugeln ohne Zurücklegen aus der Urne gezogen.

2 Punkte e) Berechne die Wahrscheinlichkeit, dass die dritte Kugel schwarz ist.

Abschlussprüfung zum Realschulabschluss/Sekundarabschluss I
Niedersachsen – Mathematik 2021

Hauptteil I

1. Ergänze die fehlenden Zahlen in den Lücken.

2 Punkte a) $1{,}5+2\cdot 3=$ ______ b) ______ $-2=-7$

2 Punkte c) $\frac{1}{2}+$ ______ $=\frac{3}{4}$ d) $0{,}4^2=$ ______

2. Gib die Größen in den angegebenen Einheiten an.

1 Punkt a) 2,7 cm = ______ mm

1 Punkt b) $\frac{3}{4}\,\ell=$ ______ $m\ell$

1 Punkt c) $2\frac{1}{3}$ h = ______ min

3. Alle niedersächsischen Kühe geben zusammen jeden Tag durchschnittlich 18 465 232 Liter Milch.

1 Punkt a) Runde die Zahl auf ganze Millionen.

18 465 232 ≈ ______________________________

1 Punkt b) Bestimme die Menge Milch, die alle niedersächsischen Kühe zusammen in einem Jahr durchschnittlich geben. Kreuze an.

☐ 670 Mrd. Liter ☐ 6,7 Mrd. Liter ☐ 67 Mio. Liter

4. Entscheide, ob die Zuordnungen proportional, antiproportional oder keines von beidem sind. Kreuze an.

		Zuordnung	proportional	anti-proportional	keines von beidem
1 Punkt	a)	x | y 2 | 5 6 | 15 10 | 25	☐	☐	☐
1 Punkt	b)	Seitenlänge eines Quadrates → Flächeninhalt dieses Quadrates	☐	☐	☐
1 Punkt	c)	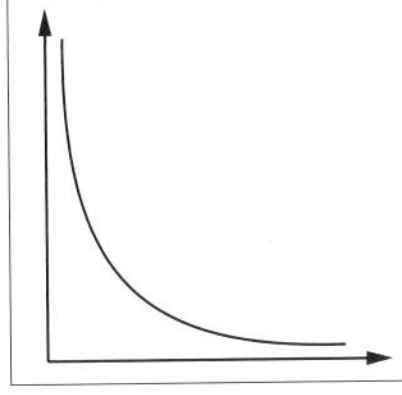	☐	☐	☐

2 Punkte

5. 80 Schülerinnen und Schüler haben jeweils eine Arbeitsgemeinschaft gewählt. Die Verteilung ist im Kreisdiagramm dargestellt.

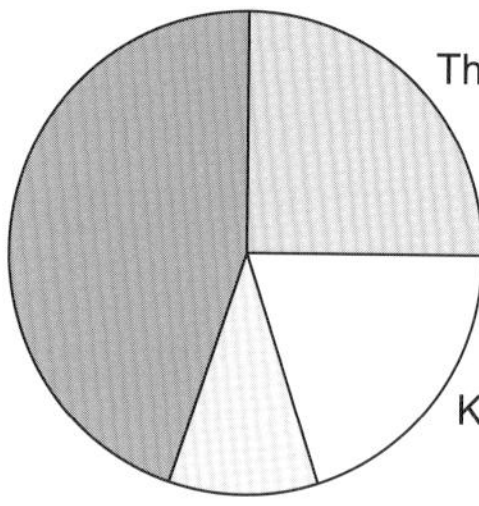

Ergänze die folgenden Sätze.

Die Arbeitsgemeinschaft „Theater“

haben ______ % der Schülerinnen und Schüler gewählt.

Von den 80 Schülerinnen und Schülern haben 20 % die Arbeitsgemeinschaft „Kochen“ gewählt.

Das sind ______ Schülerinnen und Schüler.

6. Die Lehrerin Frau Meier hat eine Klassenarbeit korrigiert und alle Noten unsortiert aufgeschrieben.

2 3 4 3 1 2 3 4 2 4 3 4 5 3 5 3 3 6 2 3

1 Punkt

a) Vervollständige die Tabelle.

Note	1	2	3	4	5	6
Anzahl	1	4		4	2	1

Frau Meier berechnet den Mittelwert M der erreichten Noten mit folgender Rechenvorschrift.

$M = (1a + 2b + 3c + 4d + 5e + 6f) : 20$

2 Punkte

b) Ergänze die folgenden Sätze.

Frau Meier setzt für den Buchstaben e die Anzahl der Schülerinnen und Schüler ein,

die ____

____

Frau Meier teilt durch 20, weil ____

____

1 Punkt

7. a) Zeichne einen Winkel $\alpha = 110°$.

1 Punkt b) Berechne die Größe des Winkels β.

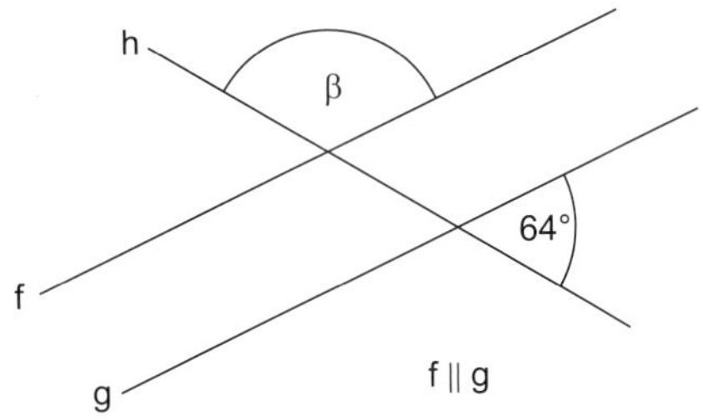

(Skizze nicht maßstäblich)

$\beta =$ ______ °

1 Punkt c) Björn behauptet: „Ich kann ein Nebenwinkelpaar zeichnen, das aus zwei spitzen Winkeln besteht.“ Begründe, dass Björns Behauptung falsch ist.

2 Punkte 8. a) Ergänze die Abbildung zu einem Quadernetz.

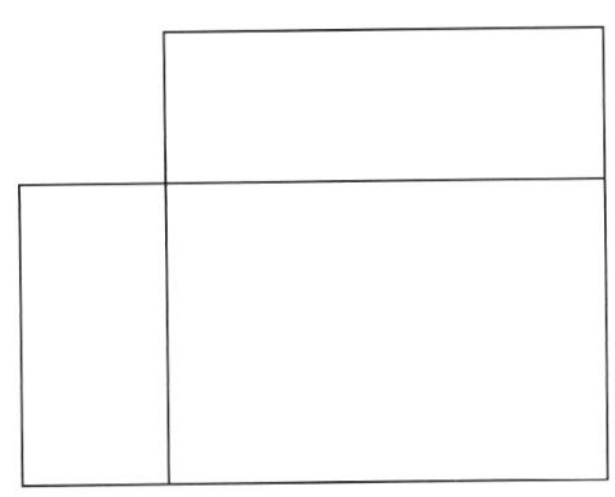

Das untenstehende Netz wird zu einem Würfel gefaltet.

1 Punkt b) Markiere in dem Netz diejenige Kante, welche die drei Punkte berührt.

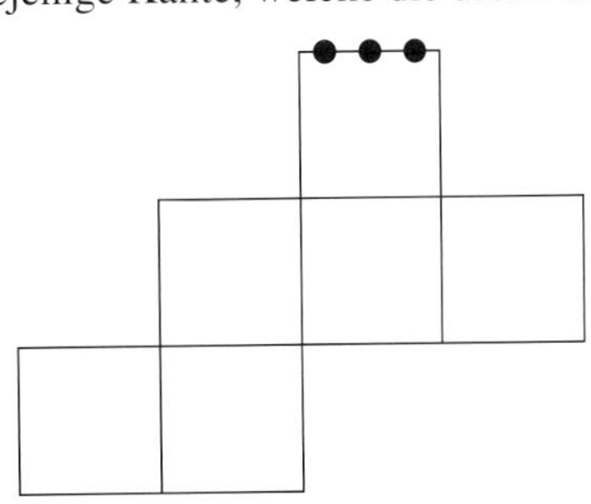

9. Der Flächeninhalt der abgebildeten Figur soll berechnet werden.

1 Punkt a) Zeichne eine passende Zerlegung oder Ergänzung in die Skizze ein, um den Flächeninhalt zu berechnen.

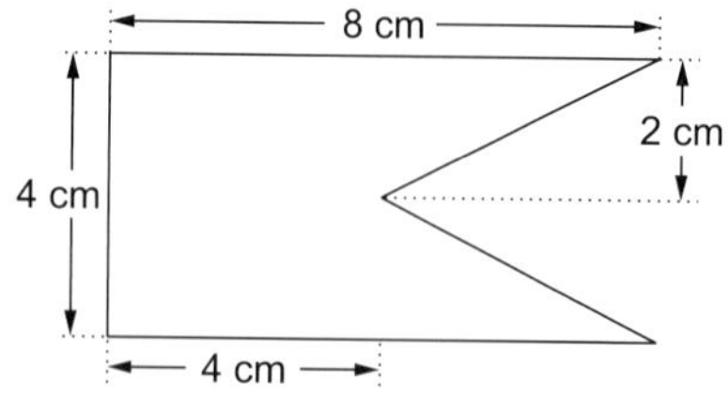

(Skizze nicht maßstäblich)

2 Punkte b) Berechne den Flächeninhalt der Figur.

A = ______ cm^2

1 Punkt c) Gib eine allgemeine Formel zur Berechnung des Flächeninhaltes der Figur in Abhängigkeit von x an.

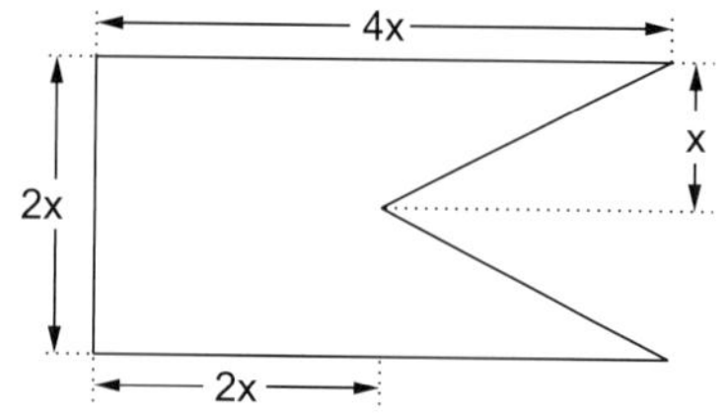

(Skizze nicht maßstäblich)

1 Punkt 10. Stelle die Formel nach h um.

$$A = \frac{g \cdot h}{2}$$

Hauptteil II mit Wahlaufgaben

Wichtige Hinweise für alle Aufgaben:
Runde Endergebnisse auf 2 Nachkommastellen, sofern nichts anderes angegeben ist.
Schreibe deine Lösungswege ausführlich auf.

Aufgabe 1

2 Punkte Berechne die Länge der Seite x.

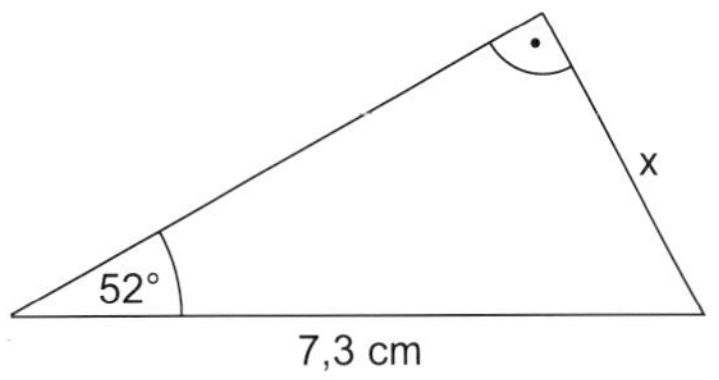

(Skizze nicht maßstäblich)

Aufgabe 2

Die Abbildung zeigt einen Würfel mit der Kantenlänge a = 4 cm.

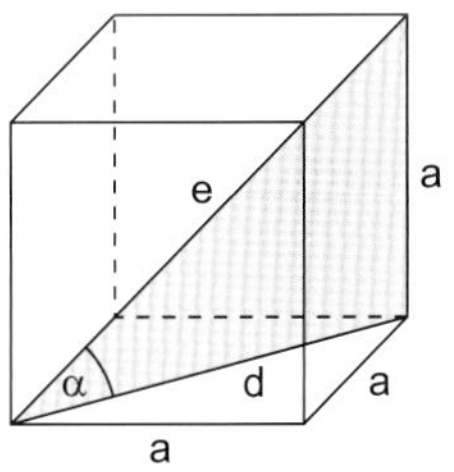

(Skizze nicht maßstäblich)

2 Punkte a) Berechne die Länge der Flächendiagonalen d in der Grundfläche des Würfels.

3 Punkte b) Berechne die Größe des Winkels α.
(Solltest du Teilaufgabe a nicht gelöst haben, rechne mit d = 7,07 cm weiter.)

2 Punkte c) Zeige mithilfe einer Rechnung, dass die Länge der Raumdiagonalen e mit der Formel $e = \sqrt{3} \cdot a$ berechnet werden kann.

Aufgabe 3

Erik bestimmt mit einem Peildreieck die Höhe eines Baumes. Er steht 22,70 m vom Baum entfernt und hält die Unterkante des Peildreiecks in einer Höhe von 1,60 m.

1 Punkt a) Übertrage die fehlenden Größen in die Skizze.

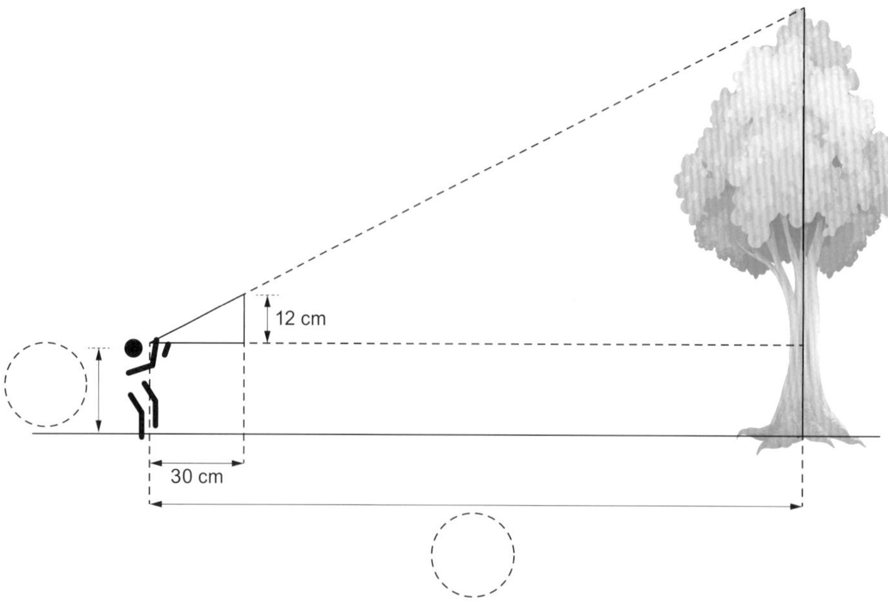

(Skizze nicht maßstäblich)

3 Punkte b) Berechne die Höhe des Baumes.

Leonie will ein zweites Dreieck zeichnen.
Es soll zum abgebildeten Dreieck ähnlich sein.

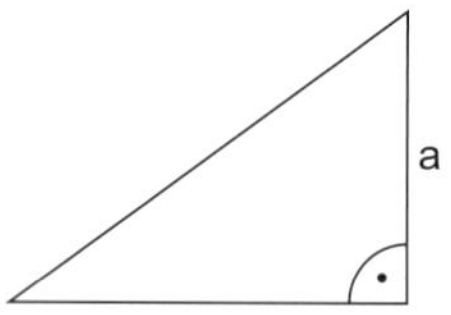

1 Punkt c) Ergänze Leonies Satz.

„Wenn ich die Seite a verdopple, dann muss ich

____,

damit die Dreiecke ähnlich sind."

Aufgabe 4

Mustafa möchte eine Kugelbahn bauen.
Er hat den abgebildeten Baustein hergestellt.

1 Punkt a) Nenne den Fachbegriff für den geometrischen Körper.

2 Punkte b) Berechne das Volumen des Bausteins.

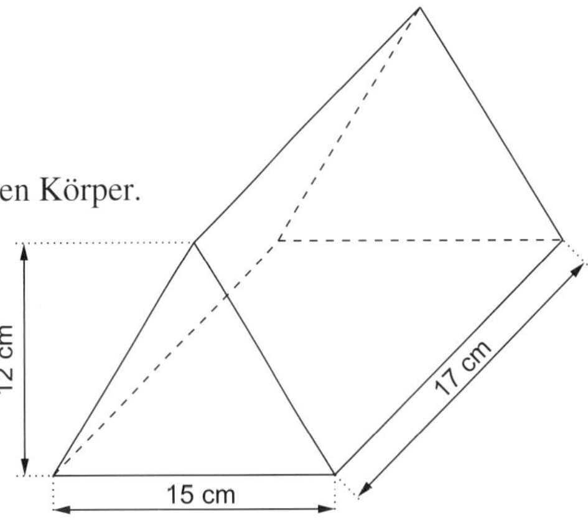

(Skizzen nicht maßstäblich)

Aus dem Baustein höhlt Mustafa einen Tunnel für die Kugelbahn aus.
Mustafa bemalt die Vorderseite des Bausteins dunkelgrau.

3 Punkte c) Berechne den Flächeninhalt der vorderen Fläche des Bausteins.

Mustafa streicht die Wand des Tunnels.

2 Punkte d) Berechne den Flächeninhalt der zu streichenden Fläche.

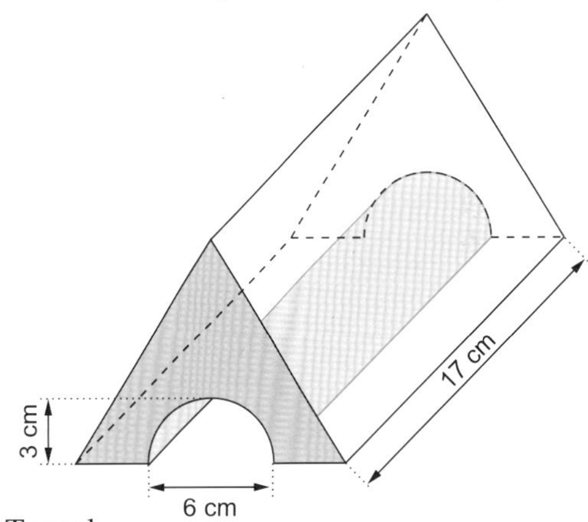

Eine Kugel mit $V = 15{,}59\ \text{cm}^3$ soll durch den Tunnel gerollt werden.

3 Punkte e) Überprüfe, ob die Kugel durch den Tunnel passt.

Aufgabe 5

In dem Koordinatensystem ist der Graph der linearen Funktion y_1 abgebildet.

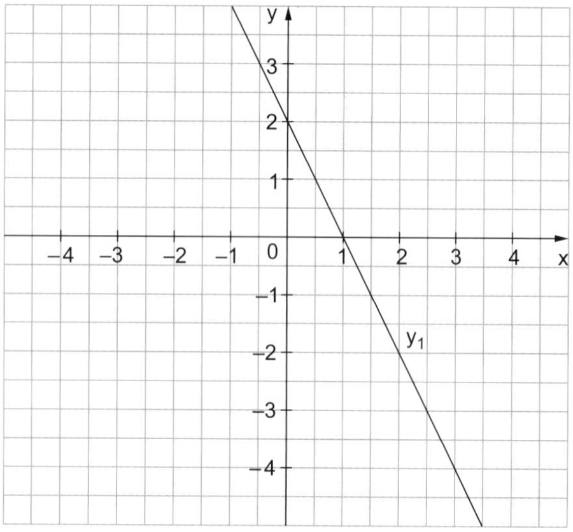

1 Punkt a) Kreuze in der Tabelle die passende Funktionsgleichung an.

Funktionsgleichung	
$y_1 = 2x + 2$	
$y_1 = -2x + 2$	
$y_1 = 2x - 2$	
$y_1 = -2x - 2$	

Eine weitere lineare Funktion mit der Gleichung $y_2 = \frac{1}{2}x - 3$ ist gegeben.

3 Punkte b) Gib die Koordinaten des Schnittpunktes der Funktionen y_1 und y_2 an.

3 Punkte c) Überprüfe mithilfe einer Rechnung, ob der Punkt $P(-8\,|\,-7)$ auf dem Graphen der Funktion y_2 liegt.

Aufgabe 6

3 Punkte Löse die quadratische Gleichung $x^2 + 14x + 24 = 0$.

Aufgabe 7

1 Punkt In der Lösungsformel für quadratische Gleichungen fehlt eine Zahl für die Variable q.

$$x_{1/2} = -\frac{6}{2} \pm \sqrt{\left(\frac{6}{2}\right)^2 - q}$$

Gib eine Zahl für q an, sodass die Lösungsformel genau ein Ergebnis hat.

Wahlaufgabe 1

Ein Kegel wird halbiert.
Der halbe Kegel hat den Radius $r = 6$ cm und die Höhe $h_k = 12$ cm.

2 Punkte a) Berechne die Länge der Mantellinie s.

4 Punkte b) Berechne die Oberfläche des abgebildeten Körpers (halber Kegel).
(Solltest du Teilaufgabe a nicht gelöst haben, rechne mit $s = 13{,}21$ cm weiter.)

2 Punkte c) Berechne das Volumen des halben Kegels.

2 Punkte d) Stelle für einen anderen halben Kegel mit $h_k = 2r$ eine allgemeine Volumenformel in Abhängigkeit von r auf und fasse sie so weit wie möglich zusammen.

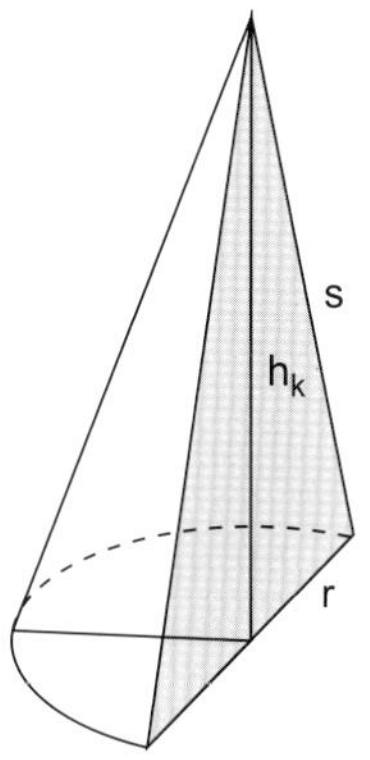

(Skizze nicht maßstäblich)

Wahlaufgabe 2

Lea steht an der Grundlinie eines Volleyballfeldes und schlägt den Ball auf.
Der Graph im Diagramm beschreibt annähernd die parabelförmige Flugbahn dieses Volleyballs. Er hat die Funktionsgleichung $y = -0{,}02(x-6)^2 + 2{,}5$.

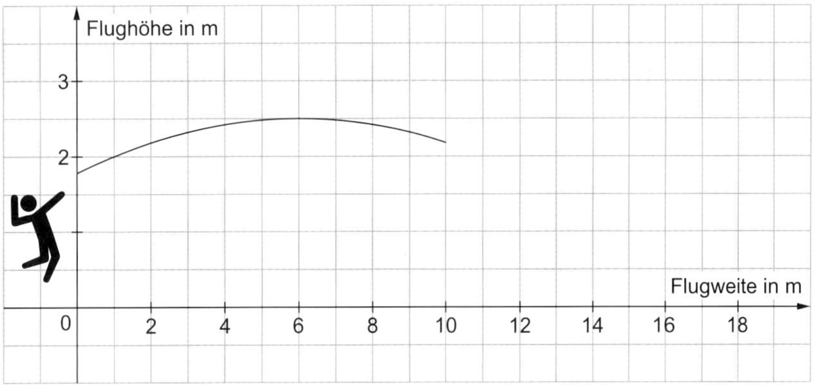

2 Punkte a) Ergänze den folgenden Satz.

Der Volleyball erreicht nach ______ m seine maximale Höhe von ______ m.

Der Schnittpunkt mit der y-Achse ist die Aufschlaghöhe des Balles.

2 Punkte b) Berechne die Aufschlaghöhe des Balles.

In der Mitte des 18 m langen Spielfeldes steht das Volleyballnetz. Es ist 2,04 m hoch.

3 Punkte c) Fliegt der Ball über das Netz? Begründe deine Antwort mithilfe einer Rechnung.

3 Punkte d) Entscheide mithilfe einer Rechnung, ob der Ball im Spielfeld landet.

Wahlaufgabe 3

Lars spielt mit einem Kartenspiel aus 20 Karten. In dem Kartenspiel sind drei Karten „Joker“. Lars zieht nacheinander zwei Karten.

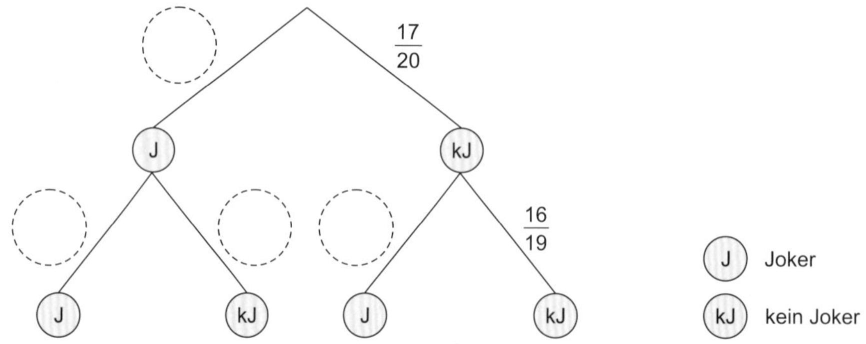

2 Punkte a) Entscheide anhand des Baumdiagramms, ob Lars die erste gezogene Karte in das Kartenspiel zurückgelegt hat oder nicht. Begründe deine Entscheidung.

2 Punkte b) Berechne die Wahrscheinlichkeit, dass Lars zweimal hintereinander keinen Joker zieht.

2 Punkte c) Ergänze im Baumdiagramm die fehlenden Wahrscheinlichkeiten.

Lars gewinnt, wenn er bei zweimaligem Ziehen mindestens einen Joker bekommt.

2 Punkte d) Berechne die Wahrscheinlichkeit dafür, dass er gewinnt. Gib die Wahrscheinlichkeit in Prozent an.

Nora zieht Karten aus demselben Kartenspiel. Sie berechnet eine Wahrscheinlichkeit für ein Ereignis mit $P = 1 - \frac{17}{20} \cdot \frac{16}{19}$.

2 Punkte e) Beschreibe ein passendes Ereignis zu Noras Rechnung.

Wahlaufgabe 4

Der Schiefe Turm von Pisa ist geneigt. Der Winkel α beträgt 4°. Die Aussichtsplattform im 7. Stockwerk hat an der geneigten Seite eine Höhe von $h = 47{,}27$ m über dem Boden.

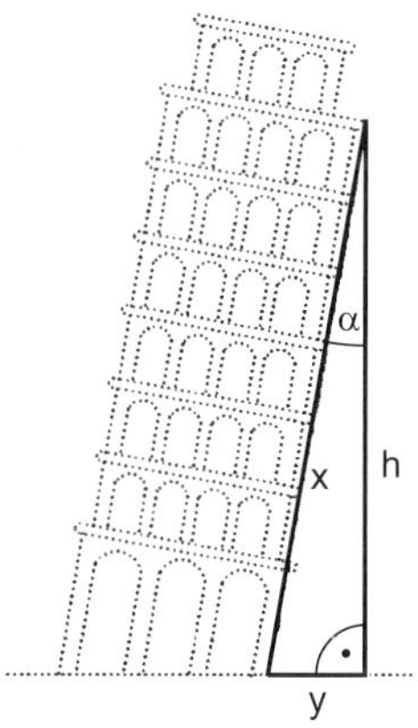

3 Punkte a) Berechne die Entfernung x vom Fußpunkt des Turmes bis zur Aussichtsplattform.

2 Punkte b) Berechne den Überhang y des Turmes.

Der Schiefe Turm von Suurhusen in Ostfriesland hat bei einer Höhe von 23,37 m über dem Boden einen Überhang von 2,47 m.

3 Punkte c) Entscheide mithilfe einer Rechnung, welcher der beiden Türme im Guinness-Buch der Rekorde als schiefster Turm stehen müsste.

2 Punkte d) Zeige mithilfe der Abbildung, dass in jedem rechtwinkligen Dreieck ABC mit $\gamma = 90°$ gilt:

$\sin\alpha = \cos\beta$

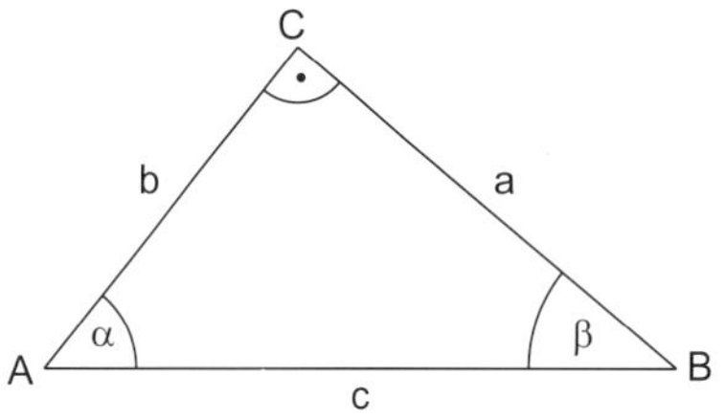

Abschlussprüfung zum Realschulabschluss/Sekundarabschluss I
Niedersachsen – Mathematik 2022

Hauptteil I

1. Ergänze die fehlenden Zahlen in den Lücken.

2 Punkte a) ______ $\cdot 6 = 72$ b) $2{,}7 + 1{,}6 =$ ______

2 Punkte c) ______ $-(9+4) = 17$ d) $\frac{1}{2} : 2 =$ ______

2. Berechne.

1 Punkt a) $2{,}3$ km $+ 840$ m $=$ ______ km

1 Punkt b) $0{,}5$ t $+$ ______ kg $= 0{,}520$ t

1 Punkt 3. Kreuze die richtige Größe für den Flächeninhalt eines DIN-A4-Blattes an.

$6{,}24\ cm^2$	$62{,}4\ cm^2$	$624\ cm^2$	$6\,240\ cm^2$
☐	☐	☐	☐

4. Der Pfeil zeigt auf eine Zahl.

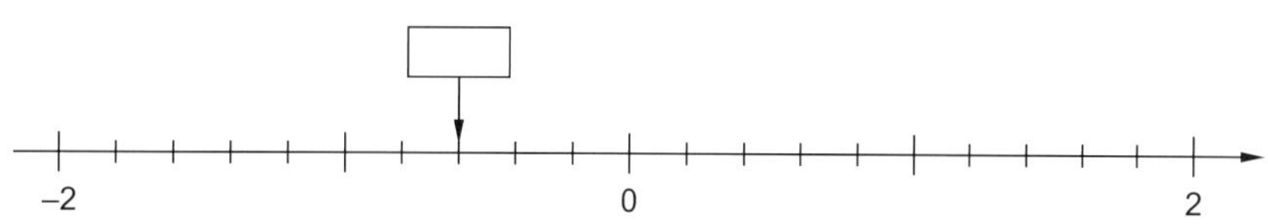

1 Punkt a) Notiere die Zahl über dem Pfeil.

1 Punkt b) Zeichne einen zweiten Pfeil ein, der auf die Zahl $\frac{4}{5}$ zeigt.

2 Punkte 5. a) Berechne den Wert des Terms $7x + 12 - 5x$ für $x = 2$.

3 Punkte b) Lena hat begonnen, die Gleichung zu lösen. Führe den Rechenweg zu Ende.

$-14 + 12x - 47 = 3x - 16 \quad | -3x$
$-14 + 9x - 47 = \quad -16$

Thomas lädt seine drei Freunde ins Kino ein.
Er kauft eine Tüte Popcorn für 13,60 € und vier Eintrittskarten.
Insgesamt bezahlt Thomas 47,60 €.

© anncapictures/pixabay.com

1 Punkt c) Stelle eine Gleichung auf, mit der du den Preis für eine Kinokarte berechnen kannst.
Hinweis: Du musst die Gleichung nicht lösen.

____

6. Auf dem Wochenmarkt verkauft Steffi Äpfel.
Dafür legt sie eine Tabelle an, um schnell die Preise abzulesen.

Menge	Preis „Roter Boskop“	Preis „Jonagold“
1 kg	2,80 €	3,20 €
2 kg	5,60 €	6,40 €
3 kg	8,40 €	
	14,00 €	16,00 €

1 Punkt a) Ergänze die Lücken in der Tabelle.

Als Alternative zur Tabelle zeichnet Steffi einen Graphen.

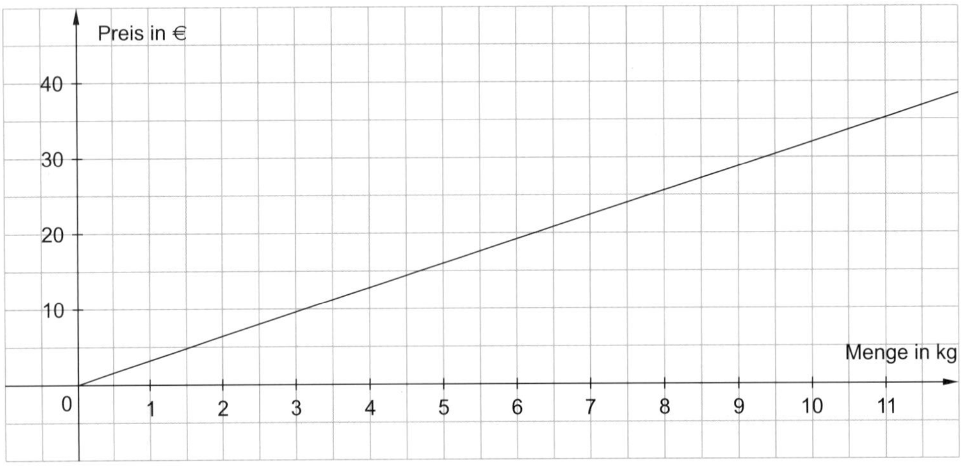

2 Punkte b) Ergänze die folgenden Sätze.

Der Graph gehört zur Apfelsorte ______________________________.

Für 20 € erhält man etwa ______ kg Äpfel dieser Apfelsorte.

Steffi hat Schwierigkeiten, den Preis für 3,5 kg Äpfel mithilfe des Diagramms zu bestimmen.

1 Punkt c) Erkläre die Schwierigkeiten bei der Bestimmung des genauen Preises.

____

____

7. Der Flächeninhalt der abgebildeten Figur soll berechnet werden.

1 Punkt a) Zeichne in die Grafik ein, wie du die Figur zerlegen oder ergänzen kannst.

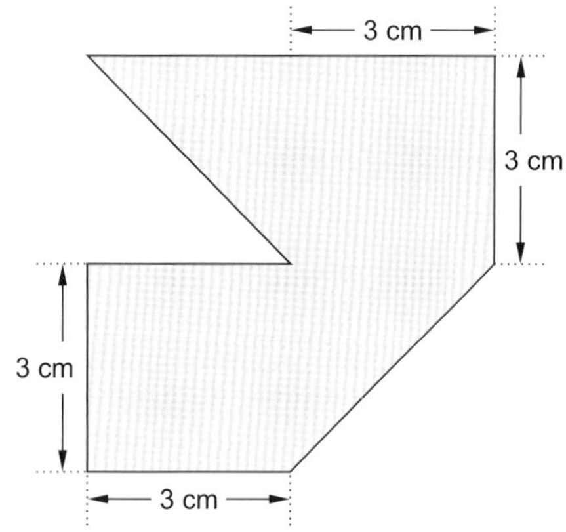

2 Punkte b) Berechne den Flächeninhalt der Figur.

A = ________ cm^2

1 Punkt c) Gib eine allgemeine Formel zur Berechnung des Flächeninhaltes der Figur in Abhängigkeit von x an.

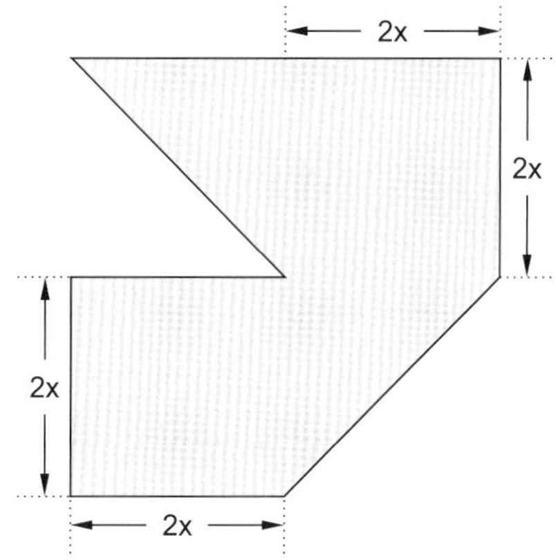

A = ____________________

8. Max hat begonnen, ein Dreieck an der Geraden g zu spiegeln.

2 Punkte a) Vervollständige die Spiegelung.

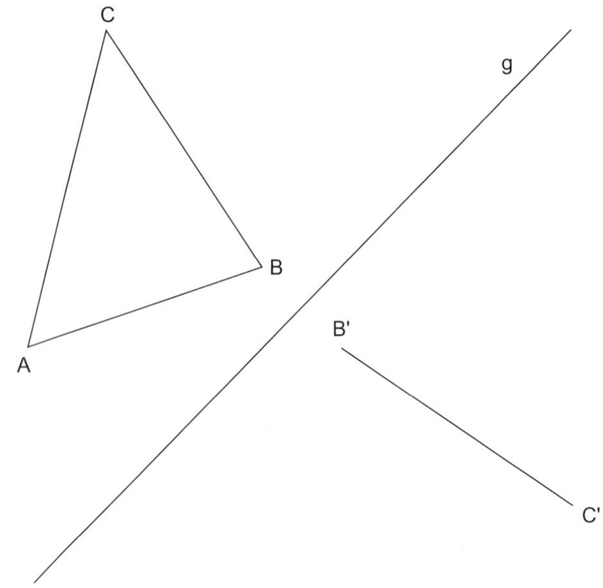

Der abgebildete Stern ist achsensymmetrisch.

2 Punkte b) Zeichne in den Stern alle Symmetrieachsen ein.

Tim hat in das abgebildete Verkehrszeichen eine Gerade eingezeichnet.

1 Punkt c) Begründe, dass diese Gerade keine Symmetrieachse des Verkehrszeichens ist.

____

____

____

Hauptteil II mit Wahlaufgaben

Wichtige Hinweise für alle Aufgaben:
Runde Endergebnisse auf 2 Nachkommastellen, sofern nichts anderes angegeben ist.
Schreibe deine Lösungswege ausführlich auf.

Aufgabe 1

Im Juli 2020 wurde die Mehrwertsteuer von 19 % auf 16 % gesenkt. Ein Auto kostet ohne Mehrwertsteuer 14 560 €.

2 Punkte a) Berechne den Gesamtpreis für das Auto inklusive 16 % Mehrwertsteuer.

Herr Aslan berechnet den Preis eines Motorrades nach der Steuersenkung: „Ich ziehe 3 % von 8 900 € ab, denn 19 % – 16 % = 3 %. Das Motorrad kostet also 8 633 €."

3 Punkte b) Zeige mithilfe einer Rechnung, dass Herr Aslan nicht recht hat.

In einer Umfrage wurde ermittelt, wie sich das Kaufverhalten durch die Steuersenkung verändert hat.
Das Ergebnis dieser Umfrage wurde in einem Säulendiagramm dargestellt.

Olga behauptet: „Es haben viermal so viele Personen ‚mehr gekauft' als ‚weniger gekauft'."

2 Punkte c) Hat Olga die Informationen aus dem Säulendiagramm richtig interpretiert? Begründe deine Aussage.

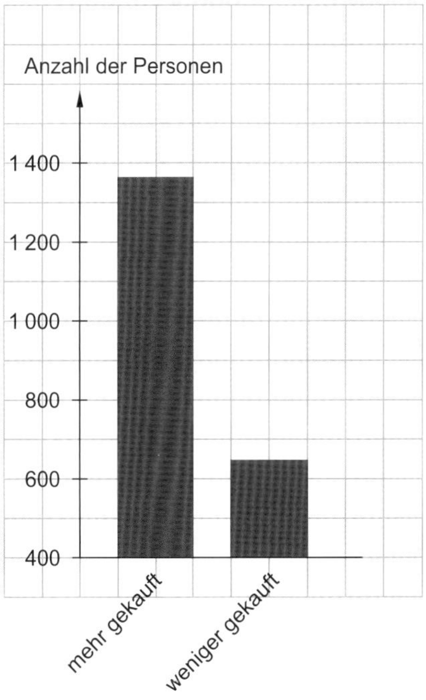

Aufgabe 2

Für ein Zufallsexperiment stehen vier Urnen zur Verfügung.

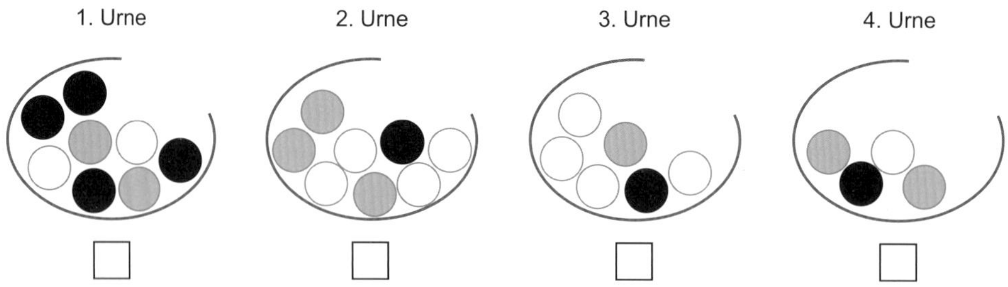

Aus den Urnen wird jeweils eine Kugel gezogen.

2 Punkte a) Kreuze alle Urnen an, für die gilt: $P(\text{weiß}) = \frac{1}{4}$.

Lisa zieht aus der zweiten Urne nacheinander zwei Kugeln. Die erste gezogene Kugel legt sie nicht wieder zurück.

1 Punkt b) Ergänze die fehlenden Wahrscheinlichkeiten im Baumdiagramm.

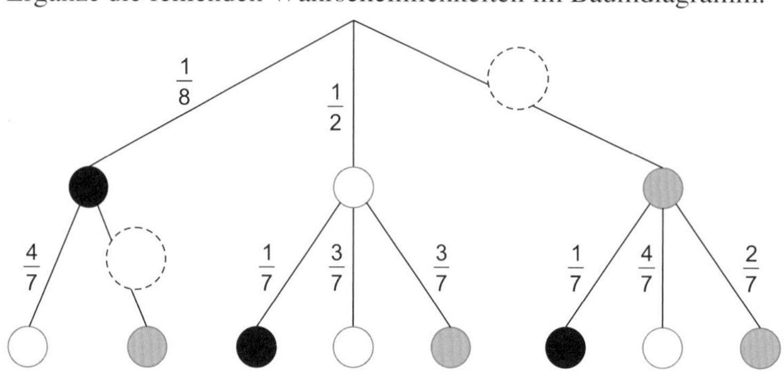

3 Punkte c) Berechne die Wahrscheinlichkeit dafür, dass Lisa eine schwarze und eine weiße Kugel in beliebiger Reihenfolge zieht.

Aufgabe 3

Die Abbildung zeigt den Graphen der linearen Funktion y_1.

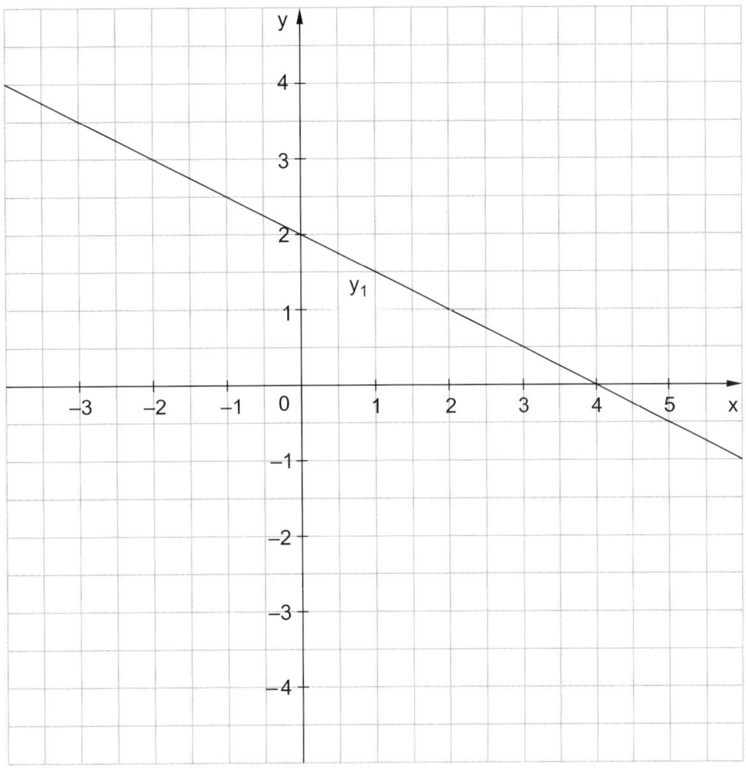

2 Punkte a) Gib die Funktionsgleichung der Funktion y_1 in der Form $y_1 = mx + b$ an.

$y_1 =$ ______________________________

Eine andere Funktion hat die Funktionsgleichung $y_2 = \frac{1}{2}x - 1$.

3 Punkte b) Bestimme den Schnittpunkt der Graphen von y_1 und y_2.

S(_____|_____)

Eine Gerade soll parallel zum Graphen der Funktion y_2 verlaufen, aber nicht auf ihm liegen.

2 Punkte c) Gib eine mögliche Funktionsgleichung für diese Gerade an.

$y =$ ______________________________

Aufgabe 4

Die Abbildung zeigt eine zusammengesetzte Figur, die aus einem Halbkreis und einem rechtwinkligen Dreieck besteht.

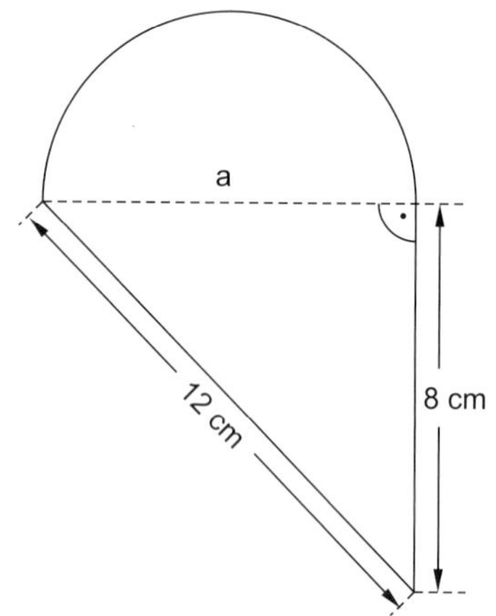

(Skizze nicht maßstäblich)

3 Punkte a) Berechne die Länge der Strecke a.

5 Punkte b) Berechne den Flächeninhalt der abgebildeten Figur.

(Solltest du Teilaufgabe a nicht gelöst haben, rechne mit a = 8,34 cm.)

Der Flächeninhalt der Figur soll viermal so groß werden.

1 Punkt c) Kreuze die richtige Aussage an.

Damit der Flächeninhalt der Figur viermal so groß wird, müssen alle Längen …

- ☐ verdoppelt werden.
- ☐ verdreifacht werden.
- ☐ vervierfacht werden.

Aufgabe 5

Gegeben ist das Dreieck ABC.

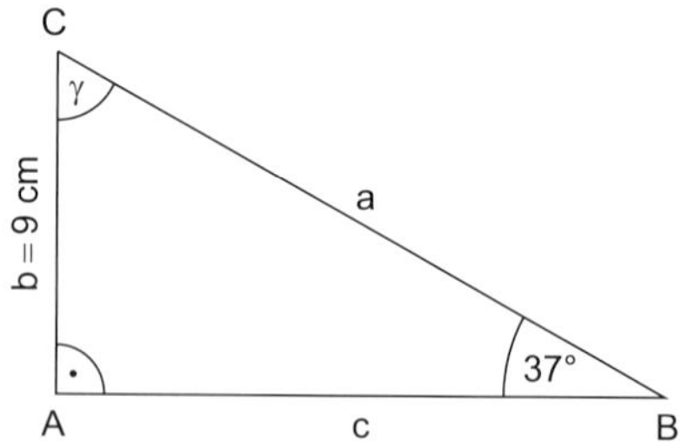

(Skizze nicht maßstäblich)

1 Punkt a) Kreuze die Formel an, mit der du die Größe des Winkels γ berechnen kannst.

$\tan\gamma = \frac{c}{b}$	$\sin\gamma = \frac{c}{b}$	$\cos\gamma = \frac{c}{b}$
☐	☐	☐

2 Punkte b) Berechne die Länge der Seite a.

Aufgabe 6

Eine Firma stellt 5 m lange Kupferrohre her.

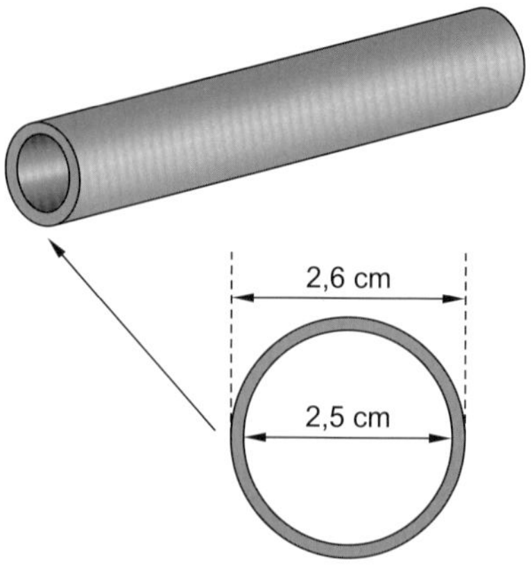

(Skizze nicht maßstäblich)

3 Punkte a) Berechne das Volumen des Kupfers vom abgebildeten Rohr.

Die Masse von 1 cm^3 Kupfer beträgt 8,96 g.

1 Punkt b) Berechne die Masse des Kupferrohres.

(Solltest du Teilaufgabe a nicht gelöst haben, rechne mit $V = 273{,}45\ cm^3$.)

Wahlaufgabe 1 – Trigonometrie

Die Abbildung zeigt den Übersichtsplan eines Stadtparks.

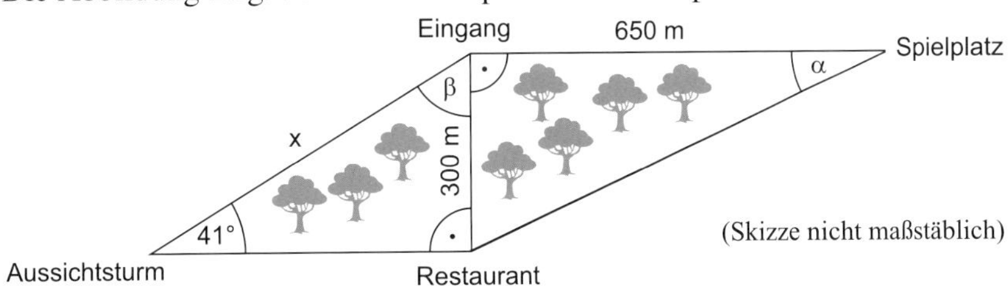

(Skizze nicht maßstäblich)

Anna behauptet, dass der Winkel $\beta = 49°$ beträgt.

1 Punkt a) Zeige mithilfe einer Rechnung, dass Anna recht hat.

Anna beginnt mit der maßstäblichen Zeichnung des Übersichtsplans.

3 Punkte b) Vervollständige Annas Zeichnung.

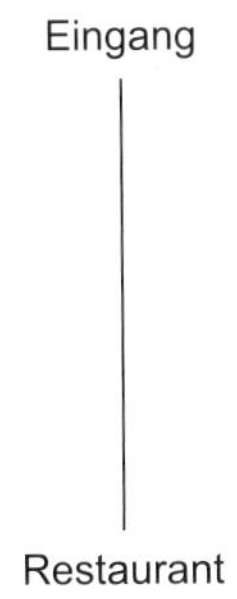

1 Punkt c) Kreuze den Maßstab an, den Anna wählte.

1:100	1:1 000	1:10 000
☐	☐	☐

2 Punkte d) Berechne die Größe des Winkels α.

3 Punkte e) Berechne die Länge der Strecke x.

Wahlaufgabe 2 – Körper

Der abgebildete Schokokuss besteht annähernd aus zwei geometrischen Teilkörpern.

1 Punkt a) Kreuze diese beiden Teilkörper an.

- ☐ Pyramide
- ☐ Kegel
- ☐ Kugel
- ☐ Halbkugel
- ☐ Zylinder
- ☐ Quader

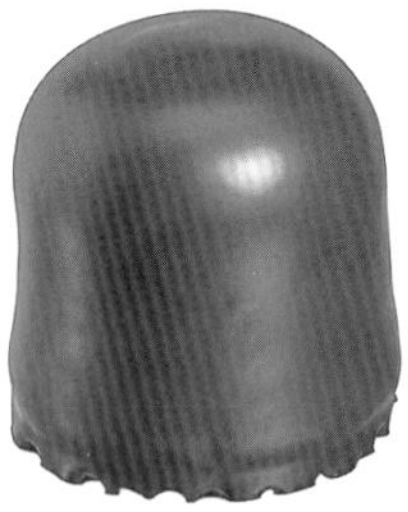

© Achim Prill/123rf.com

Die Abbildung zeigt den Querschnitt eines Schokokusses.

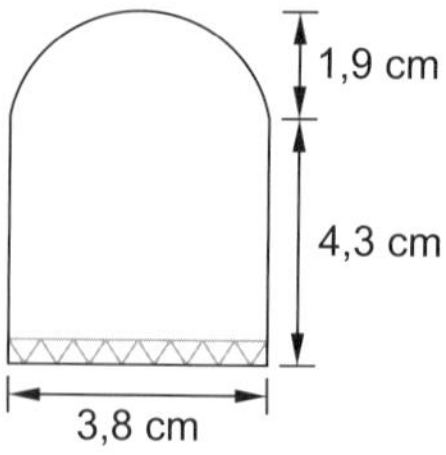

Ein Hersteller bietet Schokoküsse in einem quaderförmigen Karton an.
Der Karton ist 20 cm lang, 16 cm breit und 19 cm hoch.

2 Punkte b) Bestimme die maximale Anzahl der Schokoküsse, die in diesem Karton verpackt sind.

5 Punkte c) Berechne das Volumen eines Schokokusses.

In der Grafik ist ein anderer Schokokuss abgebildet.

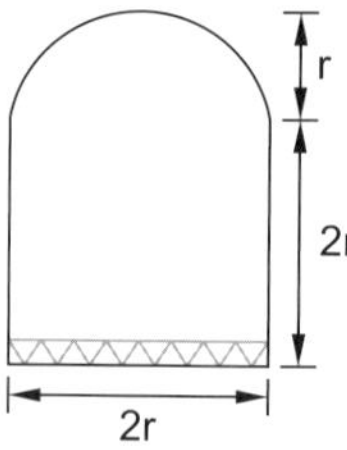

2 Punkte d) Stelle eine allgemeine Formel auf, mit der du das Volumen in Abhängigkeit von r berechnen kannst.

(Skizzen nicht maßstäblich)

Wahlaufgabe 3 – Wachstumsprozesse

Um eine Bauchspeicheldrüse zu untersuchen, wird dem Patienten ein Farbstoff gespritzt. Eine gesunde Bauchspeicheldrüse scheidet pro 10 Minuten ca. 30 % des jeweils noch vorhandenen Farbstoffes aus.

1 Punkt a) Vervollständige die Tabelle.

Zeit in Minuten	0	10	20	30	40	50	…	80
Farbstoffmenge in %	100	70		34,3	24,0	16,8	…	5,8

4 Punkte b) Zeichne die Wertepaare in ein Koordinatensystem und verbinde sie sinnvoll. Wähle für die x-Achse 1 cm für 10 Minuten und für die y-Achse 1 cm für 10 %.

1 Punkt c) Kreuze die Art der Zuordnung an.

linear ☐ quadratisch ☐ exponentiell ☐

1 Punkt d) Gib die Farbstoffmenge in % nach 25 Minuten an.

1 Punkt e) Gib an, nach welcher Zeit noch 10 % des Farbstoffes vorhanden sind.

Einem Patienten werden 0,2 g Farbstoff gespritzt. Nach 20 Minuten sind noch 0,1 g des Farbstoffes in der Bauchspeicheldrüse vorhanden.

2 Punkte f) Entscheide, ob der Patient eine gesunde Bauchspeicheldrüse hat. Begründe deine Entscheidung.

Wahlaufgabe 4 – Quadratische Funktionen

Die Abbildung zeigt vier Graphen von quadratischen Funktionen.

2 Punkte a) Ordne die Graphen den passenden Funktionsgleichungen zu.

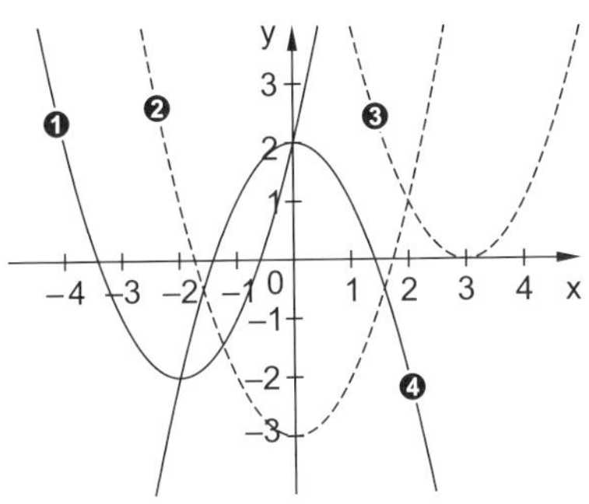

Funktionsgleichung	Graph
$y=x^2-3$	
$y=(x-1)^2$	
$y=(x+2)^2-2$	
$y=(x-3)^2$	
$y=-(x+2)^2+3$	
$y=-x^2+2$	

Eine andere quadratische Funktion hat die Funktionsgleichung $y=x^2+2x-4$.

3 Punkte b) Vervollständige die Wertetabelle und zeichne den Graphen der Funktion in ein Koordinatensystem.

x	–4	–3	–2	–1	0	1	2
$y=x^2+2x-4$	4	–1		–5	–4	–1	4

1 Punkt c) Gib die Koordinaten des Scheitelpunktes der Funktion an.

3 Punkte d) Berechne die Nullstellen der Funktion $y=x^2+2x-4$.

1 Punkt e) Verändere die Funktionsgleichung $y=x^2+2x-4$ so, dass der Graph keine Nullstelle hat.

Abschlussprüfung zum Realschulabschluss/Sekundarabschluss I
Niedersachsen – Mathematik 2023

Um dir die Prüfung 2023 schnellstmöglich zur Verfügung stellen zu können, bringen wir sie in digitaler Form heraus.

Sobald die Original-Prüfungsaufgaben 2023 zur Veröffentlichung freigegeben sind, können sie als PDF auf der Plattform **MyStark** heruntergeladen werden (Zugangscode vgl. Umschlaginnenseite).

Aktuelle Prüfung

www.stark-verlag.de/mystark